Building Integrated PhotoVoltaic

개정판

BIPV 탐구생활

질문으로 풀어보는 BIPV

박성진 · 이지왕 · 송지호 · 김원영 · 양세진 지음

(학)신구학원 신구문화사

책을 펴내며

건축물의 탄소중립 실현은 우리 시대의 과제로 자리잡아 가고 있다. 나날이 신기록을 써나가는 폭염, 폭우, 미세먼지를 피해 사람들은 건물로 모이고, 건물에서 에너지를 사용하며 탄소를 배출한다. 배출된 탄소는 다시 외부 환경을 악화시키는 악순환의 고리 속에서 건물은 우리의 소중한 보호막이자 주된 활동 반경이 된다.

우리가 건물 내에서 쾌적하게 생활하고, 근무하기 위해서는 많은 에너지가 필요하다. 사람은 항온 동물이기 때문에 온도와 습도를 일정 상태로 유지할 때 건강한 생활을 할 수 있는데, 건물 밖의 환경은 덥고, 춥고, 습하고, 건조한 변화를 반복하고 있으며, 그 반복의 진폭은 기후변화로 인해 더 불규칙하게 커지고 있어 탄소배출과 에너지 사용 측면에서는 힘든 상황이 계속될 것이다.

어려운 기후변화 대응 상황을 해소하고 지속가능한 성장을 하기 위해서 경제의 각 부문은 탄소배출 저감을 위한 목표를 상정하고 있는데 건축 분야의 경우 기준 연도인 2018년 대비 2030년에 32.8%, 2050년에 88.1% 수준으로 건물의 온실가스 배출량을 저감하겠다는 도전적인 목표를 설정하고 있다. 이 목표를 달성하기 위해 건축물 에너지 관련 제로에너지건축 의무화와 지역별 녹색건축 설계기준에 따른 활동이 전개되고 있으며 건축의 인허가와도 밀접한 관련이 있다.

건물일체형 태양광으로 불리는 BIPV 분야는 건축물의 에너지자립을 위해 필수적인 요소기술이지만 건축과 태양광의 결합이라는 측면에서는 비교적 새로운 분야이기도 하다.

지금까지의 건축물 태양광은 녹색건축의 의무를 충족하기 위한 보조적인 역할을 담당하였으며, 심미성이 높지 않기 때문에 설치 공간도 옥상의 일부에 국한되는 경우가 많았다. 또한 태양광 역시도 시공이 용이한 임야, 전, 답에 집중적으로 설치되는 경우가 대부분이었다.

그러나 제로에너지건축 의무화, 지역별 녹색건축 설계의 주요 판단 기준으로 에너지 자립률이 달성 수치로 설정된 이후, 건축물의 신재생에너지는 건축을 위한 필수 요소가 되었다. 다양한 신재생에너지원 중에서도 건축물 태양광인 BIPV는 심미성, 유지관리, 경제성 측면에서 건축물 적용에 적합해 가장 우선적으로 적용 검토의 대상이 되는 중요한 에너지원이다.

건축물 에너지 자립을 위한 요소기술인 BIPV에 대한 관심은 증가하고 있으나, BIPV는 전통적인 건축물 분야가 아닌 건축과 전기 분야의 융합영역이라는 특수성이 있어, 현재까지는 지식과 경험이 일부 전문가에게 집중되어 있으며 관심의 깊이에 비해 실제적인 지식이 체계화되어 있지 않은 것도 사실이다.

저자들은 이러한 업계 현실을 타개하고, 지식과 경험 공유를 통해 건물 태양광으로서 BIPV 영역이 확대되고 비즈니스가 더욱 활성화되기를 바라는 목적으로 건축, 전기, 친환경 분야의 전문가들이 의기투합하여 이 책의 집필에 참여했다.

BIPV는 발전설비로서 전력을 생산하는 태양광의 특성과, 파사드로서 건물의 개성을 드러내는 건축외장재의 특성을 함께 가지므로 한 사람이 전 과정을 담당하기 어려운 복합적인 분야이며, 많은 전문가들이 토론하고 협력해야만 완성도를 높일 수 있는 분야이기도 하다. 집필과정에서 필자들도 지식을 체계적으로 정리할 수 있는 계기를 가지며, 역량을 향상할 수 있는 좋은 시간을 가질 수 있었다. 향후 제로에너지건축 의무화, 지역별 녹색건축기준 강화 등 산업 성장의 동인(動因)이 되는 정책이 강화되는 시점에서, BIPV 산업은 크게 성장할 것이며, 다양한 분야의 많은 전문가들을 필요로 할 것이다. BIPV에 대한 관심에도 불구하고, 본 분야에 대한 참고도서가 많지 않음을 생각할 때, 산업을 이해하고자 하는 분들이 본 도서를 참고하기를 희망한다.

2025년 여름

대표저자 박성진

차례

IV. 적용하면 뭐가 좋지

V. 시공, 어디에 붙이지

Ⅵ. 관리는 어떻게 해

부록

I 왜 필요해?

1. 건축물 탄소중립이 왜 필요한가
2. ZEB, 건축물 탄소중립 솔루션
3. 건물에 필요한 열, 전기에너지
4. 건물 에너지 자립을 위해 가장 적합한 분산전원은

1
건축물 탄소중립이 왜 필요한가

전남 신안 풍력 단지에 견학 겸 업무협의하러 갔을 때 일이다. 풍력 발전소 대표님이 옛 직장동료라서 편하게 물어봤다.

"저거 한 바퀴 돌면 돈 얼마나 벌어요?" 잠시 생각하더니… "지금 전력 단가에 한 바퀴면 천 원 정도 벌겁니다." "대박이네요. 가만히 숨만 쉬어도 돈 들어오고…."

[풍력발전소의 돈 버는 방법]

〈출처〉 flaticon

숨만 쉬어도 돈을 벌 수 있다면 얼마나 좋을까. 생각만해도 흐뭇하다. 하지만 인생은 그렇게 녹록한 것이 아니다. 사실 우리의 삶은 정반대의 상황이다. 우스갯소리로 하는 “숨만 쉬어도 돈이 나간다”는 말을 하지만, 이 말을 웃고 넘길 수만은 없다. 월세, 아파트 관리비, 핸드폰 요금, 식비, 보험료, 대출이자 등등 가만히 있어도 지출은 부담스러울 정도로 증가한다. 그렇다고 호흡을 멈출 수는 없지 않는가. 살아있는 동안은 왕성하게 호흡할 수 있어 좋은 것이다.

그렇지만 우리가 살아가는데 숨쉬는 것만으로는 뭔가 부족함이 있다. 사람이 쾌적하게 생활하려면 신선한 공기 외에도 일정 수준의 온도와 습도가 유지되어야 하며, 조용하고, 자극적이지 않은 빛과 적절한 기류가 있어야 한다. 우리는 항온(恒溫)동물이기 때문에 특정 체온을 유지하여 건강을 지키고자 하는 특성을 가지고 있으며, 이것을 우리는 인체의 항상성(恒常性)이라고 부른다. 건강한 생활을 위해서는 통상 온도와 습도를 가장 큰 영향 요소로 보는데, 인체 주변의 온도가 20℃~26℃, 습도가 40~50%이고, 조용하고, 자극적이지 않은 빛 환경이 주어질 때 대부분의 사람은 쾌적함과 편안함을 느낀다.

그런데 이러한 쾌적함이 쉽게 얻어지는 것일까. 우리는 실내에서 많은 시간

[인간의 온열감각 요소와 외기 상태 변화에 따른 인간의 온습도 쾌적대(ASHRAE 기준)]

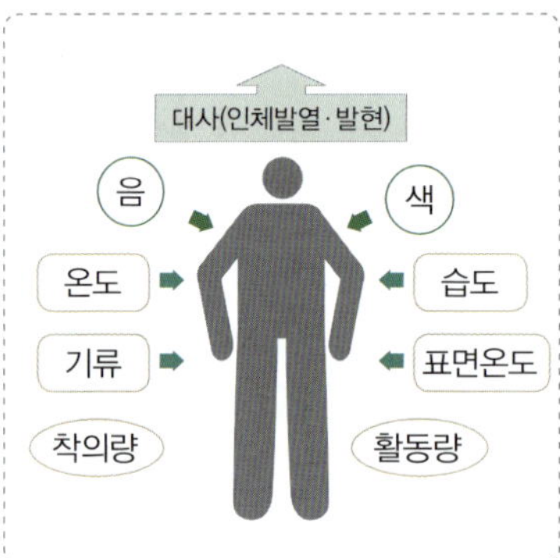

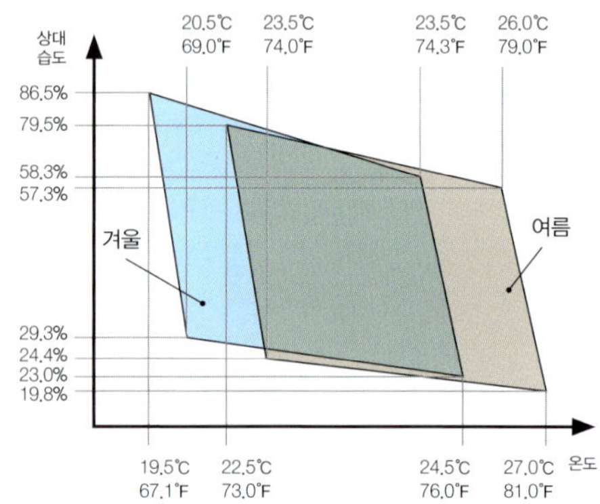

〈출처〉 그림으로 보는 건축환경(박찬필), Performance Investigation of Building Ventilation System by Calculating Comfort Criteria(T. Ahmed, 2012)

을 보내고 있고, 자동차, 지하철, 버스 같은 교통수단으로 이동할 때 인위적으로 조절된 온습도 조건이 조성되기 때문에, 외부 환경이 얼마나 가혹한지 잊고 있는 경우가 많다. 그러나 지난여름 아스팔트가 녹을 듯한 더위, 목이 칼칼하고 하늘이 노랗게 보이던 황사, 겨울철에 갑작스러운 우박, 폭우, 폭설을 너무나 쉽게 망각하고 있는 것은 아닐까.

이렇듯 가혹한 기후 위기 속에서 우리는 어디에 있었나. 시간이 지날수록 건물 외부의 상황은 안 좋은 방향으로 가고 있는데, 우리는 실내의 안락함에 젖어 있는 것은 아닐까. 건물은 실내에서 생활하는 우리 몸을 쾌적하게 관리하기 위해 더 많은 에너지 소비를 감내하고 있다. 에너지 소비는 탄소배출과 직결된다. 우리의 에너지 인프라가 화석연료에 기반하고 있기 때문이다.

다행스럽게도 기후위기에 대응하기 위해 다양한 분야에서 탄소 저감 활동이 일어나고 있다. 산업 분야에서는 공장의 스마트화, 고효율 설비의 적용으로 에너지 효율을 향상시키는 노력이 오래전부터 진행되었으며, 수송 분야도 내연기관에서 전기차로의 이동이 이미 본격화되었다. 그렇지만 건물의 탄소중립을 위

[건축물 등의 내용연수표(제19조제1항제1호관련)]

구분	내용연수	개념
1	5년	차량 및 운반구(운수업, 기계장비 및 소비용품 임대업에 사용되는 차량 및 운반구를 제외한다), 공구, 기구 및 비품
2	12년	선박 및 항공기(어업, 운수업, 기계장비 및 소비용품 임대업에 사용되는 선박 및 항공기를 제외한다)
3	20년	벽돌구조, 블럭조, 콘크리트조, 흙구조, 흙벽구조, 목조, 나무 뼈대 회반죽 구조(목골 모르타르조), 그 밖의 구조의 모든 건물(부속설비를 포함한다)과 구축물
4	40년	철골·철근콘크리트조, 철근콘크리트조, 석조, 연와석조, 철골조의 모든 건물(부속설비를 포함한다)과 구축물

〈출처〉 지방공기업법 시행규칙(별표2)

한 진전은 더디게 진행되고 있다. 왜일까. 이유는 건물의 내구연한에 있다.

건물을 어떻게 사용하느냐에 따라 수명이 다르겠지만, 국가에서 정한 기준으로 보면 건물의 내구연한은 최소 20년, 길게는 40년 정도를 본다. 건물의 내구연한을 기술 적용관점에서 바라보면 어떻게 될까. 내구연한이 길지 않은 자동차, 공구, 비품은 탄소 저감 관련 최신 고효율 기술이 개발되면 내구연한이 경과한 제품을 계속 사용하기 보다는 신기술을 적용한 제품을 사용하면 된다. 그렇지만 건물은 내구연한이 길기 때문에, 건축물 관련 신기술이 개발되어도 새로운 건물이 만들어지거나 리모델링이 일어나기 전까지는 이 신기술을 적용할 수 없다는 이야기다. 즉, 건축물을 지을 때 탄소를 많이 발생하는 구조로 건물이 만들어지게 되면, 수십 년 동안은 탄소를 그대로 내뿜으며 지낼 수밖에 없는 것이 우리가 살아가는 건물의 특징이다.

그래서 건축물로 탄소배출을 저감하는 일은 어렵고 힘든 일이 되고, 개선도 쉽지 않다. 하지만 지속가능한 성장과 발전을 위해서는 반드시 해결해야 할 문제가 건축물의 탄소중립이다.

[서울시 온실가스 배출량과 탄소중립 계획]

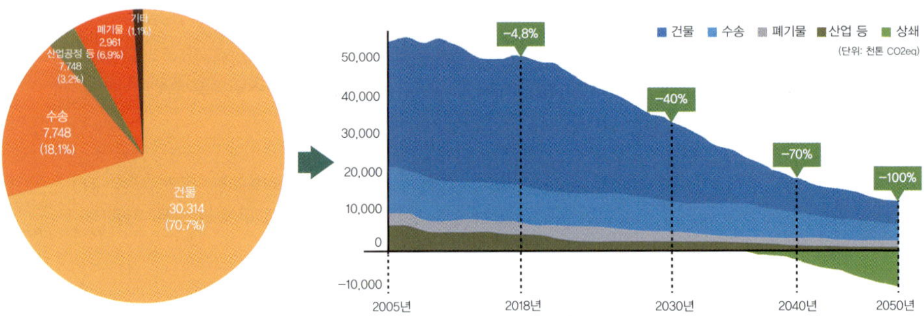

[단위: 천톤 CO²eq]

〈출처〉 서울특별시 2050 탄소중립 전략(서울시 홈페이지)

탄소중립 문제는 특히 서울과 수도권 중심으로 더욱 심각한 문제로 발전하고 있다. 인구 밀집이 더욱 가속화되고 있고, 도시화가 진행될수록 좁은 대지면적에 건물은 지금보다 더 높은 형태로 적층되어 갈 것이다. 그 건물 속에서 사람들은 에너지와 탄소를 배출하며 살아간다. 국내 전체 온실가스 배출의 34%를 배출하는 건축물이지만, 서울은 이미 70% 이상의 탄소를 건물에서 배출하고 있으며, 향후 수도권 과밀화가 진행되면 이 비율은 더 증가할 가능성이 있다. 건물의 탄소배출을 줄일 특단의 조치가 필요하다. 그 방법은 바로 제로에너지건축이다.

2

ZEB, 건축물 탄소중립 솔루션

뜨겁고 습하기로 소문난 중동 출장길에 건물 밖을 내다본다.

(마음속으로) "길에 사람이 없네…"

[중동의 어느 건물 앞, 사람들은 어디 갔을까]

〈출처〉 두바이 직접 촬영

당연한 일이다. 습도 80%, 온도 46°C에 누가 밖에 있겠는가. 정말 쾌적하다는 중동의 겨울에도 낮에는 길에 사람이 잘 보이지 않았다. 반대로 밤에는 너무나 많은 사람들이 거리에 있다. 그러면 이 사람들은 어디에 있었을까. 견딜 수 없는 더위를 피해 사람들은 건물에서 건물로 이동하며 에어컨이 나오는 지상 연결 터널은 너무도 쾌적했다. 길에 사람이 없고, 건물에만 사람이 있는 상황, 이런 일이 중동만 해당될까. 기상이변은 이제 일상화된 자연현상이다. 우리나라도 35°C, 40°C는 여름에 쉽게 볼 수 있고, 겨울철 영하 15°C 이하도 너무나 빈번하게 발생하는 기상 현상이 되었다.

우리는 건강을 위해 항상 체온을 유지하는데, 외부 온도가 변화한다면 쾌적함을 위해 여름철 에어컨 사용, 겨울철 보일러 사용은 당연히 필요한 일이겠지만, 기후변화로 외기 온도차가 더 심하게 변한다는 것이 문제다. 그렇다고 생존과 불편함이 있으니, 냉난방에 필요한 에너지를 줄이는 것도 쉽지 않다.

[계절별 쾌적 온도대역과 외기 변화]

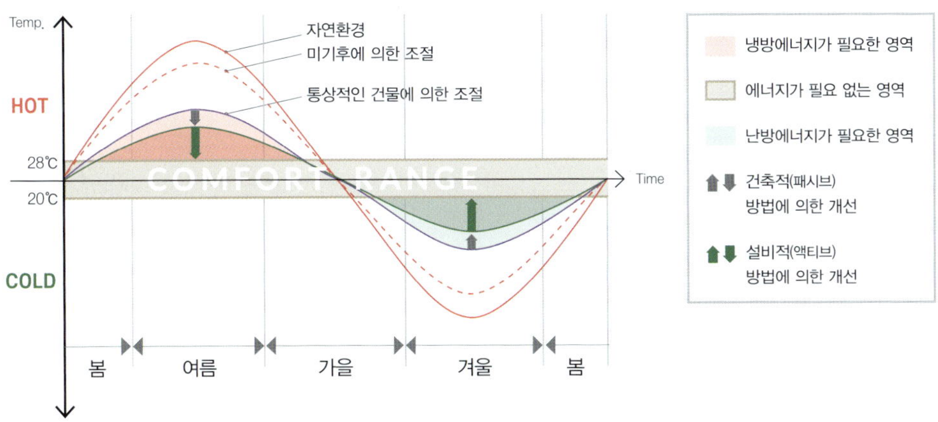

〈출처〉 제로 에너지 건축 전문인력 양성교육(에너지공단)

하지만 더 큰 문제는 필요한 에너지가 탄소배출을 동반하는 화석연료 기반의 에너지라는 것이다. 큰 폭의 외부 환경 변화를 피해 사람들은 건물로 모이고, 더 많은 에너지를 소비하는데, 에너지 소비는 더 많은 탄소배출을 야기한다. 탄소배출은 기후변화를 심화시키고, 사람들은 쾌적함을 위해 건물 속에서 더 많은 에너지를 소비하는 악순환의 고리가 이어지는 것이다. 이 악순환의 고리를 어딘가에서는 끊어주어야 한다. 그 해결의 열쇠는 건물에 있다.

건물에서 사용하는 에너지를 외부에서 도입하지 않고, 스스로 만들어 낼 수 있다면 어떻게 될까.

[ZEB(제로에너지건축)을 통한 건축물 탄소중립]

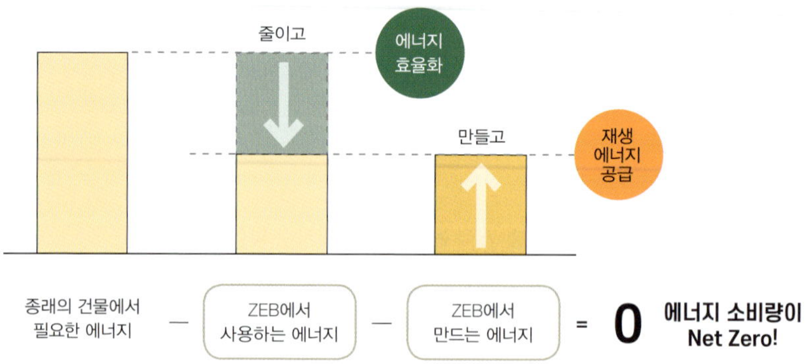

〈출처〉 ZEB 개념(ZEB Portal)

다양한 방법론이 존재할 수 있지만, 에너지 효율화를 통해 종래의 건물이 쾌적함을 유지하기 위해 필요로 하는 에너지 수준을 최대한 줄이고, 필요한 에너지는 수요처인 건물에서 직접 생산하는 것이 가장 좋은 방법이다. 이러한 접근 방식이 제로에너지건축(ZEB, Zero Energy Building)이다.

제로에너지건축은 일반적인 수준의 건물이 쾌적함을 유지하기 위해 필요한 에너지 사용 수준인 에너지 소요량을 낮추기 위해 자연의 에너지인 태양광과 태양열을 슬기롭게 활용한다.

여름철 냉방 부하 저감을 위한 차양 설치, 겨울 난방 부하 저감을 위한 남향 배치뿐만 아니라, 창면적비의 최소화, 외피 단열 성능 개선, 고효율 설비 적용 등 가능한 모든 기술적 검토를 통해 쾌적함을 유지하기 위한 부하를 억제하고, 에너지 사용과 탄소배출을 줄인다.

물론 이 과정에서 생활의 불편을 감수하라는 것은 있을 수 없는 일이다. 쾌적함을 유지하면서 필요한 에너지를 줄여나가는 것이 제로에너지 접근방식이기 때문이다.

[ZEB 설계 흐름]

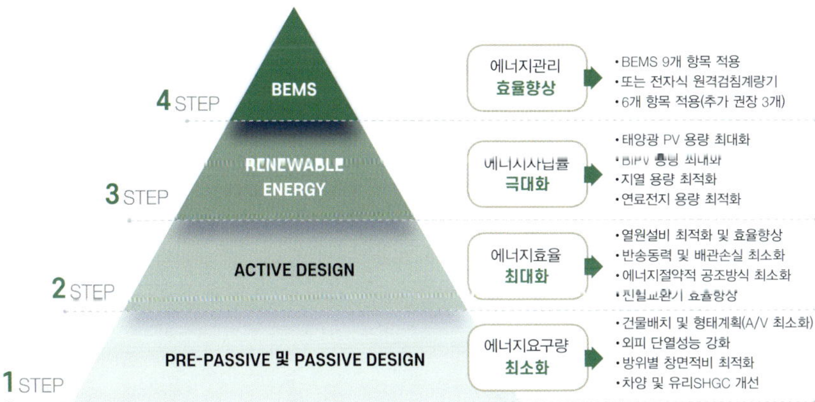

〈출처〉 제로 에너지 건축물인증 기술요소 참고서

패시브, 액티브 기법의 충분한 적용 이후에 건물에서 필요한 에너지를 수요처인 건물에서 직접 만드는 일이 중요하다. 분산전원으로 에너지를 직접 만들면 에너지의 수송, 전환 과정에서 발생하는 손실을 줄일 뿐만 아니라, 탄소배출도 저감할 수 있어 건물 분야의 탄소중립 목표 달성을 위한 효과적인 방법론으로 재생에너지를 활용할 수 있다.

3

건물에 필요한 열, 전기에너지

"곤로"를 아십니까? 세미나 발표를 하러 갔을 때 저자가 주의를 환기하기 위해 주로 쓰는 말이다. 이 말을 듣는 분들의 반응은 2가지로 나뉜다. 그게 뭔지 모르는 분과, 알아도 모르는 척 하는 분. 아는 분께는 선물을 드린다고 해도 왜 손을 안 드는 것인지.

사실 풍로(風爐)라고도 불리던 곤로는 등유를 원료로 하고, 간단히 밥 짓기나 라면 끓일 때 많이 사용했는데, 석유 냄새가 나서 조금 불편하기는 했다. 그렇지만 연탄보다는 조리 시간이 짧아서 나름 장점이 있는 취사도구이기도 했다. 주방기구에 있어서 연탄, 곤로, 가스레인지, 인덕션까지 많은 변화가 있었는데, 이런 변화의 원인은 무엇일까?

[주방기구 변천사]

〈출처〉 엘지전자 홈페이지, 블로그 외

물론 생활 수준의 상승이 변화의 가장 큰 원인이다. 먹고살 만하면 편한 것을 찾는 것이 당연지사 아니겠는가. GDP(Gross Domestic Product)가 늘어나고, 생활 수준이 높아지면 사용하는 에너지원도 변화한다. 굳이 불편함을 감수할 필요가 없기 때문에, 더욱 편리한 에너지원인 도시가스나 전력을 사용하는 비율이 높아지는 것이 일반적인 패턴이 된다.

[건물부문 에너지 소비구조 변화]

	석유	석탄	전력	가스	기타(재생E)
90년대	45.7%	35.5%	12.0%	3.2%	3.6%
00년대	41.8%	1.5%	26.0%	26.6%	4.0%
10년대	18.4%	2.1%	42.8%	30.2%	6.5%
20년대	12.1%	0.5%	45.2%	31.4%	10.7%

〈출처〉 에너지 첫걸음(에너지공단, 2022), 「건축물 에너지 효율등급 인증제도 운영규정」 별표3(한국에너지공단)

건물부문에서 소비되는 에너지원의 변화를 살펴보면 이러한 변화는 더욱 두드러진다. 우리나라 GDP가 1만 불을 넘기지 못했던 90년대 초까지 석유, 석탄을 건축물의 주요한 에너지원으로 소비해 왔는데, 1994년에 1만 불 돌파에 이어, 2006년 2만 불, 2017년 3만 불을 넘어서면서 건물 소비 에너지원은 가스를 넘어 전기 소비가 건물 에너지 소비의 절반에 육박하는 수준으로 증가하고 있다. 전기는 매우 편리한 에너지원이다. 벽에 콘센트만 연결하면 조명, 선풍기, 냉장고, 심지어 사무기기까지 사용할 수 있으니 이런 범용성을 가진 에너지원이 있을까.

그러니 더 많은 부하, 심지어 열(熱)을 의도적으로 만드는 부하들, 취사용품까지도 전기에너지를 사용하는 제품이 늘어나고 있다. 향후에도 이러한 추세는 지속될 것으로 보인다. 결국은 모든 부하가 전기를 소비하는 전전화(全電化)의 시대가 개막될 수 있다.

전기는 편리하지만 탄소배출 측면에는 어떨까. 가끔 어린이들에게 전기는 어디서 오는지 물어보면 "벽에서 온다"는 친구들이 있다. 그럴 만도 한 것이, 석탄이나 석유, 가스도 물리적인 형태가 있거나, 냄새라도 있는데, 전기는 물리적으로 보이지 않으니 자동으로 흘러나온다고 느낄 수도 있겠다. 하지만 전기는 복잡한 과정을 거쳐 우리에게 온다. 전기를 만드는 원료의 대부분은 가스, 석탄, 석유, 원자력인데, 특히 화석연료는 중동, 러시아, 호주, 동남아, 미국 등 다양한 국가에서 도입하고, 도입된 원료를 전기로 만들기 위한 변환 과정을 거친다. 그 변환 과정이 우리가 이야기하는 발전－송전－배전 과정인데 이 과정에서 많은 에너지 손실이 발생한다. 예를 들어 호주의 광산에서 석탄을 가져다 전기를 만든다고 가정해 보자.

[전기를 생산할 원료가 국내로 도입되는 과정]

〈출처〉 에너지 첫걸음(에너지공단, 2022), Anylogic(채굴 시뮬레이션)

일단 원료단계의 석탄을 확보하기 위해서는 광산에서 채굴하는 과정을 거치게 된다. 채굴된 석탄을 운송하기 위해 작은 조각으로 파쇄한 후 야적하고, 육상, 해상운송을 거쳐 수요처인 우리나라까지 옮겨진다. 이후 발전기를 돌리기 위해 증기 보일러의 원료로 석탄을 사용한다. 이렇게 원료를 본격적으로 전기로 변환되기 전 단계에서도 많은 에너지가 이미 소모되는데, 여기까지 오는 과정에서도 많은 양의 탄소가 대기 중으로 배출되었다.

그러나 전기 생산을 위한 긴 여정은 아직 시작도 하지 않았다. 전력 생산을 위한 변환, 전송 과정까지 감안하면 많은 에너지 손실과 이에 비례해서 발생하는 탄소배출이 문제가 된다.

에너지 손실분을 고려하기 위해 적용되는 계수를 "1차 에너지 환산계수"라 하는데 특히 전력생산의 경우 해외에서 도입한 석탄을 발전소가 위치한 부두에서 가져와 투입한다고 하더라도 변환, 전달과정에서 62.4%나 손실되기 때문에, 실제 우리가 얻을 수 있는 에너지는 37.6%에 불과하다. 100의 에너지를 넣었을 때 얻을 수 있는 것이 37이라면 얼마나 비효율적인 에너지인가. 그렇다면 2차 에너지(최종 가공에너지)인 전력 100을 얻기 위해서는 1차 에너지(자연상태 에너지)를 얼마나 투입해야 하는가. 손실분을 역산하면 1차 에너지 275를 투입했을 때 전력에너지 100을 얻을 수 있다.

전력에너지를 사용한다는 것은 그만큼이나 손실을 감안하고, 편리함을 취한 결과로 볼 수 있는 것이다. 그렇지만 한번 편리함을 맛본 이상, 과거로 돌아갈 수는 없지 않겠는가. 우리는 전기의 편리함에 젖어 있다. 아니 전기에 중독된 삶을 살고 있다.

건물 속에 살아가는 사람들의 쾌적함뿐만 아니라, 갈수록 늘어나는 모바일 기기(노트북, 패드, 핸드폰 등)와 배터리 사용 제품으로 전력 수요는 더욱 증가할 것이다. 캠핑용품을 구동하는 전원으로 전기차 배터리에서 전기를 뽑아내는 제품들까지 있으니 사용 편리성을 위한 전기 사용은 더 큰 탄소배출을 만드는 방

[1차 에너지 환산계수의 의미]

구분	1차 에너지 환산계수	비고
연료	1.1	
전력	2.75	변환 손실 62.4%
지역난방	0.728	
지역냉방	0.937	

※ 1차 에너지 환산계수≒최종 전달에너지를 원료 수준으로 역산 (1÷0.376≒2.75)

석탄·가스 등 연료를 사용하여 전력을 생산하는 경우,
발전 및 송전 과정에서 약 60%의 전력손실이 발생한다.

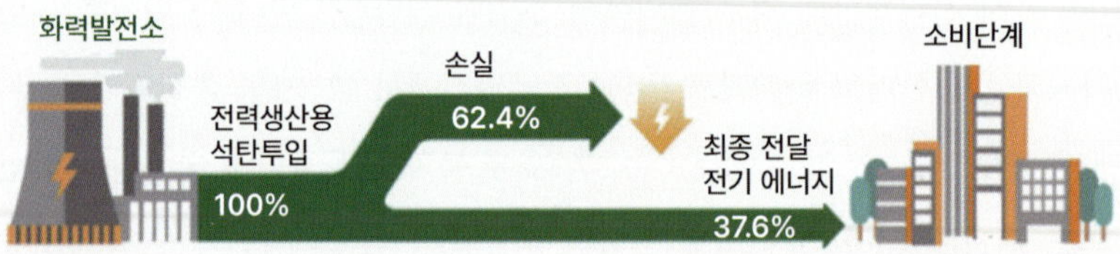

〈출처〉 에너지 첫걸음(에너지공단, 2022), 「건축물 에너지 효율등급 인증제도 운영규정」 별표3(한국에너지공단)

향으로 변화하고 있다. 전통적으로 가스, 등유 등 연료를 사용하던 제품들도 안전이나 사용 편리성을 위해 전기 제품으로 대체되어 가는 경향이 심화되어 간다.

건물의 주요 5대 부하인 냉방, 난방, 급탕, 조명, 환기를 살펴보면, 이미 대부분 제품이 전기를 주된 에너지원으로 사용하고 있다. 필자의 경우도 아내의 건강과 안전을 위해 집에서 가스 사용을 멈춘 지 오래되었으니, 이런 추세는 지속될 것이다. 건축물의 에너지를 절감하고, 탄소배출을 줄이기 위해서는 건물의 전기사용을 줄여야 하고, 나아가 건축물 자체에서 전기를 직접 생산하는 에너지원을 활용하여 에너지 자립을 달성해야 한다. 그렇다면 향후 어떤 에너지원이 건축물 에너지 자립에 적합할 것인가.

4

건물 에너지 자립을 위해 가장 적합한 분산전원은

건축물 에너지 자립을 위해서는 1차 에너지 환산계수가 가장 높은 전기를 수요처인 건축물에서 직접 생산하는 것이 가장 좋은 방법이다. 문제는 어떤 에너지원들이 있고, 그 에너지원들은 건물의 특성을 고려할 때 적용이 가능한지 검토하는 것이다.

일단 건물에 적용할 신재생에너지원의 종류에 대해 알아보자. 에너지 분야는 보수적인 분야이기 때문에 근거가 항상 중요하므로, 법적 근거를 찾아보는 것이 필요하다. "신에너지 및 재생에너지 개발·이용·보급 촉진법"에는 신재생에너지의 목적과 정의, 기본 계획 등 필요한 사항이 정리되어 있는데, 신재생에너지원을 11가지로 정리하고 있다.

신재생에너지는 크게 신에너지와 재생에너지로 나뉜다. "신에너지"는 기존의 화석연료를 변환시켜 이용하거나 수소·산소 등의 화학 반응을 통하여 전기 또는 열을 이용하는 에너지로 수소에너지, 연료전지, 석탄을 액화·가스화한 에너지를 말한다.

"재생에너지"는 햇빛·물·지열(地熱)·강수(降水)·생물유기체 등을 포함하는 재생 가능한 에너지를 변환시켜 이용하는 에너지로 태양에너지, 풍력, 수력, 해양에너지, 지열, 바이오에너지, 폐기물에너지가 있다. 신재생에너지는 산출물로서 열과 전기를 만들어 내는데, 그 과정에서 기계적 가동부에 의한 진동, 소음, 연료 공급, 냄새 등 사람의 생활에 자극을 줄 수 있는 요인이 존재한다.

단순히 풍력발전기만 생각해봐도 건물에는 적용이 쉽지 않다. 풍력발전기 블레이드(날개)가 바람을 가르는 소리, 모터의 "웅" 하는 소음과 진동 때문에 발전소는 사람이 생활하고, 일하는 공간과는 떨어져 있어야 할 것이다. 해양에너지나 수력도 마찬가지다. 물이 가진 위치에너지를 운동에너지로 바꾸기 위해서는 터빈이 필요하고, 유역, 낙차 등 입지 조건의 제약이 있으므로 건물에 적용이 어렵다. 이렇게 생각해보면 건물에 적용가능한 에너지원은 태양광, 태양열, 지열, 연료전지 정도로 범위가 좁혀진다.

[건물에 적용 검토하는 재생에너지원]

신재생에너지원		건축물 요구성능 적합도				1kW 설치시 연간 인정 에너지 생산량			검토순위
구분	방식	에너지 생산	진동/소음	심미성	유지관리	단위 생산량	보정계수	단위 총생산량 (kWh/kW·년)	
태양광[1]	PV(건물 부착형)	전기	없음	낮음	쉬움	1,358	0.95	1,290	2순위
	BIPV(건물 일체형)	전기	없음	높음	쉬움	923	6.12	5,649	1순위
태양열	진공관형	열 (여름철 남음)	약간	낮음	어려움	745	1.42	1,058	5순위
지열	수직밀폐형 (펌프 유지관리)	열 (여름철 남음)	약간	(해당 無)	어려움	864	1.26	1,089	3순위
연료전지	PEMFC (LNG 연료소비)	열, 전기	약간	(해당 無)	어려움	7,415	2.20	16,313	4순위

〈출처〉 flaticon, 에너지공단 신재생에너지센터 데이터 재가공

건물에 재생에너지를 적용한다고 할 때 어떤 점이 요구될까. 사람이 생활하는 공간이므로 진동·소음은 당연히 피해야 할 요소이다. 또한 유지관리가 편해야 하고, 냄새나 자극이 될 만한 요소가 없어야 한다.

또한 건물에서 특히 중요한 요소는 심미성이다. 우리가 돈주고 사는 것 중에 가장 비싼 것이 뭘까. 컴퓨터, 핸드폰, 자동차 등등 생각나는 제품이 많지만, 일반적으로는 건물이 가장 값나가는 물건이다. 자동차도 비싸긴 하지만 건물은 10배도 넘게 높은 금액을 형성하고 있고, 외관을 쉽게 바꾸기도 어렵다. 항상 출입하면서 외관을 보기 때문에 건물의 디자인을 결정하는 요소가 되기도 한다. 건물 고유의 특징적 심미성을 재생에너지가 훼손한다면 그 재생에너지원은 적용하기 쉽지 않다. 또한 전기를 직접 생산하는 것도 건물에 적용할 재생에너지를 선택하는 중요한 요소가 된다. 시간이 지날수록 전기요금이 상승하는 추세를 볼 때 운영단계에서 전기요금을 절감하고, 탄소배출을 줄이는 노력이 필요하기 때문이다.

이런 측면에서 우선적으로 건물에 적용할 수 있는 재생에너지원은 전기를 직접 생산할 수 있고, 유지관리가 편리한 태양광 발전이 될 것이다.

Ⅱ BIPV는 뭐야?

1. 태양광 발전은 뭐야
2. 태양광 발전은 어떤 종류가 있어
3. BIPV는 뭐야
4. BIPV는 어떤 종류가 있어

1

태양광 발전은 뭐야

우리에게 태양은 어떤 의미를 지니는가? 높게 떠 있고, 눈부시게 빛나 감히 바라보기 두려운 존재. 오랜 옛날, 태양은 숭배의 대상이었다. 과학이 발전하고, 태양에 대한 연구 결과가 쌓인 현대에도 태양에 대한 경외심은 마음속에 어느 정도 남아 있다. "북풍과 태양"에서 나그네의 외투를 벗기는 따뜻한 느낌의 태양. 우리 삶에는 어떤 의미를 지닐까?

[지구의 기후 시스템]

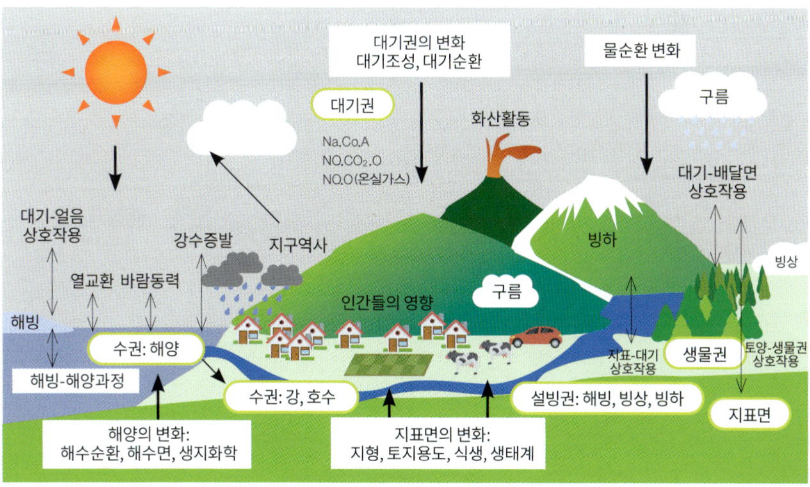

〈출처〉 NASA's Goddard Institute for Space Studies, 한전경제연구원

태양은 지구를 안정된 시스템으로 만드는 일등공신이다. 멀지도 가깝지도 않는 적당한 거리에서 태양광이 지구를 비추고 있어 부족하지 않은 에너지를 지속적으로 공급해 주고 있다. 이러한 에너지를 받는 지구 표면에는 물과 바다, 대기가 있어 공급받은 에너지를 효율적으로 저장하고 순환할 수 있고 생명체가 존재하기에 최적의 환경이다

태양빛은 평행하고 고르게 에너지를 공급하지만, 지구는 둥글기 때문에 극지에는 비스듬하게 태양광이 입사(入射)하여 복사 에너지 밀도가 낮고, 적도에는 수직으로 에너지를 받기 때문에 복사 에너지 밀도가 높다. 같은 지구라도 지역에 따라 받아들이는 에너지의 양이 다르기 때문에 극지와 적도의 열적 불균형을 해소하기 위해 비, 바람, 구름, 특히 적도의 열기를 고위도로 밀어 올리는 역할을 하는 태풍이 발생하며, 대기 순환의 원인을 태양이 제공한다.

풍성한 생활환경을 제공하는 태양에너지, 태양빛이 지구에 도달하면 식물은

[지표면에 도달하는 태양 복사 에너지]

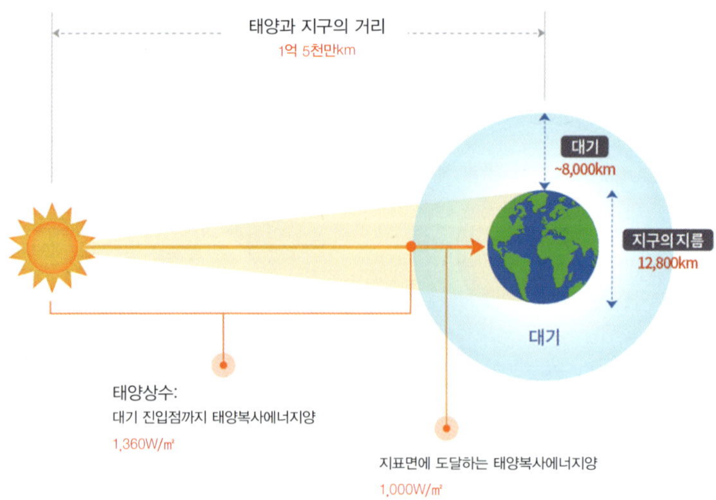

〈출처〉 엄청나고 무한한 태양광 사용법(kier)

광합성을 시작하고, 동식물의 성장을 촉진하는 원동력으로 작용하며, 온갖 먹거리를 제공한다.

특히 우리가 사용하는 에너지의 대부분은 태양에서 유래한 것이다. 동식물에 축적되어 화석화된 에너지는 석탄, 석유 등으로 활용되고, 재생에너지의 대부분도 태양에너지에서 유래된 비, 바람, 파도 등 기후 현상의 산물을 응용한 것이다.

그렇다면 태양에너지를 직접 활용하는 태양광 발전의 원리는 무엇일까? 태양광 발전은 빛을 전기로 직접 변환하는 과정이며, 짧은 파장을 가진(=높은 에너지를 가진) 전자기파를 금속 등 물질이 흡수하면 전자를 내보내는 현상이다. 광전효과라 불리는 이 현상은 빛이 파동(wave)이기보다는 작은 입자(photon, 광전자)와 같이 행동한다는 가정으로 자연에너지인 태양빛이 가공된 전기로 직접 변환되는 원리를 설명하였으며, 인공위성의 전원을 포함한 다양한 응용기술의 단초를 제공하였다.

[아인슈타인 광전효과: 태양광 발전원리]

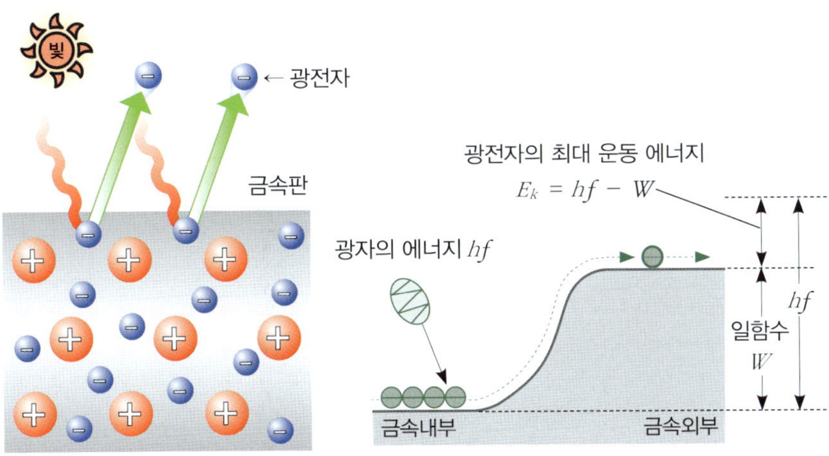

〈출처〉 아인슈타인 광전효과 실험(블로그, 생활 속의 물리)

상대성원리로 유명한 아인슈타인이, 정작 최고 영예인 노벨상은 "광전효과"로 받았다는 것이 아이러니하지만, 노벨상의 목적 중에 하나가 인류에 대한 공헌이니, 그만큼 태양빛을 전기로 바꾸는 원리에 대한 명쾌한 설명이 우리 실생활에 큰 기여를 했다는 뜻으로 생각하면 좋지 않을까.

그렇다면 자연의 원리인 광전효과를 이용해서 태양광이 가진 광(光)에너지를 전기에너지로 뽑아내기 위해서는 어떤 변환장치가 필요할까. 특히 물리적으로 빛을 받았을 때 전자를 발산하는 소자가 필요할 것이다. 태양전지는 광전효과를 활용해서 전기를 만들어낼 수 있는 소자를 통칭하는데, 다양한 소재를 사용할 수 있지만, 현 시장의 주류는 실리콘(Si) 결정계가 자리잡고 있다.

[태양전지 종류]

〈출처〉 중소기업 통합기술로드맵(중소기업청)

실리콘 기반의 태양광이 시장의 주류가 된 이유는 흥미롭다. 반도체 산업에서 재료를 공유할 수 있기 때문이며, 실리콘 태양전지는 높은 광-전기 변환효율과 신뢰성, 많은 물량에서 나오는 저렴한 가격으로 시장을 석권, 현재 90% 이상의 시장 점유율을 보인다.

실리콘 태양전지와 반도체의 원료가 되는 규소는 모래나 자갈처럼 지구상에 풍부한 원소이면서 철강과 마찬가지로 현대 산업의 쌀로 불리는 소재다. 우리나라 주요 수출품이기도 한 반도체는 실리콘 웨이퍼라는 박판 형태로 가공한 소재 위에 만들어지는데, 실리콘 태양전지도 동일한 소재를 사용하고 있으니, 규모의 경제를 형성하고 다양하게 응용되는 것이 당연하다. 반도체와 실리콘 태양광 소재가 다른 점은 사용되는 실리콘 순도의 차이점이다.

순도는 99.999%처럼 순수한 실리콘이 얼마나 차지하고 있느냐로 나타내는데, 반도체용 실리콘은 11N(99.999999999%, "9"가 11개), 태양광용 웨이퍼는 9N(99.9999999%, "9"가 9개)의 폴리실리콘을 사용한다. 태양광용 실리콘 중에서도 단결정은 고순도 p-Si 8~9N, 다결정은 저순도 p-Si 5~6N을 사용한다. 다결정은 비교적 낮은 순도를 사용해도 되므로, 반도체 공정의 Scrap 폴리실리콘이나 재활용 웨이퍼를 사용하기도 한다.

과거에는 순도에 따라 효율의 높고 낮음, 단가 차이가 존재하여 시장이 구분되었으나, 고순도의 단결정 실리콘 모듈이 규모의 경제를 달성하면서, 시장에서는 단결정 실리콘이 주류를 이루고 있다. 실리콘을 녹여, 광변환을 할 수 있는 셀로 만든 후 셀을 연결하면 모듈이 되고, 모듈을 연결하면 어레이가 된다.

태양광 사업의 기본 단위가 되는 모듈은 통상 가로 1m, 세로 2m의 크기로 표준화되었으나, 최근 몇 년 사이에 중국 회사들간의 경쟁은 단위 모듈의 출력을 높이는 방향으로 발전하였다.

물론 단위 셀의 고효율화를 위한 셀 단위의 기술도 전개되었다. 셀의 전류 흐름을 원활하게 하기 위해 버스바의 숫자를 늘리는 멀티 버스바(4개→6개, 12개)

[단결정 vs. 다결정?]

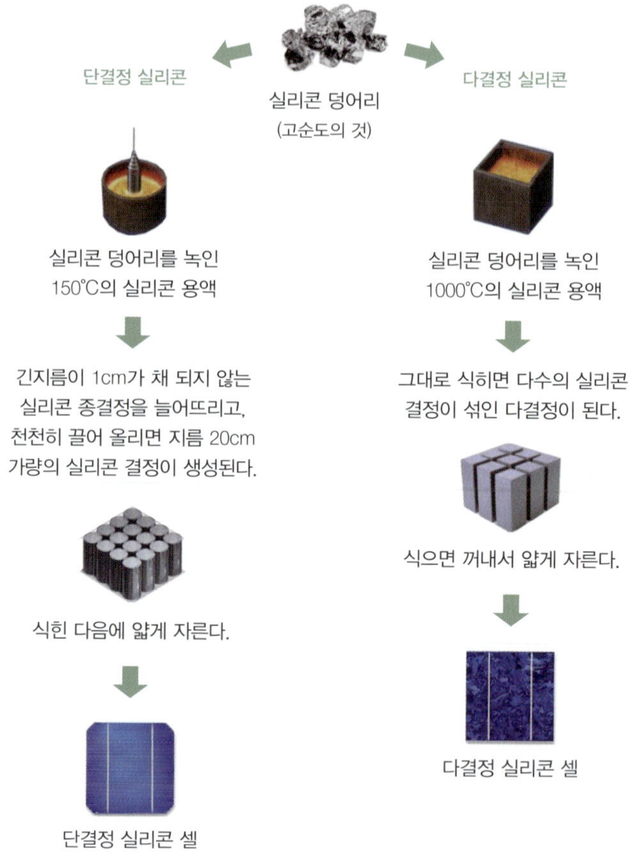

〈출처〉 태양광 충전&발전에 대한 정보(수 blog)

[셀 - 모듈 - 어레이]

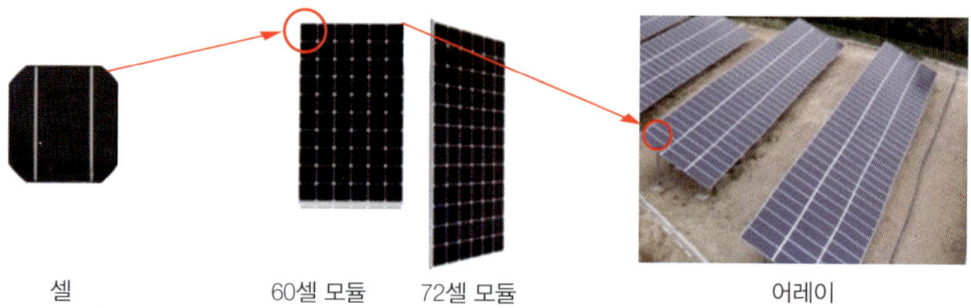

기술, 풀(Full) 셀을 절반(Half)으로 쪼개서 전류의 이동거리를 감소시켜 효율을 높이는 하프셀 기술, 버스바의 납작한 리본 대신 동그란 원형 와이어를 써서 모듈 상부에 발생할 수 있는 음영을 줄이는 와이어링 기술 등 다양한 기술 발전이 있었다. 그러나 설계와 시공 현장에서 체감할 수 있는 변화는 역시 모듈당 출력과 크기의 변화다. 한 장의 모듈에 더 높은 출력을 낼 수 있는 형태로 기술이 발전하면 모듈에 들어가는 셀의 크기도 커지는 형태로 기술이 발전하고 있다.

[셀과 모듈 크기의 변화]

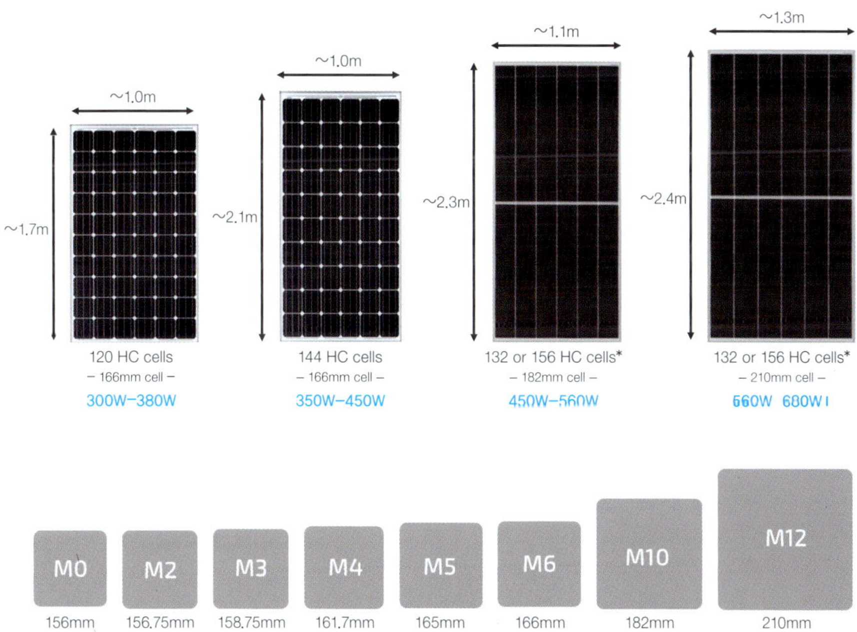

〈출처〉 태양광 PV 웨이퍼 셀 및 모듈의 동향(DNS솔라)

그러나 셀 크기가 커지는 변화는 획기적인 소재의 개발이나 효율 발전이 아니므로, 셀의 집합체인 모듈의 크기 자체도 커지는 방향으로 가고 있다. 기존 M6(166mm) 셀을 사용했던 모듈 한 장이 1m×2m였다면, M12(210mm) 셀을 사용한 모듈의 크기는 1.3m×2.4m로 커졌다. 장당 크기가 커지면 생산이나 물류 측면에서는 고정비를 흡수할 수 있어 단가가 내려갈 수 있으나, 공사 측면에서는 시공 작업자가 혼자 모듈을 핸들링할 수 있는 범위를 벗어나니 크기 변화에 따른 장단점에 유의하여 적용을 검토해야 한다.

기본적으로 셀 하나가 생산할 수 있는 전력은 크지 않다. 태양전지의 표준 시험조건(STC, 1,000W/㎡, AM 1.5, 25℃)에서 나올 수 있는 최대 전류(I_{max})는 8[A], 최대 전압(V_{max})은 0.6[V]라고 하면, 출력은 전압과 전류의 곱이므로, 단위 셀의

[셀의 전압, 전류, 출력 특성]

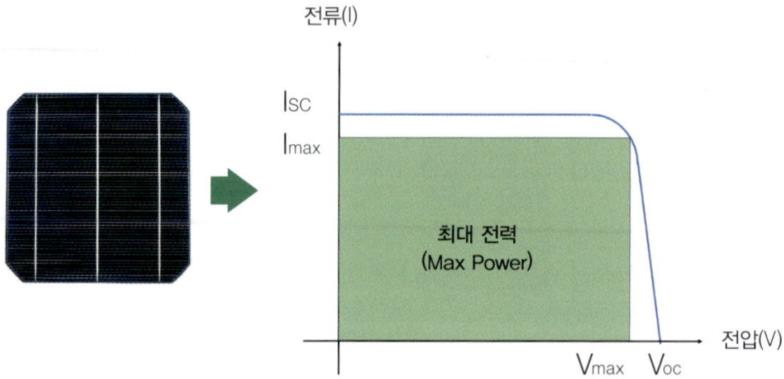

[모듈의 일사량, 온도에 따른 출력 특성]

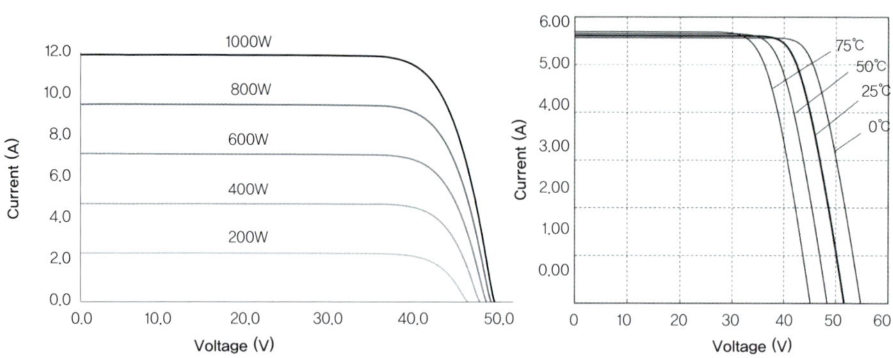

〈출처〉 LG415N2W-V5 기술자료(LG전자), 태양광 패널 온도, 발전량 분석(태양에너지학회)

출력은 5W 정도이다. 또한 셀의 출력은 사용 온도에는 반비례하고, 태양광의 입사량에는 비례하니 사용조건을 확인하고 적용하는 것이 좋다.

셀 하나의 크기가 작고, 나올 수 있는 출력이 크지 않으므로, 상업적으로 활용하기 위해 셀을 묶어놓은 조합을 모듈이라고 한다. 모듈의 출력은 셀을 자유롭게 직·병렬하여 원하는 수준으로 제작할 수 있다. 예를 들어 동일한 50[W]의 출력이 필요한 경우가 있는데, 이때 셀 하나의 전압, 전류 특성이 10[V], 1[A]로 고정되어 있다면, 50[W]의 출력을 만들어 내야 할 때 어떻게 해야 할 것인가.

다양한 경우의 수가 있지만, 현장의 제약조건을 감안해야 한다. 특정 부하의 경우 전압은 50[V]까지 받아들일 수 있는데, 전류는 1[A]까지만 받을 수 있다면, 혹은 전압은 10[V]까지만, 전류는 5[A]까지 받을 수 있다면 직·병렬 조합을 통해서 필요한 사양을 맞춰줄 수 있다. 부하 혹은 전력 변환을 하는 인버터의 전압, 전류 사양을 감안하여 설계단에서 셀의 조합을 고민하여 출력 설계에 반영하는 것이 가능하다.

모듈 자체는 셀을 연결하여 스케일업(Scale-up)하는 구조를 가지고 있으며, 셀과 셀 사이를 리본으로 연결하여 구성하면 원하는 용량의 모듈을 만들 수 있고, 더 큰 용량의 어레이도 구성할 수 있다

[실리콘 셀, 모듈의 연결 구조]

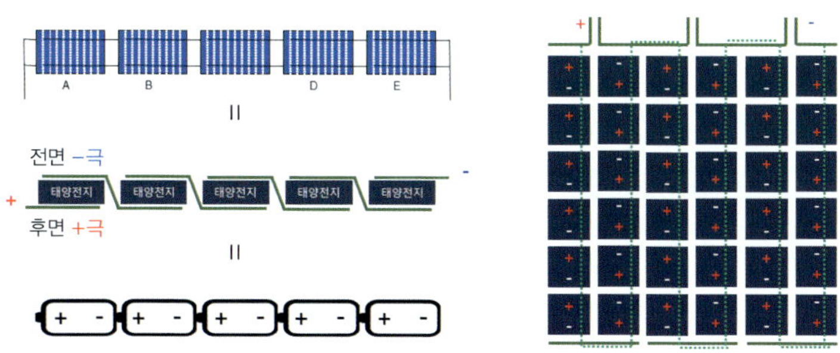

〈출처〉 (주)에스지에너지, team analysis

실리콘 태양전지 외에 주의깊게 들여다볼 모듈의 종류는 박막(薄膜) 모듈이다. 박막 모듈은 유리, 플라스틱 등 재료의 위에 직접 태양전지 재료를 얇은 층으로 증착한 후 커버 유리를 접합하여 제조하는 방식이다. 특징적인 박막 모듈이 CIGS 모듈인데, CIGS는 구리(Cu), 인듐(In), 갈륨(Ga), 셀레늄(Se)으로 구성된 화합물 박막을 광흡수 물질로 사용한 태양광 모듈로서 실리콘 대비 재료의 양을 1/100 이상 절감할 수 있다.

[실리콘 모듈과 박막 모듈의 구성방식]

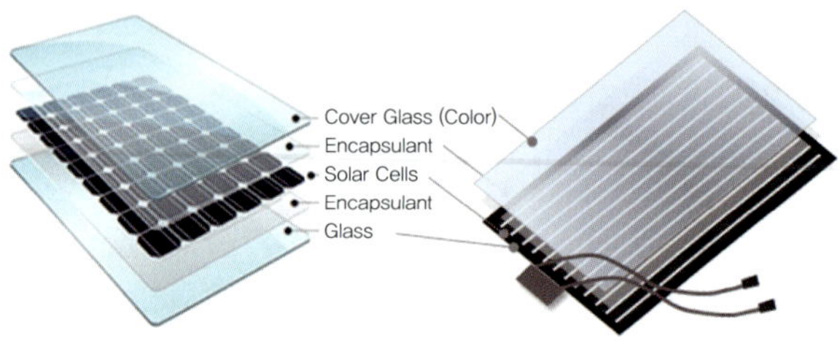

실리콘 모듈

▲ Si BIPV는 Back Sheet 대신에 후면 유리와 커버 유리 사이에 실리콘 셀을 배치하여 모듈을 제조

박막형(CIGS) 모듈

▲ 후면유리에 전기 전도를 위한 패턴이 형성된 광흡수층인 셀을 직접 코팅한 후에 커버 유리를 접합

〈출처〉 아반시스

모듈 형태에 따라 제조 방식이 다르며, 공정에 따른 생산단가도 달라진다. 단결정 실리콘(C-Si) 셀의 경우 셀을 백시트에 배열한 다음, 버스바를 붙이고 직렬 연결할 수 있어 저렴하게 제조할 수 있으나, 재료 자체의 단가가 상대적으로 높다. 그러나 박막 태양광(Thin-Film CIGS) 모듈은 후면 유리상에 광흡수 물질을 대면적 코팅하고 레이저로 긁어내면서(scribing) 전기의 이동 경로를 형성한다. 재료를 극히 아낄 수 있으나, 제조 장치 단가가 높아 대규모 생산에 유리하다.

셀/모듈 직병렬을 통해 태양광 어레이를 구성한 후 발전소에서 생산된 전력은 실제 부하에 사용하기 위한 변환 과정이 필요하다. 기본적으로 태양전지(셀,

[태양광 시스템의 구성]

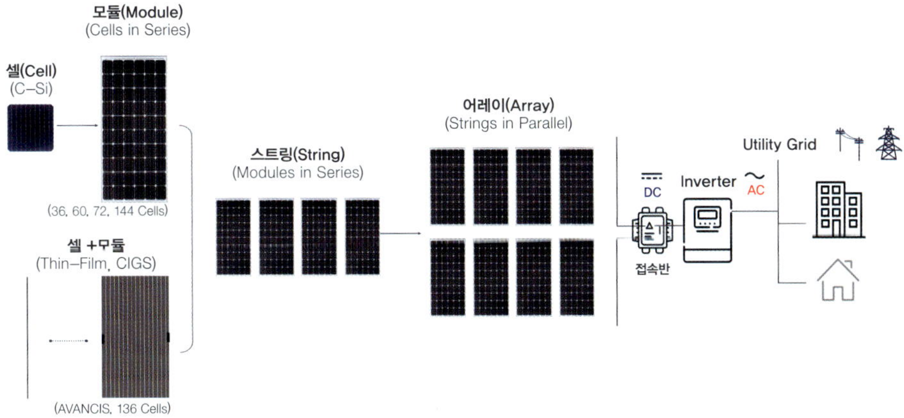

〈출처〉 아반시스

모듈)에서 생산된 전력은 직류(DC)이다. 그런데 우리가 사용하고 있는 전력은 교류(AC)의 형태이다. 특히 한국전력에서 공급하는 전력은 전압 380/220[V], 주파수 60[Hz]를 엄격히 유지하고 있으며, 대부분의 전력 사용 부하(load)는 직류를 사용한다고 하더라도 입력 전력의 형태는 교류를 사용해야 동작한다. 따라서 태양광에서 생산되는 직류를 교류로 변환하는 장치가 필요하며, 이 장치를 인버터(Inverter)라고 부른다.

인버터를 통해 우리가 사용하는 교류로 변환된 전기는 수용가의 다양한 부하(TV, 냉장고, 엘리베이터 등)에 사용되거나, 한국전력의 전력계통에 연계되어 판매할 수도 있다. 이 과정을 통해 우리는 태양광에서 생산된 전기를 실생활에 활용할 수 있는 것이다.

2

태양광 발전은 어떤 종류가 있어

어떤 기준을 적용하느냐에 따라 다양한 종류의 태양광 발전을 정의할 수 있다. 사용하는 소재에 따라 Si(실리콘), CIGS(구리, 인듐, 갈륨, 셀레늄), CdTe(카드늄, 텔루라이드), DSSC(염료감응형)로 나누기도 하며, 효율, 생산성, 내구성, 경량, 유연성, 색 구현 등 다양한 목적에 맞게 활용할 수 있다.

[태양전지 종류에 따른 구분]

구분	정의	효율	외형	장단점
C-Si (Si 웨이퍼)	160[㎛] 정도의 얇은 실리콘 웨이퍼 이용	~20%	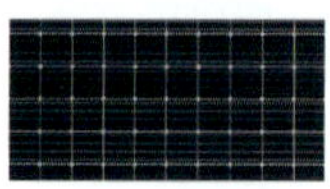	(장점) 높은 효율, 생산성 높음, 내구성/신뢰성 양호 (단점) 방위·경사에 출력 변동 높음, 온도·음영에 약함
a-Si (Si 박막)	비정질 실리콘을 기판(유리) 위에 박막 증착	~9%		(장점) 온도·음영 영향 낮음, 투과율 조정 가능 (단점) 낮은 효율, 생산성 낮음, 열화되면 효율저하
CIGS	구리-인듐-갈륨-셀레늄 화합물 박막 증착	~14%		(장점) 온도·음영 영향 낮음, 방위/경사각에 영향 낮음 (단점) 비투과, 소재비용 고가(인듐), 저생산성
CdTe	Cd, Te를 원료로 하는 박막 화합물 반도체	~13%		(장점) 안정성, 경량, 유연성, 온도·음영 영향이 낮음 (단점) 비투과, 저생산성, 독성 소재(Cd)
DSSC	TiO_2에 흡착된 염료가 광을 흡수하여 발전	~14% (연구소)	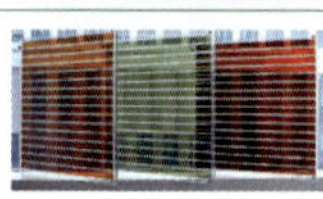	(장점) 투과형, 다양한 색구현가능, 단가 저렴 (단점) 낮은 효율, 짧은 수명, 낮은 내구성

〈출처〉 NEDO 재생가능 에너지 기술 백서 제2장 태양광발전

재료가 아닌 사업방식과 설치 유형에 따라 나뉜다면 발생된 전력의 처리 방법에 따라 전력판매 방식과 자가발전 방식으로 사업방식을 구분할 수도 있고, 설비가 구축되는 장소에 따라 구분하는 것도 가능하다.

[사업방식에 따른 태양광 발전 종류]

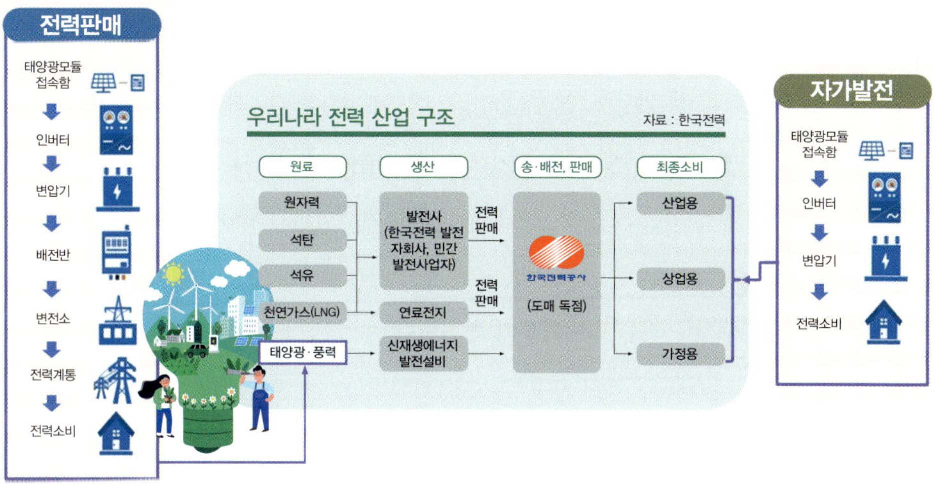

〈출처〉 한국전력 외

태양광 발전사업의 대상이 되는 전력 산업은 기본적으로 인프라 사업이고, 국민 생활에 큰 영향을 줄 수 있기 때문에 철저하게 중앙집권적 형태의 사업구조를 지니고 있었다. 2000년대 이전에는 한국전력이 전력의 생산, 전달, 판매까지 전 과정을 담당하고 일부 민간 발전사가 참여하는 형태로 산업구조가 구성되어 있었으나, 경제 전반의 규제 완화, 시장 경제 활성화를 위해 한전의 발전부문이 분리되면서 한전 자회사(남부발전, 동서발전 등)가 생산된 전력을 판매하는 형태의 전력거래가 가능하도록 시장구조 전환이 이루어지게 되었다. 태양광 발전소는 한전 자회사나 일부 민간 발전소(GS에너지, 포스코에너지 등)의 규모에 비해서는 극히 작은 용량의 발전을 하고 있으나, 전력판매 시장에 참여하여 생산된 전력을 시장에서 거래하고, 수익을 확보하는 사업을 진행할 수 있다. 이러한 사업을 전력판매 사업으로 지칭할 수 있으며, 생산된 전력은 한전이나 전력거래소를 통해 판매되고, 전력판매 대금을 주요 수익원으로 한다.

전력판매 사업은 RPS(Renewable Energy Portfolio Standard, 신·재생에너지 의무할당제)사업이라고도 불린다. 500MW 이상의 발전설비를 가진 사업자는 발전량의 일정 비율 이상을 신재생에너지원으로 발전해야 하며, 이 의무를 수행하지 못할 경우 REC(Renewable Energy Certificates, 신재생에너지 공급인증서)라 불리는 인증서를 구입해 의무를 충족해야 한다. 태양광 발전과 같은 재생에너지 발전소로부터 생성된 REC 인증서를 확보하여 이 의무를 충족하는 시장을 RPS 시장이라고 한다. 이 시장에서 대규모 발전사업자는 REC의 수요자, 재생에너지 사업자는 REC의 공급자가 되며, 발전사업자가 생산한 전력 1MWh는 1 REC라는 인증서로 만들어져 거래가 형성된다.

[REC 확보 방법]

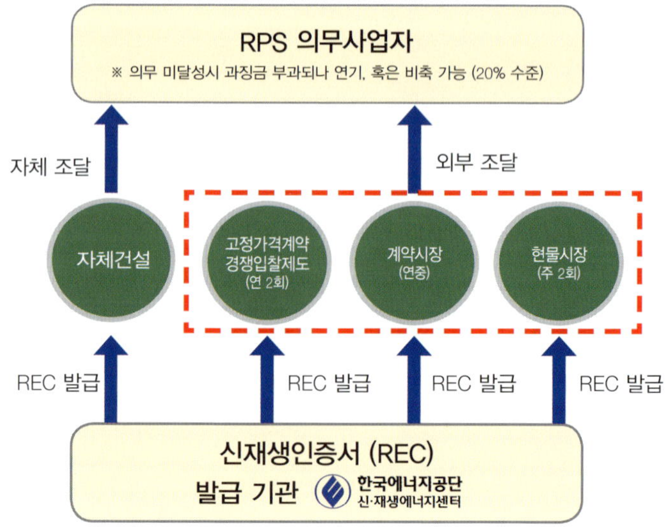

〈출처〉『2017전력산업입문』(KPX교육연구원)

[SMP 가격 결정 로직]

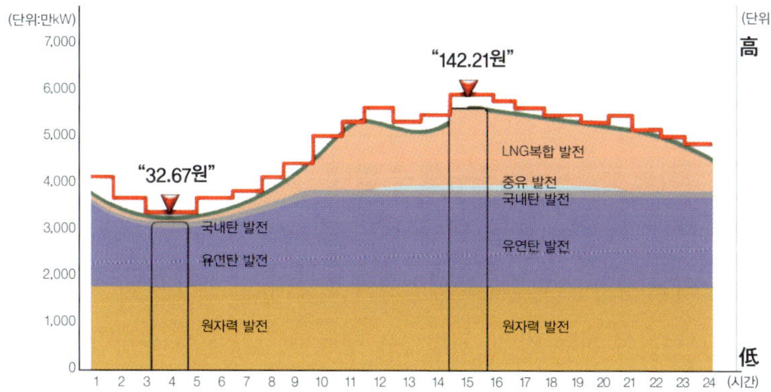

구분	1시	4시	9시	12시	15시	19시	21시	24시
전력수요(만kW)	3,730	3,320	4,770	5,500	5,690	5,420	5,420	4,740
시장가격(원/kWh)	70.41	32.67	131.89	142.21	142.21	138.4	142.21	118.65

〈출처〉『2017전력산업입문』(KPX교육연구원)

전력판매 수익은 한전에 전력을 판매하는 SMP(System Marginal Price) 단가, REC 인승서 판매로 결정된다. 특히 SMP는 시간대별 전력 수요에 맞춰서 비용이 낮은 순서대로 종류가 다른 발전기를 투입하여 시장가격이 결정되는 구조이므로 실시간 단가가 변동된다.

REC의 경우 RPS 의무사업자가 할당된 의무량을 만족하기 위해 REC를 자체조달하거나 외부조달해야 하는데, 고정가격입찰, 계약, 현물구매 등 다양한 옵션으로 상황에 맞게 의무를 달성할 수 있는 선택지가 존재할 수 있다.

만약 RPS 형태로 사업을 추진할 경우 SMP, REC의 수익구조는 유가 연동 등 복잡한 로직에 의해 결정되므로 전문적으로 RPS 사업을 추진한다면 이에 대한 철저한 준비가 필요하다.

자가발전 사업은 수익의 구조가 전력판매가 아닌, 전력절감으로 결정되는 시장이다. 공장, 가정, 빌딩 등 한전의 전기를 사서 쓰는 모든 전력 수용가는 본인의 상황에 맞게 한전과 전기요금 계약을 체결한다. 주택용, 일반용, 산업용 등 본인에 전력 소비 패턴을 검토하고 계약하면 계약종별 요금체계에 따라 전력 구입 단가가 다르게 책정되는데, 태양광 발전 설비 설치를 통해 한전에서 수전받는 전기 중 태양광으로 발전되는 전기만큼 한전 전기를 덜 쓰게 되고 그 단가만큼 한전에 지급하는 전기요금도 절감할 수 있다.

이 구조가 수용가에 따라 다르므로, 사업계획 수립 시 철저한 분석이 필요하다. 또한 수용가의 상황에 따라 탄소배출권의 할당 대상, RE100 등 대외적인 지속가능성을 보여줘야 하는 경우, 친환경을 생각하는 고객 등 다양한 자가소비형 태양광의 결정 배경이 있으므로, 정성적인 효과까지 수익으로 반영해야 할 경우도 발생할 수 있다.

설치유형에 대해서는 태양광 설비가 들어서는 위치에 따라 지상형, 수상형, 건물형으로 구분할 수 있다. 지상형은 지표면에 태양광 설비를 구축하는 형태로 주변에 흔히 볼 수 있는 주차장이나 도로 등에 설치하는 일반 지상형, 산지(임야)형, 농지(전, 답, 과수원)형이 있다. 이 중 산지에 설치되었던 태양광은 자연

[설치유형에 따른 태양광 발전 종류]

구분	지상형 태양광	수상형 태양광	건물형 태양광		
			지붕 (거치) 태양광	지붕 일체형	벽면 일체형
형태					
가용부지	적음(임야, 전, 답)	보통(저수지, 댐)	많음(공장지붕 등)	많음(공장지붕 등)	많음(건물벽면 등)
민원(수용성)	많음(마을 주변)	많음(마을 주변)	적음(공단 내 입지)	적음(기존 건물)	적음(기존 건물)
인허가	1년 내외	1년 이상	6개월 이내	6개월 이내	3개월 이내
계통연계	1~3년(계통용량 적음)	1~3년(계통용량 적음)	6개월 내(계통용량 많음)	6개월 내(계통용량 많음)	즉시(계통용량 X)
공사 난이도	보통(토목공사 ○)	높음(부유체, 계류장치)	보통(토목공사 X)	보통(토목공사 X)	높음(벽면 시공 ○)
시공비	상대적 저렴	상대적 높음	상대적 저렴	상대적 높음	상대적 높음
유지관리	쉬움	어려움	어려움(누수, 태풍취약)	쉬움(일체형)	쉬움(일체형)

〈출처〉 『2017전력산업입문』(KPX교육연구원)

환경 훼손, 토사 유출 등 많은 비판이 있어 최근에는 관청의 인허가를 받기 어려운 형태이다.

수상형의 경우 유휴부지인 댐, 저수지, 담수호, 방조제 내측, 산업단지 유수지 등에 부유(浮遊)식 구조체를 설치하여 수면에 태양광 설비를 설치하는 형태이다. 수면을 이용할 수 있는 장점이 있으나, 수면의 높이 변동, 파도에 대한 대응 등 설치에 관한 기술과 경험이 많이 필요한 분야이며, 임야형과 마찬가지로 주민 수용성이 낮은 것이 단점이다.

건물형의 경우 이미 개발된 대지 위의 건축물을 활용하기 때문에 상대적으로 민원의 발생 가능성이 낮으며, 인허가가 어렵지 않은 것이 장점이다. 특히 유휴부지로 활용할 수 있는 건축물의 옥상, 지붕을 활용한 거치형을 주변에서 쉽게 접할 수 있으며, 지붕과 건물의 벽면(입면)을 활용한 건물 일체형 태양광(BIPV)은 최근에는 각광받는 기술, 제품 분야로 떠오르고 있다.

3

BIPV는 뭐야

BIPV에 대한 다양한 정의가 존재하지만, 무엇을 추구하는가에 따라 같은 제품과 기술을 보더라도 다른 생각을 할 수 있다. 탄소중립이 목표라면 BAPV든, BIPV든 건축물과 잘 어우러지고, 전력생산이 원활하면 되겠지만, 건축물 본연의 기능을 생각하면 외장재로서 가져야 할 성능을 확보하는 것이 중요한 판단의 기준이 될 수 있기 때문이다. 정부는 건축물 탄소중립의 목표 달성을 위한 방법론으로서 BIPV 산업에 대한 육성을 진행하고 있기도 하지만, 무분별한 태양광 적용으로 건물의 심미성을 훼손하는 일이 발생하는 것은 바라지 않기 때

[태양광 설치 부지의 진화 방향]

문에, 정부의 가이드라인 하에 BIPV 활성화를 위한 여러 가지 지원책을 마련하고 있다.

본격 개화를 앞두고 있는 BIPV 시장을 두고, 정책의 도움을 받을 수 있다면 사업의 경제성, 보급의 확대 측면에서 의사결정의 플러스 요소가 될 수 있다. 건축물의 태양광 사업개발을 하는 입장에서는 본인들의 제품이 BIPV 범위에 들어가는지 아닌지에 따라 그러한 지원 혜택을 받을 수 있고 없고가 결정되기 때문에 어떻게 정의 내리는가라는 것은 사업의 근간이 흔들릴 수도 있는 문제가 되기도 한다.

따라서 BIPV를 어떻게 명명하는가는 매우 중요한 이야기가 된다. 관련해서 사업의 주관기관 중 하나인 에너지공단의 「신·재생에너지 설비의 지원 등에 관한 지침」에서 정의하는 BIPV의 개념을 살펴보기로 하자.

[건물 태양광의 정의(BIPV, BAPV)]

1) 건물일체형(이하 "BIPV형 : Building Integrated PhotoVoltaic")
: 태양광 모듈을 건축물에 설치하여 건축 부자재의 역할 및 기능과 전력생산을 동시에 할 수 있는 태양광 설비로 창호, 스팬드럴, 커튼월, 이중파사드, 외벽, 지붕재 등 건축물을 일부 또는 완전히 둘러싸는 벽, 창, 지붕 형태로 모듈이 제거될 경우 건물 외피의 핵심 기능이 상실 또는 훼손될 수 있어 다른 건축자재로 대체되어야 하는 구조

2) 건물부착형(이하 "BAPV형 : Building Attached PhotoVoltaic")
: 건축물 경사 지붕 또는 외벽 등에 밀착하여 설치하는 태양광 설비의 유형

해당 지침에서는 BIPV를 건축 부자재의 역할과 전력생산을 동시에 할 수 있는 태양광 설비로 보고 있으며, 모듈이 제거될 경우 외피의 핵심 기능인 기밀, 수밀, 내풍압 등이 훼손되는 구조로 보고 있다.

이에 비해 일반 PV(BAPV)는 문자 그대로, 부착하는 형태이므로 건축 부자재

의 기능없이 단순하게 전력생산만을 담당하는 것으로 정의한다. 이해를 돕기 위해 개념을 도식화하면 아래와 같다. BIPV는 태양광 모듈 자체가 외장의 기능을 담당하고 있으므로, 모듈이 제거되면 즉시 문제가 발생한다. 쉽게 이야기하면 BIPV가 없으면, 외장재가 없다는 뜻이고, 비·바람이 건물로 들이칠 수 있어 건물의 기본 기능인 재실자를 자연환경으로부터 보호하는 기능(기밀, 수밀, 내풍압 등) 자체가 저하된다는 의미가 되겠다.

[PV(BAPV) vs. BIPV]

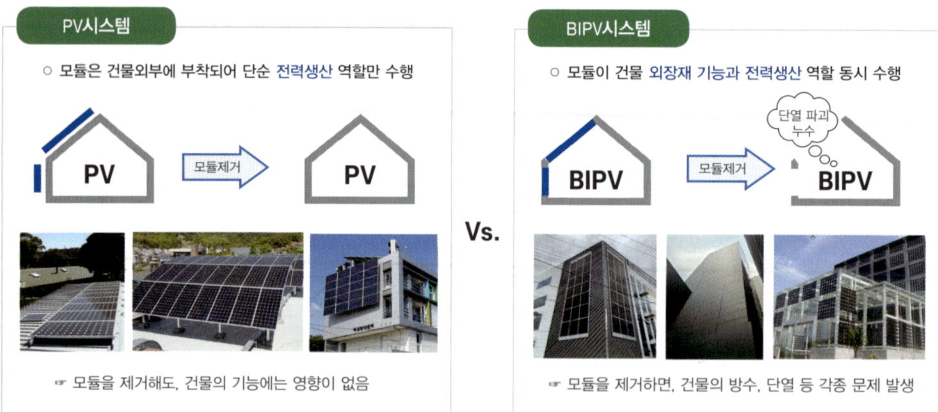

그렇다면 외장재도 있고, 태양광도 있는 BAPV가 더 좋은 것일까? 모듈을 제거해도 기능의 영향이 없다니. 사실 건물의 외관은 건물의 개성을 가장 잘 드러내는 공간이다. 파사드(Façade)라는 말 자체가 건물의 얼굴, 정면 외벽, 외피라는 뜻이니, 건물의 개성을 나타내는데 가장 중요한 공간이 된다. 건물에 들어가기 전에 이미 외부와의 소통을 시작하는 부분이 되므로, 건축주, 설계사 입장에서도 매우 중요한 공간으로 인식하게 된다. 이 공간에 대한 설계, 마감이 다 끝났는데, 태양광 모듈을 덧씌우는 것이 일반 PV를 적용했을 때 벌어지는 현상이다. 예쁘게 단장했는데, 마스크를 쓰면 잘생김을 뽐낼 수 없지 않을까.

문제는 이것뿐만이 아니다. 일반 PV를 외장 마감이 끝난 파사드에 부착할 때는 반드시 문제가 발생한다고 봐도 무방하다. 외장재를 뚫거나 클램프와 같은 형태로 외장재를 집어서 고정할 텐데, 의도했던 기능을 유지한다고 해도 열교나 외장재의 훼손을 방지하기는 쉽지 않다. 물론 건축 기획단계부터 태양광을 염두에 두고 섬세하게 설계한다면 문제 발생을 예방할 수도 있을 것이다.

그간 국내의 건물 태양광 전문가들은 BIPV와 BAPV의 구분을 엄밀하게 하려는 경향이 있었으나, 해외의 경우 그 구분이 엄격하지는 않다. 오히려 건축물에 적용되는 태양광 제품 전체를 BIPV로 보고, 그 범위를 지붕, 입면, 외측의 난간, 캐노피 등으로 분류하고 있다.

[IEA BIPV 분류]

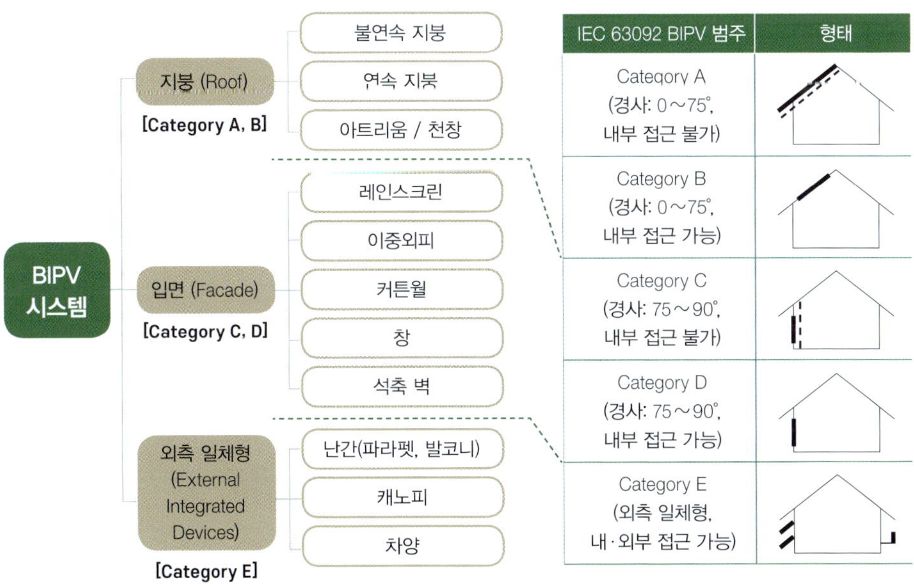

〈출처〉 Categorization of BIPV applications(IEA PVPS, 2021)

BIPV 분류에 대해 참고할만한 국제표준은 IEC(International electro-technical commission) 63092이다. 2012년에 시작된 논의가 장장 10년에 걸쳐 최종 채택되었으니 고민의 깊이를 알 만하다. IEC 63092에서는 BIPV가 건물외피와 일체화되어 있는지, 접근 가능한 경로가 내부인지 외부인지, 경사도가 75도 이상, 이하인지 기준에 따라 5가지 설치 범주로 구분한다. 그런데 외장재와 일체화되어 있는지 여부가 중요한 것이 아니라, 경사와 형태, 안전을 감안한 내·외부 접근 경로를 중심으로 분류하고 있어 그 내용이 흥미롭다.

사실상 BIPV, BAPV의 구분보다는 건물에 부착할 수 있는 모든 형태의 태양광을 BIPV로 인정하고 있는 것을 알 수 있다. 또한 미국 건축 태양광 협회(ASA, Architectural Solar Association)에서 내린 BIPV의 정의도 참고할 만하다.

[미국 건축 태양광 협회(ASA)의 BIPV 분류]

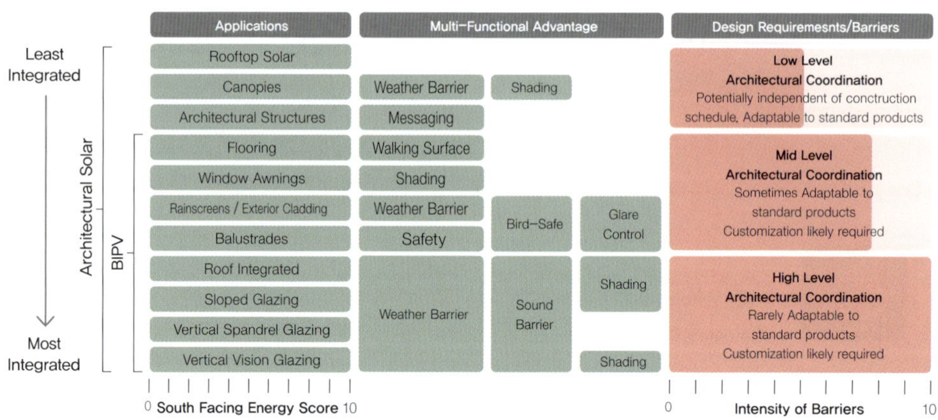

〈출처〉 BIPV-PV WITH ARCHITECTURAL SIGNIFICANCE(Architectural Solar Association)

이 협회에서는 건축물과의 결합 정도에 따라 BIPV를 구분하고 있는데, 결합도가 낮은 옥상이나 캐노피는 건축공정과 별개로 진행할 수 있으나, 건축공정과 결합도가 높은 창호, 외벽 등의 경우 전체 공정과의 관계를 생각하여 시공 일정 조정, 타 부위와의 간섭 등을 검토하여 맞춤형으로 설계에 반영된다.

그러나 BAPV, BIPV라는 구분보다는 건축 태양광이라는 용어를 쓰고 있으며 태양광과 건축물의 조화로운 디자인, 결합도를 더욱 중요한 것으로 생각하고 있다. 일본에서는 SDC(Solar Design Consortium, 태양광 연구회)라는 단체가 BIPV 전문가 집단으로 활발하게 활동하고 있는데, 외피의 기본적인 성능인 외부 환경으로부터 거주자를 지키는 성능과 발전 성능 양쪽을 모두 중요시한다. 즉 비와 바람에 대응하는 내풍압, 기밀, 수밀성에 대한 대응 능력, 태양광으로서 발전 기능이 조화를 이루고 있는지가 BIPV를 판단하는 기준이 된다.

[일본 SDC BIPV 분류]

<table>
<tr><th rowspan="2">구분</th><th colspan="2">광의(廣義)의 BIPV</th></tr>
<tr><th>협의(狭義)의 BIPV</th><th>BAPV</th></tr>
<tr><td>모듈라인, 성능라인</td><td>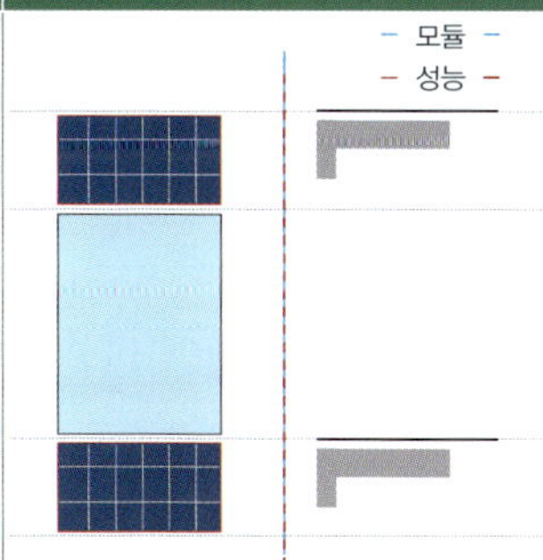

모듈라인 = 성능라인</td><td>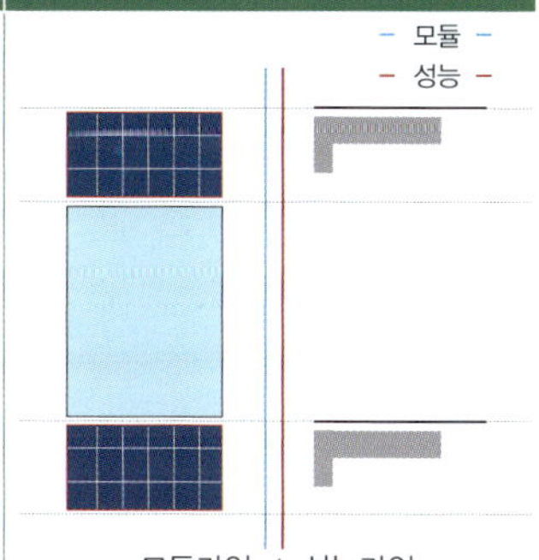

모듈라인 ≠ 성능라인</td></tr>
<tr><td>발전성능</td><td>○</td><td>○</td></tr>
<tr><td>외벽의 요구성능</td><td>△</td><td>×</td></tr>
<tr><td>디자인성</td><td>○</td><td>○</td></tr>
<tr><td>신축건물 시공성</td><td>○</td><td>△</td></tr>
<tr><td>기축건물 시공성</td><td>△</td><td>○</td></tr>
<tr><td>유지관리</td><td>○</td><td>△</td></tr>
</table>

〈출처〉 高性能·高信頼性太陽光発電の発電コスト低減技術開発 動向調査等
BIPV(建材一体型太陽光発電)に関する検討(NEDO, 91page) 외

좁은 의미에서는 건축적 기본성능을 제공하는 외피 라인과 모듈 설치 라인이 일치하면 BIPV, 일치하지 않으면 BAPV로 판단하고 있다. 즉 외벽의 요구성능을 만족하지 못하는 경우만 BAPV로 판단하고 있지만 이마저도 넓은 의미에서는 BIPV로 인정하는 추세이다. 엄밀한 영역 구분은 점차 사라지고 있는 상황이다. 국내에서도 전문가들 사이에서 BAPV, BIPV의 구분보다는 건물에 적용되는 태양광으로서 폭넓게 BIPV를 보고 있으니, 추후 정의에 대한 부분은 확장될 여지가 있다.

건물에 태양광을 적용하는 목적 자체가 건축물의 탄소중립을 위한 것이라면 건축물에 조화롭게 적용할 수 있으면 그만이다. 설치에 있어서 기능상 건물의 기본 기능에 영향을 미치지 않고, 건물에 태양광이 적용되었을 때 파사드 디자인을 건축주, 설계사의 의도대로 살릴 수 있다면 그것만으로도 건물 태양광 적용의 목적은 달성되었다고 본다. BIPV라고 해서, BAPV 대비해서 전력생산이 많이 되고, 탄소중립에 더 기여하는 것은 아니기 때문이다.

"검은 고양이든, 흰 고양이든 쥐만 잘 잡으면 그만이지 않는가?"

결국은 시장이 결정할 문제이다. 시장은 품질(기본성능), 디자인, 일정(공사 기간), 비용(단가)으로 제품을 선택하는데 건물에 적용하는 태양광 형태의 구분이 무슨 의미가 있는가. 따라서 본 도서에서도 건물에 적용하는 태양광을 세부적으로 구분하기 보다는 "건물 태양광" 전체를 폭넓게 "BIPV"로 지칭하며, 논의를 전개해 나갈 것이다.

4
BIPV는 어떤 종류가 있어

"건물 태양광"의 범위를 BIPV 전체로 볼 때, BIPV는 건물 외피의 모든 부분에 적용하는 태양광으로 범위를 확장해야 한다. 또한 다가올 제로에너지건축물 의무화를 생각할 때 최소기준인 5등급 수준의 자립률 만족을 위해서는 고려할 수 있는 모든 외피 부위에 태양광 적용을 검토해야 할 것이다.

외부에 부착가능한 BIPV 모듈은 다양한 형태를 가질 수 있다. 기존의 외장재

[태양광의 건물 부착 부위]

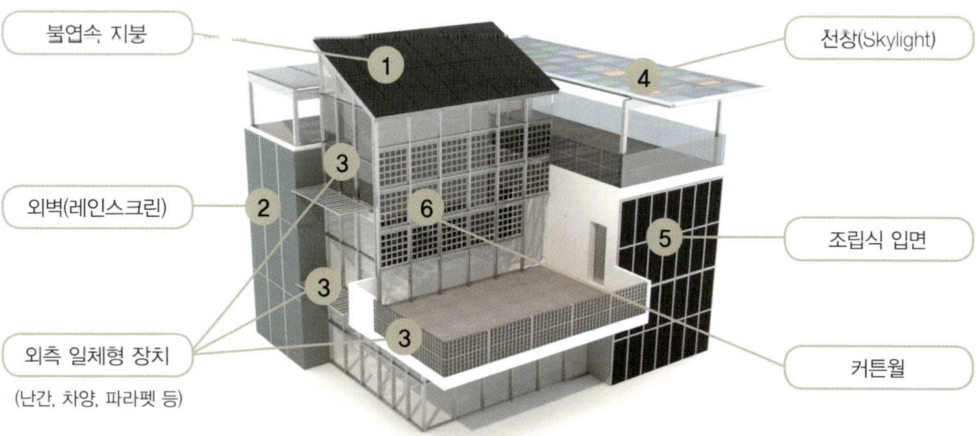

〈출처〉 Building Integrated Photovoltaics: A practical handbook for solar buildings' stakeholders (SUPSI, status report 2020)

[BIPV 적용 부위 : 지붕, 외벽, 기타]

구분		외관	특징
지붕	불연속 지붕 (Discontinuous roof)		·용마루를 중심으로 나뉘는 박공지붕 ·태양광 발전의 경사각을 살리기 쉬움 ·지붕 경사를 활용해 배수가 용이함
	연속 지붕 (Continuous roof)		·평탄한 지붕, 곡선형 지붕 ·멤브레인 같은 플렉시블한 모듈사용
	아트리움/천창 (Atrium / Skylight)		·빛은 투과시키는 것이 주된 기능 ·반투명 혹은 G2G 형태 모듈을 사용 * G2G(Glass to Glass)
외벽	커튼월 (Curtain wall)		·벽 대신 기둥으로 하중을 지탱 ·유리로 된 커튼을 벽처럼 둘러침 ·G2G 패널 사용 시 공법 변경없이 시공
	레인스크린 (Rainscreen)		·외벽 단열재, 방수시트, 마감 사이에 공기층을 두고, 단열층의 습기 배출 ·공기층의 연돌효과로 쾌적성 향상
	이중 외피 파사드 (Double skin façade)		·건물 외피에 유리로 된 공기 통로 구성 ·열적 완충공간 형성, 바람, 소리 차단 ·동절기(단열, 환기), 하절기(일사차단)
	창 (Window)		·환기, 조명, 조망 등 다양한 기능 수행 ·자립률 확보용 추가 구간으로 사용 ·블라인드, 투과도 조절 제품 적용
	석축 벽 (Masonry wall)		·벽돌, 석재, 콘크리트 소재의 외벽 ·태양광 모듈 시공시 앵커 볼트로 부착

외측 일체형	옥상 난간 (Parapet)		·다리, 계단, 옥상 등 외곽에 설치 ·사람이 떨어지는 것을 방지 ·유휴공간을 태양광 발전용으로 활용
	발코니 난간 (Balustrade)		·다리, 계단, 옥상 등 외곽에 설치 ·사람이 떨어지는 것을 방지 ·유휴공간을 태양광 발전용으로 활용
	캐노피 (Canopy)		·덮개로 사용되면 눈, 비를 막는 역할 ·유휴공간을 태양광 발전용으로 활용
	일사 차폐 (Solar Shading)		·일사 유입을 막기 위한 장치, 구조물 ·유휴공간을 태양광 발전용으로 활용

〈출처〉 Categorization of BIPV applications(IEA PVPS, 2021)

와 일 대 일(1:1)로 대응 가능해야 하며, 그 기능도 동일하게 가져야 하므로 기존 외상재 형태를 가질 수밖에 없다.

시공하는 부위 역시 지붕, 벽면, 창호 등 여러 형태를 취한다. 그중 지붕은 태양광 발전을 위해 우선적으로 검토하는 부위다.

건물은 다양한 음영이 발생할 가능성이 높다. 나무 그림자, 옆 건물의 영향 등을 감안할 때 지붕의 경사를 그대로 활용하면서 태양광 발전을 할 수 있는 좋은 부위이지만, 건물 옥상, 지붕은 옥상 정원, 공조설비 설치 등 다양한 용도로 활용되기 때문에 다소의 제약조건은 존재한다. 이러한 상황을 염두에 두고, BIPV의 적용 검토를 진행해야 한다. 지역별 녹색건축 기준, 설치의무화 등 다양한 의무를 만족하기 위한 에너지자립률 산정 시 지붕만으로는 부족함이 있다.

부족한 부분을 보충할 수 있는 차선의 선택은 외벽 부위다. 외벽은 커튼월, 레인스크린, 이중외피, 창 등 넓은 부위를 차지하고 있기 때문에 적용을 쉽게 생각할 수 있으나, 파사드(외벽) 자체가 건축물의 성격을 좌우하는 중요 요소로 작용하기 때문에 어떤 부위에 적용할지 신중하게 검토해야 한다. 특히 설계단계에서 BIPV 시공기준 등을 고려하여 가조시간 분석을 진행해야 하므로 실제 선택지는 넓지 않다.

벽돌, 석재, 콘크리트 소재의 외벽을 활용할 경우에는 태양광 모듈 시공 시 앵커 볼트로 벽체에 모듈을 부착할 수 있어 작업의 편리성은 존재하나 열교 발생의 우려가 존재한다. 만약 외벽의 스펜드럴 구간을 충분히 활용하고도 더 많은 용량을 설치해야 한다면 창호에 적용하고자 하는 고민이 시작된다. 이때는 태양광 설치 시 창문 자체가 요구하는 열관류율을 만족하기 위해 복층, 삼복층, 로이(low- e)유리 적용 등 다양한 조합을 활용하고, 시야의 훼손을 감안하여 적절한 부위를 선정하는 노력을 기울이고, 태양광 패널의 새로운 기술을 적용할 수 없는지 충분히 검토해야 할 것이다.

옥상이나 계단, 캐노피 등 유휴공간은 태양광 적용 부위로 충분히 활용할 수 있으며, 유리난간 등은 법적으로 설치가 강제되어 있으므로 이를 유리에서 태양광 모듈로 대체할 경우 안전확보라는 본래의 목적을 달성하면서, 발전용으로도 활용할 수 있어 편리함과 성능을 동시에 확보할 수 있다.

부위별로 BIPV를 적용하는 분류 외에도 적용되는 형태와 체결되는 시스템에 따라 구분할 수도 있다. 선행연구를 소개하는 차원에서 스위스의 SUPSI(Scuola Universitaria Pofessionale della Svizzera Italiana)가 분류하는 BIPV 모듈과 응용 시스템을 알아보기로 하자. SUPSI에서는 BIPV를 모듈과 체결 시스템으로 구분하며, 모듈의 경우 건물 구성요소에 따라 타일, 천창, 파사드, 금속패널, 멤브레인, 차양 등 6가지로 나누고 있다.

타일은 지붕의 기와 혹은 금속재 등 외장재를 대체하는 형태이다. 주로 태양광 작업을 위해 전용 하지가 설치된 상태에서 볼트 등으로 고정된 상태에서 첫 번째 모듈이 체결되면, 두 번째 모듈부터는 첫 번째 모듈에 있는 홈에 끼우면서 설치되는 형태로 시공할 수 있다.

넓은 범위에서 보면 일부 금속기와나 지붕일체형 태양광도 여기에 해당된다. 금속기와형 태양광 모듈은 설치방식이 기존 기와와 동일하다. 방수시트를 시공한 이후에 기와를 설치하기 위해 방부목으로 격자인 기와상(가로대, 세로대)을 설치한다. 물받이나 처마 시공은 동일한데 태양광이 부착된 금속기와를 걸치면서 못이나 피스를 이용해 고정하는 형태이다. 기와의 상하부에 위·아래를 연결할 수 있는 구조적 요철이 있기 때문에 아래쪽을 시공하면 위쪽은 구부러진 부분에 끼우면서 시공할 수 있다. 다른 형태로는 배수로를 겸하는 지지대 구조를 채용한 모듈이 있다. 지붕이라는 공간 자체가 배수가 매우 중요하므로, 물이 머무르지 않고 건물 밖으로 배출되도록 하는데, 모듈간 지지될 수 있도록 구조물 설계가 다수 이루어져 있다.

특히 우리나라는 장마 등 집중 호우기간이 있어 이러한 배수 기능이 특화된

[금속기와형 태양광 모듈]

시공 방법

① 기와상 제작 ② 물받이, 처마 ③ 태양광 금속기와 ④ 외곽, 마무리 ⑤ 인버터 연결

〈출처〉 태양광 금속기와(중앙강재)

[지붕형 BIPV의 배수 기능]

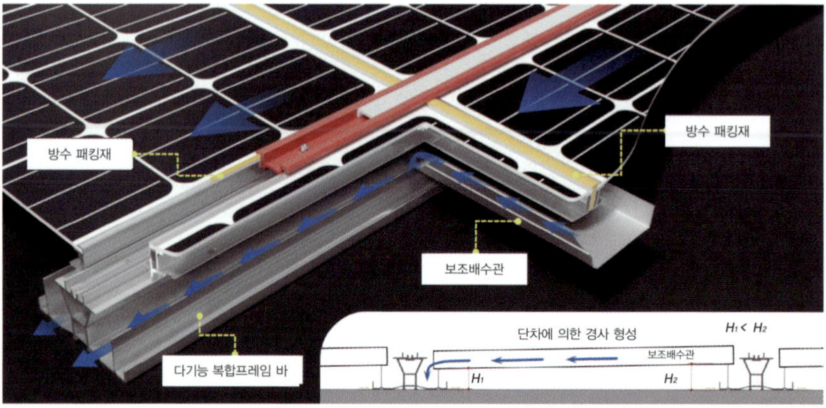

〈출처〉 ABM

[배수로 겸용 지붕 BIPV 모듈]

〈출처〉 https://www.clickcon.eu/, https://www.mecosun.fr/

지붕형 BIPV 제품이 기술적으로 발달해 있으며, 배수 기능과 함께 모듈의 지지대 역할, 태양광 모듈의 전선이 노출되지 않도록 덕트에 삽입하는 기능 등을 갖춘 제품들이 있다. 천창이나 창호, 파사드는 기존의 외장재 설치와 거의 동일한 형태의 시공법을 가지고 있으나, 디테일 부분의 BIPV 시공 기술, 제품 개발은 추가적인 연구의 필요성이 있다.

특히 적용 부위에 따른 요구 단열기준을 만족시키는데, 모듈을 어떻게 결합시킬 것인가, 복층 혹은 삼복층 형태의 응용, 유지보수를 위한 태양광 전선 부분의 처리 방법도 향후 기술개발이 더 이루어져야 할 과제가 된다.

금속패널 혹은 멤브레인의 경우는 기존의 지붕재와 거의 동일한 형태로 시공한다. 금속패널 상부에 플렉시블한 형태의 모듈을 붙이는 것이 대부분의 시공 방식이기 때문에 특별한 시공법보다는 구조적인 하중문제로 적용이 어려웠던 PEB(Pre-Engineered Metal Building) 건물 등에 태양광 적용을 원할 경우는 유용한 대안이 될 수 있다. 특히 멤브레인 모듈의 경우는 단위면적(㎡)당 하중이 5kg 이하이므로, 추가적인 하중을 반영하기 어려운 상황에 솔루션으로 고려해 볼

[벽면 BIPV 시공]

〈출처〉 에스지에너지

만하다.

BIPV의 주요 적용 부위인 입면 시공에 있어서는 BIPV 자체가 전기공사와 건축공사의 성격을 동시에 가지고 있기 때문에 전기설계와 건축적인 부분을 함께 고려해 주어야 한다. 벽체에 BIPV를 적용하는 경우 고정용 앵커와 브라켓 설치 후 모듈 사이즈에 맞게 구조틀을 제작, 체결하는 방식으로 제작되는데 이때 모듈의 종류, 형태에 따라 별도의 몰드(Z바)를 제작하여 모듈에 부착 후 프레임에 나사로 고정하고 실리콘으로 마감하는 코킹, 실란트 타입이 일반적이다. 최근에는 실란트 마감의 오염 등을 방지하기 위해 유럽에서 주로 적용되는 오픈 조인트 방식을 채용하는 경우도 증가하는 추세이다.

[오픈 조인트 방식 BIPV 시공]

〈출처〉 아반시스

오픈 조인트(Open Joint) 방식은 문자 그대로 줄눈을 열어주는 방식을 말하는데, 통풍이 가능하고, 온도변화에 잘 대응할 수 있어 태양광 패널 후면으로 나오는 배열과 외벽 단열층에 생기는 습기를 효과적으로 배출할 수 있다. 특히 외장재보다 내구력이 낮은 실란트의 재시공 문제를 원천적으로 해결할 수 있어 효과적인 방식이다. 이러한 장점을 가진 BIPV 제품들이 적용되고 있으니, 설계 시 적절하게 활용하면 될 것이다.

III 설계, 어떻게 해야 하나?

1. BIPV는 언제 사용해야 되는 거야
2. 설치 관련 의무사항은 어떻게 확인하지
3. 얼마나 설치해야 하는 거야
4. 그 외에 BIPV를 설치하는 경우가 있어
5. BIPV의 이상적인 프로세스는 뭐야
6. BIPV 관련하여 인증이 필요해
7. G2G와 G2B는 무엇을 뜻하는 거야
8. kW랑 kWh 차이는 뭐야
9. 모듈 효율은 뭐야
10. 발전시간, 일조시간은 뭐야
11. BIPV 모듈의 색상과 사이즈 선택이 가능한가
12. 눈부심, 문제는 없나
13. 화재 대응 관련 기준은 있나

1

BIPV는 언제 사용해야 되는 거야

BIPV를 사용하는 목적은 무엇일까. 건물 일체형 태양광의 정의와 범위를 알아보았으니, 다음으로 언제 어떻게 사용해야 하는지 알아보자. 우선 전기요금 절감이 BIPV 적용 검토의 목적이 될 수 있다. 건물이 가만히 있다고 하지만, 건물의 기능을 유지하기 위해서는 자연스럽게 에너지를 사용하기 마련이다.

우스갯소리로 "숨만 쉬어도 돈이 나간다고" 했지만, 건물에서 숨만 쉬고 있는 것은 아니다. 냉방, 난방, 급탕, 조명, 환기 등의 건축물 내에서 모든 온습도 유지 활동은 쾌적한 환경을 목적으로 한다. 그런데 쾌적함은 돈이 든다. 우리는

[건물의 에너지 사용]

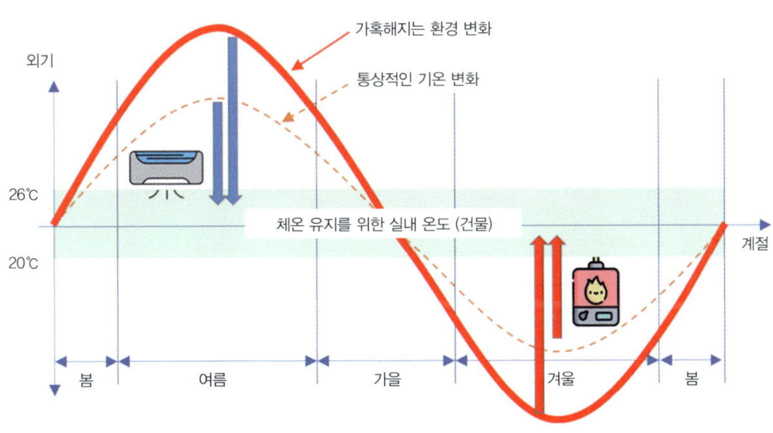

쾌적함을 돈으로 바꾸고 있다. 궁극적으로 우리가 돈으로 바꾸고 있는 것은 무엇일까. 질문은 연료 소비라는 결론으로 이어지고, 전기화의 추세를 감안할 때, 연료의 형태는 전기가 된다.

그런데 전기는 비싼 에너지원이고, 갈수록 값이 올라가고 있다. 우리나라 전기요금이 상대적으로 저렴하기 때문에 최근의 상승세가 부담스럽기는 하지만 한국전력의 누적된 적자를 해소하기에는 아직도 부족한 느낌이 있다. 전기요금이 얼마나 더 오를지 알 수는 없지만, 지금의 상승세가 당분간 누그러들 기세는 보이지 않는다.

이렇게 상승하고 있는 전기요금은 건물주에게 큰 부담이 된다. 사실 전기요금은 모든 물가상승의 기저에 숨어 있다. 식료품비, 교통비 등 물가상승의 주요 원인 중 하나로 전기요금이 작용한다는 사실이 겉으로 보이지 않기에 심각성을

[연도별 전기요금 추세]

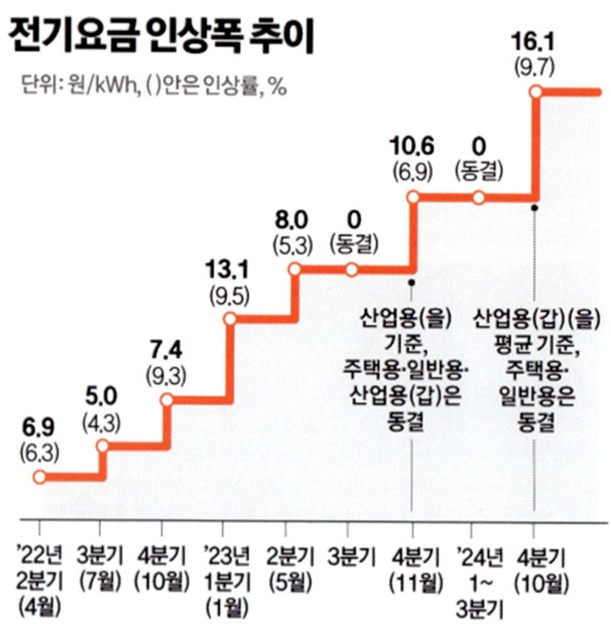

〈출처〉 산업용 전기요금만 9.7% 인상…20대 기업 1.2조원 이상 늘듯 | 중앙일보

생각하지 못할 뿐이다. 전기요금 비싸다, 비싸다 하지만, 정작 얼마나 비용이 나오는지 아는 사람이 얼마나 되겠는가.

"전기는 국산이지만, 연료는 수입산입니다"라는 멋진 캐치프레이즈가 아니더라도 아껴 쓰고 절약해야 할 전기다. 우리 수용가에 전기가 오기까지 연료비, 설비투자/수선유지비, 판매관리비 등을 고려하여 산정되는 전기요금은 유가상승 등 각종 외부환경에 의해서 지속적으로 인상되고 있으며, 환경부담금까지 추가되는 추세를 보인다. 이러한 상황 속에서 건물에 태양광을 설치해서 전기요금을 줄이는 것은 장기적 관점에서 미래에 대한 합리적인 투자라고 볼 수 있다.

[전기요금 산정 과정과 포함되는 비용]

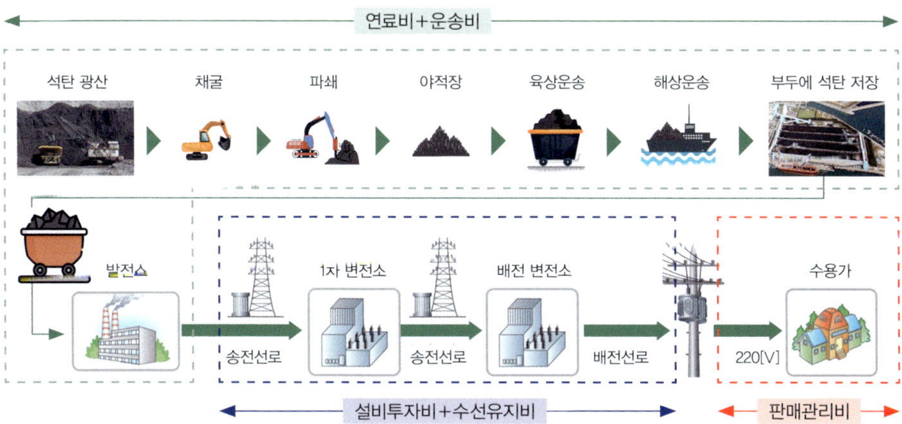

〈출처〉 한국전력, Anylogic(채굴 시뮬레이션), E2뉴스(저탄장)

다음으로 BIPV 설치 검토를 시작하는 이유는 인허가와 인센티브에 관련된 사항이다. 건물을 설계하는 과정에서 건물의 규모가 일정 범위를 넘어서게 되면 에너지 효율등급 준수, 고효율 설비적용 등 각종 의무사항을 준수해야 하며, 그 과정에서 활용할 수 있는 용적률, 건물 높이 완화 등 건축기준 완화 인센티브를 챙기지 않을 수 없다. 이런 제약조건과 인센티브는 왜 생겨난 것일까.

[건축물의 탄소배출]

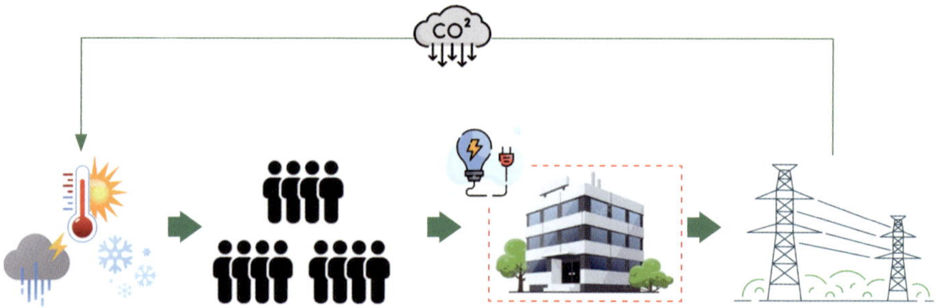

기후변화의 원인이 되는 탄소배출의 많은 부분이 건물에서 발생하고 있는데, 건물의 긴 내구수명과 사용 에너지의 원천이 화석연료를 기반으로 하기 때문에 우리는 실내에서 쾌적함을 추가할수록, 탄소배출을 심화시키는 건축물 탄소배출의 악순환 속에서 살고 있는지도 모른다. 이 악순환의 고리를 끊어 내기 위해 에너지를 절약하는 건물, 탄소배출을 많이 하지 않는 건물을 만들어야 하는 당위성이 생겼고, 정책적인 의무사항이 발생하게 되었다. 정책의 확대는 공공부터 시작한다. 민간 시장이 넓기는 하지만, 시장의 충격을 최소화하고, 변화에 대비할 시간을 주기 위해 공공 영역의 건축물부터 통상 정책 적용이 시작되며, 어느 정도 제도가 안착되면 민간으로 확대되는 것이 일반적인 정책의 흐름이다.

BIPV 관련 제도, 정책은 시기, 대상에 따라 공공과 민간이 연도별로 차이를 보이기도 하며, 적용 대상 여부가 다르게 결정되기도 하나, 전체적으로는 강화되는 추세를 보이고 있다. 먼저 공공기관에 적용되는 정책과 BIPV의 관계를 알아보기로 하자.

1) 공공기관 건축물

우선 공공기관에서 BIPV를 설치하게 되는 이유는 크게 공공기관 설치의무화

제도와 제로에너지건축물 인증제 의무가 있기 때문이다. 공공기관 설치의무화 제도는 공공기관이 신축·증축 또는 개축하는 연면적 1,000㎡ 이상의 건축물에 대하여 예상에너지 사용량의 공급의무비율 이상을 신재생에너지로 공급하도록 의무를 부여하는 사업이다. 해당 제도에서 말하는 공공기관의 대상과 용도는 아래의 표와 같다.

[설치의무화제도 의무 대상]

대상기관 (건축주)	– 국가 및 지방자치단체 –「공공기관의 운영에 관한 법률」 제4조에 따른 공공기관 – 정부가 연간 50억 원 이상 출연한 정부출연기관 –「국유재산법」 제2조 제6호에 따른 정부출자기업체 – 지방자치단체, 공공기관, 정부출연기관 또는 정부출자기업체가 대통령령으로 정하는 비율(납입자본금의 50%) 또는 금액(납입자본금으로 50억 원) 이상을 출자한 법인 – 특별법에 따라 설립된 법인
대상건축물 용도	문화 및 집회시설, 종교시설, 판매시설, 운수시설, 의료시설, 교육연구시설, 노유자시설, 수련시설, 운동시설, 업무시설, 숙박시설, 위락시설, 교정시설(군방·군사시설 제외), 방송통신시설, 묘지관련시설, 관광 휴게시설 및 장례시설
대상건축물 연면적	신축·증축·개축하는 각 건축물의 연면적 1,000㎡ 이상

〈출처〉 한국에너지공단 신재생에너지센터

제로에너지건축물 인증 의무 대상은 2020년부터 연면적 1,000㎡ 이상 공공기관의 신축 건축물부터 포함되며, 민간 건축물은 2025년 공동주택 30세대 이상부터 의무 대상이 된다

정부기관, 지자체에서 1,000㎡ 이상의 신축건물을 계획한다면 인증 의무로 인해서 재생에너지원을 설치해야 하는데, 재생에너지원 중 건축물의 진동, 소음, 유지관리 편의성, 경제성, 보정계수 등을 종합적으로 고려할 때 BIPV의 적용 우선순위가 상대적으로 높다. 정부, 지자체는 건축물 탄소중립 정책을 달성하기 위해서 공공 관련 건축물부터 에너지 절감의 표준을 제시하고자 한다. 이

를 위해 의무제도에서는 연도별 공급의무비율, 대상 건축물의 연면적 기준을 점진적으로 높여가며 건축물 탄소중립을 이끌어 가고 있다.

[제로에너지건축물 인증 표시 의무 대상]

요건	제로에너지건축물 인증 및 에너지 효율 등급 인증 표시 의무 대상
1. 소유 또는 관리주체	가. 제9조제2항 각 호의 기관 나. 교육감 다. 「공공주택 특별법」 제4조에 따른 공공주택사업자
2. 건축 및 리모델링의 범위	신축·재축 또는 증축하는 경우일 것. 다만, 증축의 경우에는 기존 건축물의 대지에 별개의 건축물로 증축하는 경우로 한정한다.
3. 건축물의 범위	법 제17조제5항제1호에 따라 국토교통부와 산업통상자원부의 공동부령으로 정하는 건축물. 다만 「건축법 시행령」 별표1 제2호 라목에 따른 기숙사(이하 "기숙사"라 한다)는 제외한다.
4. 공동주택의 세대수 또는 건축물의 연면적	가. 공동주택의 경우: 전체 세대수 30세대 이상 나. 공동주택 외의 건축물의 경우: 연면적 5백제곱미터 이상
5. 에너지 절약계획서 등 제출 대상 여부	가. 공동주택의 경우: 「주택건설기준 등에 관한 규정」 제64조제2항에 따른 친환경 주택에너지 절약계획 제출 대상일 것 나. 공동주택 외의 건축물의 경우: 법 제14조제1항에 따른 에너지 절약계획서 제출 대상일 것

〈출처〉 제로에너지건축물 인증 시스템

2) 민간 건축물

민간 건축물은 공공 건축물처럼 강력한 설치 의무화 제도는 없지만, 지자체의 녹색건축물 설계 기준에 따라서 일정 규모 이상 되는 신축 건물 대상으로 특정비율의 신재생에너지를 설치해야 하는 경우가 발생한다.

지자체별로 재생에너지 설치비율은 상이하나, 서울을 중심으로 인천, 부산, 대구 등 광역지자체의 재생에너지 설치비율은 지속적으로 강화되고 있는 추세이다. 지역별 신축 건물에 대한 재생에너지 설치사항은 건물을 짓고자 하는 지역에 따라 대상 면적 규모(연면적) 및 설치의무비율이 상이하므로 건축 기획단계에서 충분한 사전 검토를 통해 확인해야 한다.

녹색건축물 설계 기준의 의무 수행을 위해 신재생에너지를 설치하면, 건축기준 완화의 인센티브가 발생하지 않지만, 각종 인증 취득을 위해 신재생에너지를 설치할 경우 여러 인센티브를 얻을 수 있다.

주거 목적의 주택 등 민간 건축물을 제외하면, 대부분 분양 및 임대수익 창출을 목적으로 건물을 만들게 되는데, 이때 수익성 향상에 깊은 영향을 미치는 요소가 용적률 및 건축물의 최대 높이 등이다. ZEB(제로에너지건축) 인증, 녹색건축인증 등을 통해 건축기준 완화 인센티브를 받게 되는 경우 용적률 및 건축물 최대 높이가 증가되므로 분양 및 임대 대상 면적이 상승할 수 있고, 기존 계획보다 수익성이 개선될 여지가 있다. 따라서 경제성 상승을 위해 민간에서도 BIPV를 적극 활용하는 경우가 증가하고 있다.

[건축기준 완화 및 종류 내용]

<table>
<tr><th>구분</th><th>관련 법규/조례</th><th>내용</th><th>적용대상</th><th colspan="2">적용수준
(등급/건축기준 완화)</th></tr>
<tr><td rowspan="6">제로
에너지
건축</td><td rowspan="6">· 녹색건축물 조성지원법 제15조
· 건축물의 에너지절약 설계기준 제16, 17조</td><td rowspan="6">· 건축물 에너지 효율등급 1++
· 에너지자립률 20% 이상
· BEMS 설치</td><td rowspan="6">· 공공
: '20년~
(연면적 1,000㎡ 이상)
: '25년~
(연면적 500㎡ 이상)
· 민간: '25년~
(연면적 1,000㎡ 이상)</td><td>ZEB
인증등급</td><td>건축기준
완화 비율</td></tr>
<tr><td>+등급,
1등급</td><td>15%</td></tr>
<tr><td>2등급</td><td>14%</td></tr>
<tr><td>3등급</td><td>13%</td></tr>
<tr><td>4등급</td><td>12%</td></tr>
<tr><td>5등급</td><td>11%</td></tr>
<tr><td rowspan="5">건축물
에너지
효율등급
인증 및
녹색건축
인증</td><td rowspan="5">· 녹색건축물 조성지원법 제15조
· 건축물의 에너지절약 설계기준 제16, 17조</td><td rowspan="5">· 건축물 에너지 효율등급 1등급 이상
· 녹색건축 인증 우수등급 이상</td><td rowspan="5">냉난방이 필요한 연면적 500㎡ 이상 건물</td><td>효율등급/
녹색인증</td><td>건축기준
완화 비율</td></tr>
<tr><td>1++/최우수</td><td>9%</td></tr>
<tr><td>1+/우수</td><td>6%</td></tr>
<tr><td>1+/최우수</td><td>6%</td></tr>
<tr><td>1/우수</td><td>3%</td></tr>
</table>

2
설치 관련 의무사항은 어떻게 확인하지

공공기관에서 발주하는 건축물은 지역에 상관없이 동일한 기준을 적용하고 있으며, 연면적 1,000㎡ 이상의 신축 건축물은 의무 대상에 포함된다. 반면, 민간 건축물의 의무 사항은 지자체의 녹색건축물 설계 기준의 상세 내역에 따라 해당 여부가 나뉠 수 있으므로, 사전에 건축물을 계획하고 있는 지역의 인허가 사항에 대한 정확한 검토가 필요하다.

지자체의 녹색건축물 설계 기준은 녹색건축물 조성지원법 제7조(지역녹색건축물 조성 계획 수립 등)에 따라 지역별로 5년마다 수립·시행하고 있다. 따라서 민간에서 건물을 신축하고자 하는 지역의 설계 기준을 사전에 충분히 검토해야 한다. 해당 설계 기준 확인하는 방법은 인터넷 검색창에 "**도 녹색건축 설계 기준" 또는 "**시 녹색건축 설계 기준"으로 검색하면 해당 내용을 확인할 수가 있다. 그러나 기준 자체가 일정 주기로 개정이 되기 때문에 포털이나 블로그에서 게시하는 내용을 인용해서는 낭패를 보기 쉽다. 반드시 지자체 홈페이지, 국가법령정보센터 등 공신력 있는 기관에서 최신 기준을 확인하는 것이 필요하다.

인터넷 검색을 통해 최신 해당 지자체의 녹색건축물 설계 기준을 찾아보자. 녹색건축물 설계 기준의 적용 대상은 주거 및 비주거 건물로 구분되며, 규모에 따라서 (가), (나), (다), (라)로 나뉜다.

계획하고 있는 건축물이 어디에 해당되는지를 먼저 확인하고 상세 내용을 파

[서울시 녹색건축물 설계 기준 검색 예시]

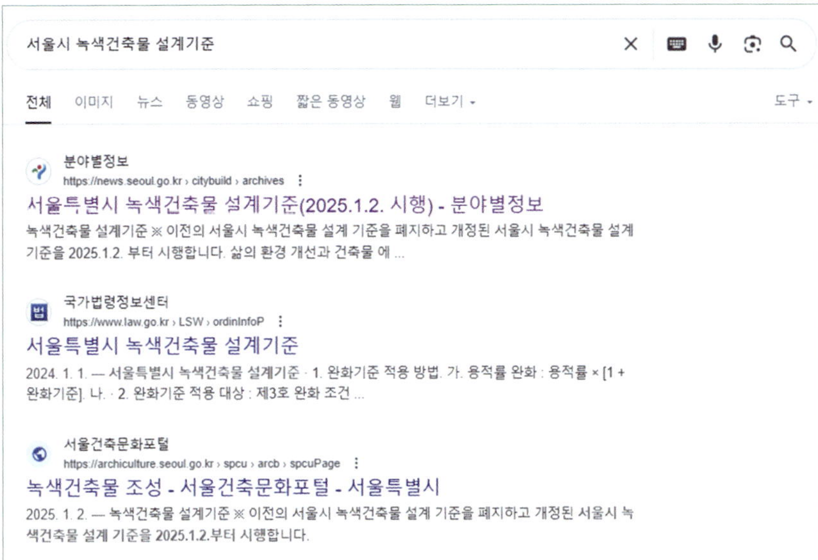

[서울시 녹색건축물 조성 관련 홈페이지 화면]

https://news.seoul.go.kr/citybuild/archives/522413

[녹색건축물 설계 기준의 적용 대상 기준]

구분	주거	비주거
㉮	1,000세대 이상	연면적 합계 10만㎡ 이상
㉯	300세대 이상~1,000세대 미만	연면적 합계 1만㎡ 이상~10만㎡ 미만
㉰	30세대 이상~300세대 미만	연면적 합계 3천㎡ 이상~1만㎡ 미만
㉱	30세대 미만	연면적 합계 3천㎡ 미만

악해야 한다.

2025년 기준으로 서울시에 연면적 3,500㎡의 상업용 신축 건물을 건축한다고 가정해보자. 녹색건축물 설기기준의 적용대상 구분(용도와 규모)에 따라 비주거인 상업용 건물의 연면적 3,500㎡는 (다)등급으로 분류된다.

다음은 연면적에 따라 분류된 등급에 맞춰 제2조(적용기준)의 신재생에너지 의무설치비율을 확인한다. 25년 민간 [다]등급 건축물의 신재생에너지 의무설치비율은 13%이다. 산출방식에 따라 13%를 만족하는 규모를 계획하여 설치하면 된다. 산출방식은 신·재생에너지 설비의 지원 등에 관한 규정 별표2 신·재생에너지 공급의무 비율의 산정기준 및 방법을 따르며 79페이지에 해당 내용이 설명되어 있다.

만약 해당 건축물이 [다]등급 기준임에도 불구하고 제로에너지건축물(ZEB) 인증을 취득할 경우에는 제2조(적용기준)의 에너지성능, 에너지관리, 신재생에너지 평가를 제외할 수 있다.

[서울시 녹색건축 설계기준 제2조(적용기준) 신재생에너지 의무설치비율]

<table>
<tr><th rowspan="2">구분</th><th rowspan="2">평가내용</th><th colspan="12">적용기준</th></tr>
<tr><th colspan="2">대상</th><th colspan="5">주거</th><th colspan="5">비주거</th></tr>
<tr><td rowspan="3">환경
성능</td><td rowspan="3">녹색건축인증</td><td colspan="2">[가]</td><td colspan="10">우수(그린2등급) 이상</td></tr>
<tr><td colspan="2">[나]</td><td colspan="10">우량(그린3등급) 이상</td></tr>
<tr><td colspan="2">[다]</td><td colspan="10">일반(그린4등급) 이상</td></tr>
<tr><td rowspan="3">에너지
성능</td><td rowspan="3">건축물 에니지
효율등급 인증</td><td colspan="2">[가]</td><td colspan="10">1++등급 이상</td></tr>
<tr><td colspan="2">[나]</td><td colspan="10">1+등급 이상</td></tr>
<tr><td colspan="2">[다]</td><td colspan="10">1등급 이상</td></tr>
<tr><td rowspan="3">에너지
관리</td><td rowspan="3">에너지 모니터링 및 데이터 분석
① 세대별 에너지원별 모니터링[1] 기능
② 공용부분 에너지원별 모니터링 기능
③ 데이터 분석 기능
④ 동별 에너지원별 모니터링 기능
⑤ 동별 5종 이상 에너지 용도별[2] 모니터링 기능
⑥ BEMS 설치</td><td colspan="2">[가]</td><td colspan="5">①+②+③</td><td colspan="5">③+④+⑤+⑥</td></tr>
<tr><td colspan="2">[나]</td><td colspan="5">①+②</td><td colspan="5">③+④+⑤</td></tr>
<tr><td colspan="2">[다]</td><td colspan="5">①</td><td colspan="5">③+④</td></tr>
<tr><td rowspan="5">신재생
에너시</td><td rowspan="5">신재생에너지 의무설치[3),4),5),6)]</td><td colspan="2">년</td><td>'23</td><td>'24</td><td>'25</td><td>'26</td><td>'27</td><td>'23</td><td>'24</td><td>'25</td><td>'26</td><td>'27</td></tr>
<tr><td colspan="2">공공</td><td>32%</td><td>34%</td><td>34%</td><td>36%</td><td>36%</td><td>32%</td><td>34%</td><td>34%</td><td>36%</td><td>36%</td></tr>
<tr><td rowspan="3">민
간</td><td>[가]</td><td>10%</td><td>10.5%</td><td>11%</td><td>11.5%</td><td>12%</td><td>14%</td><td>14.5%</td><td>15%</td><td>15.5%</td><td>16%</td></tr>
<tr><td>[나]</td><td>9.5%</td><td>10%</td><td>10.5%</td><td>11%</td><td>11.5%</td><td>13%</td><td>13.5%</td><td>14%</td><td>14.5%</td><td>15%</td></tr>
<tr><td>[다]</td><td>9%</td><td>9.5%</td><td>10%</td><td>10.5%</td><td>11%</td><td>12%</td><td>12.5%</td><td>13%</td><td>13.5%</td><td>14%</td></tr>
</table>

1) 에너지원별 모니터링은 건물에 사용되는 모든 에너지(전기, 가스, 지역냉난방, 수도 등)를 대상으로 한다.

2) 5종 선택 : [필수 3] 난방, 냉방, 급탕 / [선택 2] 공조용 팬, 펌프(열원용, 급탕용, 급수용), 전등, 전열, 엘리베이터

3) 산출방식은 「신·재생에너지 설비의 지원 등에 관한 규정」(산업통상자원부고시) 및 「신재생에너지 설비의 지원 등에 관한 지침」(한국에너지공단 신·재생에너지센터고시)을 따르되 공동주택은 용도별 단위에너지사용량을 230kWh/㎡y로 반영한다. 또한 별표 1에 따른 대체 비율은 의무설치 비율의 최대 50% 미만까지 인정한다.

4) 연면적의 합계 3만㎡ 이상 비주거 건물은 지하개발면적의 50% 이상을 지열로 설치하거나, 신재생에너지 의무설치 비율의 50% 이상을 지열·수열로 설치하여야 한다. 단, 시장이 설치부지가 부족하거나 지하에 지장물이 있는 등 현장 여건상 의무기준 준수가 불가하다고 인정하는 경우, 지열·수열 의무설치 비율을 완화하거나 면제할 수 있다.

5) 태양광 설비는 별표 2의 설치기준을 따른다.

6) 지열·수열 설비는 별표 3의 설치기준을 따른다.

〈출처〉 서울시 녹색건축물 설계 기준 고시

만약, 동일 규모의 건물을 부산시에 계획한다고 가정할 경우는 어떻게 될까, 설치비율을 확인해보자. 서울시에 계획할 경우 13%였던 신재생에너지 의무설치 비율은 부산시에 계획할 경우 10%로 변경된다.

25년 기준 국내 특별시, 광역시 총 7개 도시 기준으로 검토할 경우 상기 규모의 [다]등급 건물에 대한 재생에너지 설치비율 기준이 있는 곳은 서울, 부산, 인천, 광주만 해당되며 그 외 대전, 대구는 [나]등급 규모의 건축물부터 설치비율 기준을 적용하는 대상이 된다. 울산의 경우에는 규모와 관계없이 설치비율에 대한 기준은 없다.

광역 지자체 이외의 지자체에서도 녹색건축 설계기준을 마련하여 설치비율을 고시하고 있으므로 프로젝트 초기 단계에서 해당 지역 관련 기준을 사전 검토하여 건축 설계 시 반영해야 착오없는 건축 기획이 가능할 것이다. 또한 지역별 녹색건축은 지역별로 포맷이 다를 수 있으므로, 내용에 대해 꼼꼼한 점검과 확인을 권해 드린다.

[부산시 녹색건축 설계기준 제3조(적용기준) 신재생에너지 의무설치비율]

<table>
<tr><th rowspan="2">구분</th><th rowspan="2">평가내용</th><th colspan="12">적용기준</th></tr>
<tr><th colspan="2">대상</th><th colspan="5">주거</th><th colspan="5">비주거</th></tr>
<tr><td rowspan="3">환경
성능</td><td rowspan="3">녹색건축인증</td><td colspan="2">[가]</td><td colspan="10">우수(그린2등급) 이상</td></tr>
<tr><td colspan="2">[나]</td><td colspan="10">우량(그린3등급) 이상</td></tr>
<tr><td colspan="2">[다]</td><td colspan="10">일반(그린4등급) 이상</td></tr>
<tr><td rowspan="3">에너지
성능</td><td rowspan="3">건축물 에너지
효율등급 인증</td><td colspan="2">[가]</td><td colspan="10">1++등급 이상</td></tr>
<tr><td colspan="2">[나]</td><td colspan="10">1+등급 이상</td></tr>
<tr><td colspan="2">[다]</td><td colspan="10">1등급 이상</td></tr>
<tr><td rowspan="3">에너지
관리</td><td rowspan="3">에너지 모니터링 및 데이터 분석
① 세대별 에너지원별 모니터링[1] 기능
② 공용부분 에너지원별 모니터링 기능
③ 데이터 분석 기능
④ 동별 에너지원별 모니터링 기능
⑤ 동별 5종 이상 에너지 용도별[2] 모니터링 기능
⑥ BEMS 설치</td><td colspan="2">[가]</td><td colspan="5">①+②+③</td><td colspan="5">③+④+⑤+⑥</td></tr>
<tr><td colspan="2">[나]</td><td colspan="5">①+②</td><td colspan="5">③+④+⑤</td></tr>
<tr><td colspan="2">[다]</td><td colspan="5">①</td><td colspan="5">③+④</td></tr>
<tr><td rowspan="4">신재생
에너지</td><td rowspan="4">신재생에너지 의무설치[3]</td><td colspan="2">년</td><td>'23</td><td>'24</td><td>'25</td><td>'26</td><td>'27</td><td>'23</td><td>'24</td><td>'25</td><td>'26</td><td>'27</td></tr>
<tr><td colspan="2">공공</td><td>32%</td><td>34%</td><td>34%</td><td>36%</td><td>36%</td><td>32%</td><td>34%</td><td>34%</td><td>36%</td><td>36%</td></tr>
<tr><td rowspan="2">민
간</td><td>[가]
[나]</td><td>0%</td><td>0%</td><td>10%</td><td>11%</td><td>12%</td><td>10%</td><td>11%</td><td>12%</td><td>13%</td><td>14%</td></tr>
<tr><td>[다]</td><td>6%</td><td>7%</td><td>8%</td><td>9%</td><td>10%</td><td>8%</td><td>9%</td><td>10%</td><td>11%</td><td>12%</td></tr>
</table>

1) 에너지원별 모니터링은 건물에 사용되는 모든 에너지(전기, 가스, 지역냉난방, 수도 등)를 대상으로 한다.

2) 5종 선택 : [필수 3] 난방, 냉방, 급탕 / [선택 2] 공조용 팬, 펌프(열원용, 급탕용, 급수용), 전등, 전열, 엘리베이터

3) 산출방식은 「신·재생에너지 설비의 지원 등에 관한 규정」(산업통상자원부고시) 및 「신재생에너지 설비의 지원 등에 관한 지침」(한국에너지공단 신·재생에너지센터고시)을 따르되 공동주택은 용도별 단위에너지사용량을 230kWh/㎡y로 반영한다. 또한 별표 1에 따른 대체 비율은 의무설치 비율의 최대 50% 미만까지 인정한다.

〈출처〉 부산시 녹색건축물 설계 기준 고시

[국내 11개 도시 설치비율]

지역	규모	구분	'24년	'25년	'26년	'27년	공고일시	시행일	25년 개정여부
서울특별시	가	주거	10.5%	11.0%	11.5%	12.0%	2025-01-02	2025-01-02	개정
		비주거	14.5%	15.0%	15.5%	16.0%			
	나	주거	10.0%	10.5%	11.0%	11.5%			
		비주거	13.5%	14.0%	14.5%	15.0%			
	다	주거	9.5%	10.0%	10.5%	11.0%			
		비주거	12.5%	13.0%	13.5%	14.0%			
부산광역시	가, 나	주거	9.0%	10.0%	11.0%	12.0%	2024-06-20	2024-07-01	-
		비주거	11.0%	12.0%	13.0%	14.0%			
	다	주거	7.0%	8.0%	9.0%	10.0%			
		비주거	9.0%	10.0%	11.0%	12.0%			
대전광역시	가	주거	8.0%	9.0%	-	-	2021-09-24	2021-12-25	-
		비주거	10.0%	11.0%	-	-			
	나	주거	7.0%	8.0%	-	-			
		비주거	8.0%	9.0%	-	-			
대구광역시	가, 나	주거	9.0%	10.0%	11.0%	12.0%	2025-06-20	2025-06-20	개정
		비주거	13.0%	14.0%	15.0%	16.0%			
	다	주거		7.0%	8.0%	9.0%			
		비주거	-	11.0%	12.0%	1.0%			
인천광역시	가	주거	9.0%	9.0%	10.0%	10.0%	2025-05-19	2025-05-19	개정
		비주거	11.0%	11.0%	12.0%	12.0%			
	나	주거	8.5%	8.5%	9.5%	9.5%			
		비주거	10.9%	10.5%	11.5%	11.5%			
	다	주거	8.0%	8.0%	9.0%	9.0%			
		비주거	9.0%	10.0%	11.0%	11.0%			
광주광역시	가	주거	8.0%	9.0%	10.0%	11.0%	2023-04-21	2023-07-01	-
		비주거	10.0%	11.0%	12.0%	13.0%			
	나	주거	7.0%	8.0%	9.0%	10.0%			
		비주거	8.0%	9.0%	10.0%	11.0%			
	다	주거	5.0%	6.0%	7.0%	8.0%			
		비주거	6.0%	7.0%	8.0%	9.0%			
경기도	가, 나	주거	1.0%	1.0%	-	-	2017-02-28	2017-09-1	-
		비주거	1.0%	1.0%	-	-			
충청남도	가, 나	주거	9.0%	10.0%	-	-	2023-10-1	2023-10-01	-
		비주거	13.0%	14.0%	-	-			
경상남도	가, 나	주거	7.0%	8.0%	9.0%	-	2025-03-13	2025-03-13	개정
		비주거	9.0%	10.0%	11.0%	-			
울산광역시	-	해당사항 없음					2019-12-26	2020-07-01	-
제주도	-	해당사항 없음					2022-05-11	2022-06-01	-

〈출처〉 지자체 녹색건축물 설계 기준 고시 요약

3
얼마나 설치해야 하는 거야

건축물 탄소중립을 위한 목적으로 BIPV는 설치되고 있는데, 얼마나 설치해야 하는가라는 질문은 어떤 제도의 영향을 받는가의 문제로 봐야 한다.

ZEB는 공공기관에 일부 의무화가 진행되고 있고, 민간은 향후 적용 예정이므로, 우선적으로는 지역의 녹색건축 설계기준에 영향을 검토할 필요가 있다. 지역별 녹색건축 기준의 재생에너지 설치비율을 확인했다면, 해당 비율을 달성하기 위해서 에너지원별로 어느 정도 설비를 설치해야 하는지 알아봐야 한다. 설치비율을 확인하기 위해서는 해당 건물에서 어느 정도 에너지가 사용될지를 미리 확인해야 한다. 건물이 사용할 에너지를 해석하고 예측하는 것은 또 다른 차원의 문제다. 건물 에너지를 해석하는 방법은 정적 해석법과 동적 해석법으로 구분된다. 정적 해석법은 실내외 조건을 정상 상태로 가정하여 건물의 열 이동을 계산한다. 대표적인 방법론이 냉·난방도일법인데 에너지 소비량이 추정기간 중의 도일(degree-day)에 비례한다는 연간 평균치 개념이다. 건물이 냉방이나 난방을 요구하지 않는 균형점 온도(BPT, Balance Point Temperature) 이상이나 이하로 평균 외기온도가 변화할 때 냉난방이 개시되며, 이 온도와 기간을 연중 합산하여 냉난방에 필요한 에너지를 계산할 수 있다. 동적 해석법은 시시각각 변화하는 건물의 실내외 조건을 반영하는 방법이다. 정확한 열 부하를 계산하기 위해 기상 데이터 파일을 포함한 설비 정보 등 각각의 변화요소들을 시간함

수로 처리하는 방법이다.

다양한 해석방법이 존재하나, 지역별 녹색건축기준상 필요한 예상에너지 사용량과 신재생에너지의 공급비율을 계산하는 것은 비교적 간단하다. 전문적인 컴퓨터 시뮬레이션까지 갈 필요도 없이 정부에서 정해 놓은 산출 방식을 따르면 손쉽게 계산할 수 있다.

기본적으로 신재생에너지 공급의무비율은 아래의 공식에 따라 계산된다.

$$\text{신재생에너지 공급의무비율} = \frac{\text{신재생에너지 생산량}}{\text{예상에너지 사용량}} \times 100$$

여기에서 말하는 예상에너지 사용량은 건물의 지역, 용도, 연면적을 기준으로 해당 건물에서 사용할 에너지량을 말하며, 신재생에너지 생산량은 건물에 설치되는 신재생에너지원에서 공급되는 에너지량을 말한다.

1) 예상에너지 사용량

건물이 사용할 에너지를 예상하는 것은 역사적인 데이터가 축적된 결과이다. 지역별로 중부나 내륙에 있다면 냉난방에 필요한 에너지가 다소 필요하며, 용도별로도 각종 설비를 어느 정도 활용하는지에 따라 단위에너지 사용량이 다를 수 있다. 건물 자체에서 얼마나 에너지가 사용되는지를 개략적으로 확인하는 목적이 강하다. 지역계수, 해당 건물의 용도, 연면적을 확인하면 건물의 예상에너지 사용량을 산출할 수 있다.

건물이 사용하는 에너지를 정확히 산출하기 위해서는 건물의 단열구성, 공조설비 등 냉방, 난방, 급탕, 조명, 환기 설비를 활용해서 쾌적한 온습도 조건을 맞출 수 있는 에너지량을 확인해야 한다. 그러나 예상에너지 사용량 산출을 보다 손쉽게 할 수 있도록 해당 내용을 종합하여 확인 가능한 표를 제공하는 정책

예상에너지 사용량 = 지역계수×용도별 단위에너지 사용량×연면적

[단위에너지 사용량]

구분		단위에너지 사용량 (kWh/㎡·yr)
공공용	교정 및 군사시설	302.07
	방송통신시설	490.18
	업무시설	371.66
문교·사회용	문화 및 집회시설	412.03
	종교시설	257.49
	의료시설	643.52
	교육연구시설	231.33
	노유자시설	175.58
	수련시설	231.33
	운동시설	235.42
	묘지관련시설	234.99
	관광휴게시설	437.08
	장례식장	234.99
상업용	판매 및 영업시설	408.15
	운수시설	374.47
	업무시설	374.47
	숙박시설	526.55
	위락시설	400.33

[지역계수]

구분	지역계수
서울	1.00
인천	0.97
경기	0.99
강원 영서	1.00
강원 영동	0.97
대전	1.00
충북	1.00
전북	1.04
충남·세종	0.99
광주	1.01
대구	1.04
부산	0.93
경남	1.00
울산	0.93
경북	0.98
전남	0.99
제주	0.07

〈출처〉 신·재생에너지 설비의 지원 등에 관한 규정, 신재생에너지 설비의 지원 등에 관한 지침

적인 배려로 지역별 녹색건축기준의 에너지 산출로직을 받아들이면 될 것이다.

단 예상에너지 계산 시 유의해야 할 사항은 연면적 산정 기준이다.

의무 대상에 포함되는 연면적을 판단할 때는 일반적으로 지하 주차장을 포함하여 검토하지만, 에너지 사용량을 계산할 때는 아래의 그림처럼 지하 주차장 면적을 제외한 연면적으로 계산해야 한다.

동일 연면적을 가지는 3,000㎡의 건물이 서울과 부산에 건설된다고 가정할 때 지역에 따른 에너지 사용량 계산값은 어떻게 될까.

[연면적 산정 기준 예시]

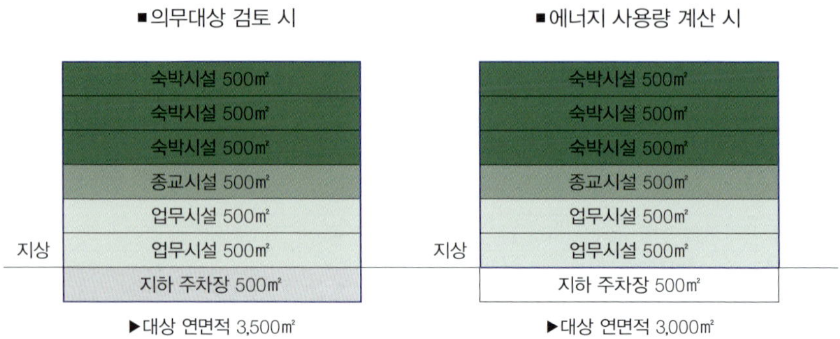

[지역별 에너지 사용량 계산]

구분	단위에너지 사용량 (kWh/㎡·yr)			지역계수		연면적 (㎡)		에너지 사용량 (kWh·yr)
서울	숙박시설(3개층)	526.55	×	1	×	1,500	=	789,825
	종교시설(1개층)	257.49				500		128,745
	업무시설(2개층)	374.47				1,000		374,470
	계					**3,000**		**1,293,040**
부산	숙박시설(3개층)	526.55	×	0.93	×	1,500	=	734,537
	종교시설(1개층)	257.49				500		119,733
	업무시설(2개층)	374.47				1,000		348,257
	계					**3,000**		**1,202,527**

각 지역별 에너지 사용 패턴이 반영된 지역계수 값을 적용함에 따라 동일한 건물을 서울과 부산에 건축할 경우, 부산은 서울보다 약 7% 에너지를 적게 사용하는 것을 알 수 있다. 즉 신재생에너지 공급비율 산정을 위한 분모 자체가 지역별로 다른 것을 기억하자.

2) 신재생에너지 생산량

건물에너지 사용량을 계산했다면, 다음으로는 초기에 검토했던 지역별 재생에너지 공급의무비율을 활용하여 건물에 얼마만큼의 재생에너지 설비가 설치되어야 하는지 확인해야 한다. 예상에너지 사용량을 산출하는 과정에서 대상 건물이 어느 정도 에너지를 사용하는지 확인하였으므로, 지금부터는 의무 비율에 맞춰 어느 정도의 신재생에너지를 공급해야 하는지 계산해야 한다.

[지역별 신재생에너지 공급 필요량 계산]

구분	단위에너지 사용량 (kWh/㎡·yr)		지역 계수		연면적 (㎡)		에너지 사용량 (kWh·yr)		공급 의무비율		신재생에너지 공급 필요량 (kWh·yr)
서울	복합(숙박, 종교, 업무) 431.01	×	1	×	3,000	=	1,293,040	×	12%	=	155,164.80
부산	복합(숙박, 종교, 업무) 431.01	×	0.9	×	3,000	=	1,202,527	×	8%	=	96,202.18

※ 단위에너지 사용량 = 용도별 단위에너지 사용량 × 연면적 / 연면적 합계

예상에너지 사용량에 지역별 녹색 건축기준에서 제시하는 재생에너지 공급 의무비율을 곱하면 신재생에너지 공급 필요량을 산정할 수 있다. 이 필요량에 맞춰 에너지원별 공급 필요량을 충족하기 위한 설비용량을 에너지원별로 계산할 수 있다.

에너지원별 신재생에너지 생산량은 '신재생에너지 설비의 지원 등에 관한 지침[별표 10]'에 나와 있는 데이터를 기반으로 계산한다.

원별 에너지 생산량은 적용하고자 하는 재생에너지원의 단위에너지 생산량에 원별 보정계수와 해당 설비용량을 곱하면 계산 가능하다. 그런데 여기에서 다양한 재생에너지 중 어떤 에너지원을 선택해서 설비를 설치해야 하는지 결정하는 것이 고민스러울 수 있다. 이 고민은 에너지원별로 에너지 공급량을 계산

[신재생에너지 생산량]

신·재생에너지 생산량 = 원별 설치규모×단위에너지 생산량×원별 보정계수

신·재생에너지원		단위에너지 생산량		원별 보정계수
태양광	고정식	1,358	kWh/kW·yr	0.95
	추적식	1,765		1.47
	BIPV	923		6.12
태양열	평판형	596	kWh/㎡·yr	1.78
	단일진공관형	745		1.42
	이중진공관형	745		1.42
	공기식무창형	487		1.53
	공기식유창형	557		2.87
지열에너지	수직밀폐형	864	kWh/kW·yr	1.26
	개방형	864		1.00
집광채광	프리즘	132	kWh/㎡·yr	7.76
	광덕트	73		7.77
	실내루버형	184		2.77
연료전지	PEMFC(고분자 전해질)	7,415	kWh/kW·yr	2.20
	SOFC(고체산화물)	9,918	kWh/kW·yr	8.71
수열에너지	해수	864	kWh/kW·yr	1.30
	하천수	864	kWh/kW·yr	1.30
목재펠릿		322	kWh/kg·yr	0.32
소형풍력		2,375	kWh/kW·yr	4.50

〈출처〉 신·재생에너지 설비의 지원 등에 관한 규정, 신재생에너지 설비의 지원 등에 관한 지침

해보면 해결된다.

다양한 재생에너지를 건축물에 적용해야 할 때는 건물 자체에 적용가능한 에너지원인가라는 점에 대해 먼저 생각해 보아야 한다. 건물은 소음, 진동, 유지관리 등에 특히 신경써야 하므로 선택지는 많지 않다. 이 중 가장 많이 비교하는 대안이 태양광과 지열이다. 단위 설비(1kW)를 설치한다고 가정할 때 가장 높은 에너지 인정량을 확보할 수 있는 재생에너지원은 BIPV이다. 옥상에 설치하는 고정식 PV를 기준으로 할 때 지열은 일반 태양광 대비 60~80% 수준을 생산하고 있지만, BIPV는 일반 태양광과 비교해서 4.3배가 높은 에너지 인정량을 확

[에너지원별 kW당 에너지 공급량]

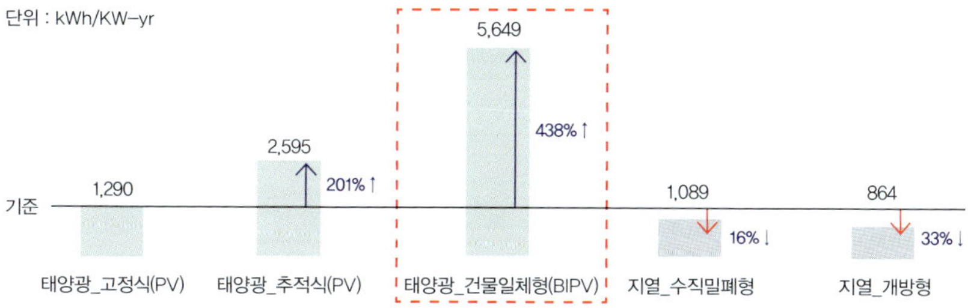

신·재생에너지원		ⓐ단위 에너지 생산량 [kWh/kW·yr]	ⓑ원별 보정계수	kW당 에너지 인정량 [ⓐ×ⓑ_kWh/KW-yr]	kW당 에너지 인정량 비교 (고정식 PV 기준)
태양광	PV(고정식)	1,358	0.95	1,290	기준
	PV(추적식)	1,765	1.47	2,595	201%
	BIPV(건물일체형 태양광)	923	6.12	5,649	438%
지열 에너지	수직밀폐형	864	1.26	1,089	84%
	개방형	864	1	864	67%

보할 수 있다. 동일 설비(1kW)를 설치할 때 BIPV는 일반 태양광 대비 높은 효과를 가진다. 여러 에너지원이 있지만 건물이 밀집한 도심에 건축물을 계획할 때 재생에너지 설치에 대한 고민은 깊어진다. 도심지에 건설되는 건물의 경우 조경, 옥상정원, 실외기, 칠러 등 공조설비 배치로 일반 태양광을 설치할 수 있는 공간이 나오는 경우는 많지 않다.

반면 BIPV는 유휴공간인 건물의 벽면에 직접 설치할 수 있으므로 건축물에 적용 우선순위가 높은 재생에너지원이라 할 수 있다. 여러 대안 중 일반 PV(고정식)와 BIPV를 설치한다고 가정했을 때 신재생에너지 공급량을 충족하기 위한 설비가 어느 정도 필요한지 서울, 부산의 경우를 살펴보자.

지역별 녹색건축 기준의 의무를 충족하기 위해 설치해야 하는 설비용량은 BIPV가 일반 PV(고정식 태양광)보는 4.3배 적다. 주변 건물이 없고, 넓은 옥상 면적을 확보할 수 있는 특이한 경우 고정식 PV를 활용하여 필요한 설비용량을 충

[에너지원별 kW당 에너지 공급량]

구분	신재생에너지 공급량 (kWh·yr)		kW당 에너지 인정량 (kWh·yr)			최소 필요 설비용량 (kWp)
서울	155,164.8 (공급의무비율 12%)	÷	고정식 PV	1,290	=	120.27
			BIPV	5,649		27.47
부산	96,202.2 (공급의무비율 8%)	÷	고정식 PV	1,290	=	74.57
			BIPV	5,649		17.03

족하는 것이 가능하다. 그러나 설치하고자 하는 위치가 도심일 경우 외곽지역에 대비해서 부지가 협소하고 건물 높이가 높아지는 경우가 많으므로, 전체 외피 면적 대비 옥상층의 가용 면적은 더욱 줄어든다. 이런 경우 고정식 PV만으로는 필요 설비용량을 채우기가 불가능하며, 건물 외벽에 BIPV를 설치하는 것이 적절한 대안이 될 수 있다.

4
그 외에 BIPV를 설치하는 경우가 있어

BIPV는 건축물 탄소중립을 위한 의무 제도하에서 확장되고 있으므로 현재까지는 공공기관 설치의무화, 지역 녹색건축물 설계 기준에 따라 적용 검토하는 경우가 많다. 그러나 적용을 위한 강력한 동기가 되고 있는 것이 건축물 탄소중립을 위한 "제로에너지건축물(ZEB, Zero Energy Building)"이다.

ZEB 로드맵에 따라 공공 건축물은 지난 2020년부터 의무화가 시작되었으며, 공공기관 재생에너지 설치 의무화와 병행하여 적용 중이다. 즉 공공기관 건물은 에너지 사용량의 일정 부분 이상을 신재생에너지로 이미 공급하고 있다.

[로드맵의 적용 건축물 계획]

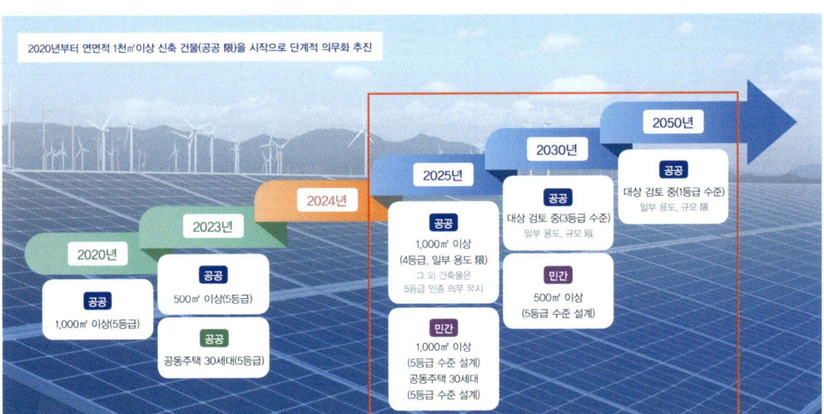

2025년
공공건축물 연면적 1,000㎡ 이상 4등급(일부 용도 적용 ; 17개 용도), 그 외 12개 용도는 5등급 적용
– 4등급 : 건축법 시행령 별표1 제5호부터 제16호까지, 제23호, 제24호 및 제26호~제28호까지의 건축물
– 5등급 : 제2항에 해당하는 건축물 중 제 1호에 해당하지 않는 건축물
민간건축물 : 연면적 1,000㎡ 이상(5등급 수준 설계), 공동주택 30세대(5등급 수준 설계)

2030년
공공건축물 : 대상검토중(3등급 수준)
민간건축물 : 연면적 500㎡ 이상(5등급 수준 설계)

2050년
공공건축물 : 대상검토중(1등급 수준)

반면 민간 부문은 2025년부터 연면적 1,000㎡ 이상, 공동주택 30세대 이상 규모에 대해 제로에너지건축물 수준 설계를 반영하도록 건축물의 에너지절약설계 기준의 시방기준인 에너지성능지표(EPI)와 총량기준을 개정하는 방안으로 검토 중에 있다.

이는 신재생에너지 설치를 통해 에너지자립률을 확보하기 이전에 계획하는 건물이 요구하고 소요되는 에너지량을 먼저 줄이자는데 그 목적을 두고 있다.

제로에너지건축물인증은 2025년 1월 1일 건축물에너지효율등급과 통합하여 제로에너지건축물 인증제도로 개정하였으며, 연간 단위면적당 1차에너지소요량 기준과 에너지자립률을 조정하여 등급체계를 간소화한 것이 특징이다.

기존 제로에너지건축물인증 평가 기준은 건축물에너지효율등급인증 기준인 1++등급(연간 단위면적당 1차에너지소요량)과 에너지자립률 20% 이상을 모두 만족해야 했으나 개정된 기준은 에너지자립률 또는 연간 단위면적당 1차에너지소요량 기준을 만족하면 제로에너지건축물로 인정받을 수 있다. 인증등급은 에너지자립률 또는 연간 단위면적당 1차에너지소요량 중 선택하여 인증기준으로 적용할 수 있으며, 건축물에너지관리시스템(BEMS)은 설치유무로 확인한다.

[제로에너지건축물인증 기준]

현행 제도 평가 기준

"등급용 1차에너지 소요량" AND "에너지자립률" 평가

건축물 에너지효율등급 인증			ZEB 인증*	
등급	등급용 1차에너지 소요량 (kWh/m²yr) 주거용	등급용 1차에너지 소요량 (kWh/m²yr) 비주거용	등급	자립률
			ZEB 1	100%
			ZEB 2	80%
			ZEB 3	60%
1+++	60 미만	80 미만	ZEB 4	40%
1++	**90 미만**	**140 미만**	**ZEB 5**	**20%**
1+	120 미만	200 미만		
1	150 미만	260 미만		
2	190 미만	320 미만		
3	230 미만	380 미만		
4	270 미만	450 미만		
5	320 미만	520 미만		
6	370 미만	610 미만		
7	420 미만	700 미만		

* ZEB 전제조건 : 에효 1++ 이상, BEMS 또는 원격검침계량기 설치

통합 ZEB 인증제도 평가 기준(안)

인증 신청시 "에너지자립률" OR "등급용 1차에너지 소요량" 중 택1 가능

등급	에너지 자립률		등급용 1차에너지 소요량 (kWh/m2yr) 주거용	등급용 1차에너지 소요량 (kWh/m2yr) 비주거용	건축물에너지 관리시스템	비고
ZEB Plus	120% 이상	OR	-10 미만	-70 미만	설치유무	자립률 현행유지 / 소요량 신설
ZEB 1	100% 이상		-10 이상 10 미만	-70 이상 -30 미만		
ZEB 2	80% 이상		10 이상 30 미만	-30 이상 10 미만		
ZEB 3	60% 이상		30 이상 50 미만	10 이상 50 미만		
ZEB 4	40% 이상		50 이상 70 미만	50 이상 90 미만		
ZEB 5	20% 이상		70 이상 90 미만	90 이상 130 미만		

〈출처〉 한국에너지공단

[ZEB 등급에 따른 건축기준 최대 완화 비율]

등급	건축기준 최대 완화 비율	비고
ZEB+, ZEB1	15%	100% 이상
ZEB2	14%	80% 이상 100% 미만
ZEB3	13%	60% 이상 80% 미만
ZEB4	12%	40% 이상 60% 미만
ZEB5	11%	20% 이상 40% 미만

에너지자립률은 ZEB PLUS 등급이 추가되어 6개의 등급으로 나뉘며 인증 등급에 따라 건축기준 완화에 대한 인센티브를 제공받을 수 있다. 제로에너지건축물인증을 받을 경우 제공 받을 수 있는 건축기준 완화에 대한 인센티브 비율은 종전과 같다. 추가된 ZEB+등급은 ZEB1등급과 동일한 비율로 확보할 수 있다. 에너지자립률을 충족하기 위한 다양한 재생에너지 대안 중, 우선적으로 BIPV를 설치하게 되는데, 그 이유는 건물 옥상에 설치하는 일반 태양광만으로는 에너지자립률 20% 충족이 쉽지 않기 때문이다.

그런데 ZEB 인증을 위해서도 설치 의무화와 동일한 방식으로 자립률을 계산할 수 있을까. 결론은 그렇지 않다. ZEB 인증을 위한 에너지자립률 산정은 ECO2 시뮬레이션 프로그램을 통해서만 확인할 수 있다.

ECO2(에코투) 프로그램은 건축물 에너지 효율등급 인증평가를 위해 한국에너지공단에서 제공하는 에너지 시뮬레이션 평가 툴(Tool)이다. 많은 사람이 사용할 수 있도록 프로그램은 무상으로 제공하고 있으며, 윈도우 기반에 값을 입력할 수 있게 사용편리성을 고려한 특징을 가지고 있다.

프로그램의 사용은 국제규격인 ISO 52016(Energy Performance of Building)의

[ECO2 시뮬레이션 게시 위치]

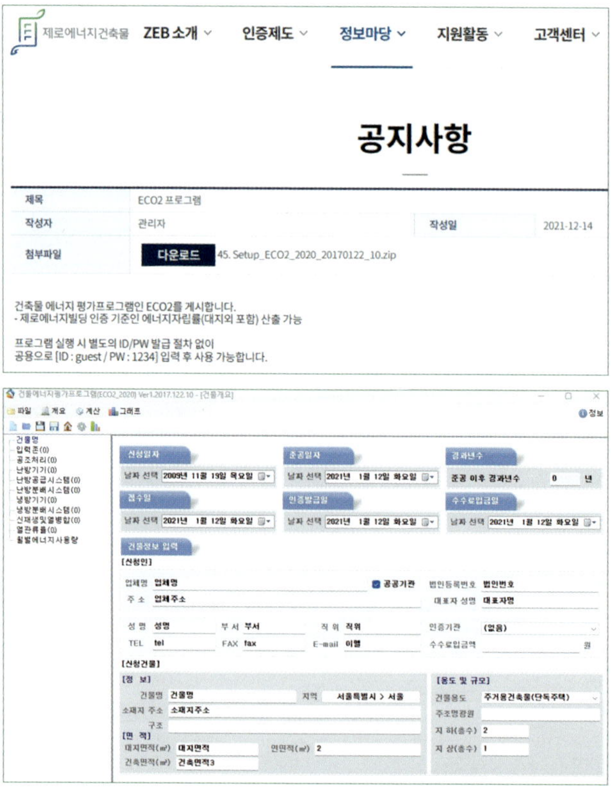

〈출처〉 제로에너지포털

[프로그램의 개요]

에너지 요구량	에너지 소요량	1차 에너지 소요량
•실 용도를 고려한 냉·난방 설정 온도, 운전시간, 내부 발열량 고려 •외피 열관류율, 방위 등을 고려 •건축적 대안을 통해 설감 가능	•각종 설비기기의 효율 고려 •냉난방열원 → 분배시스템 → 실내공급시스템으로 열 이동에 따른 손실량 고려 •설비적 대안 및 신재생에너지 설치를 통해 절감 가능	•에너지 소요량에 연료의 채취, 가공, 운송, 변환, 공급 과정 등의 손실을 포함한 에너지량 •1차 에너지 환산계수 (연료 1.1, 전력 2.75, 지역난방 0.728, 시역냉방 0.937)

냉난방용 에너지 수요, 내부 온도와 현열 및 잠열 부하를 계산하는 절차를 따르고 있으며, 월별 평균 기상 데이터를 바탕으로 냉방, 난방, 급탕, 조명, 환기시스템의 5가지 항목만 추출하여 프로그램의 최종 목표인 단위면적당 1차 에너지 소요량을 산출한다.

ECO2는 몇 가지 절차를 거쳐서 최종값을 확인하는데, 우선 에너지 요구량을 구한 후에 에너지 소요량, 1차 에너지 소요량을 구하는 과정이 필요하다.

에너지 요구량은 특정 조건(내·외부 온도, 재실자, 조명 기구)하에서 실내를 쾌적하게 유지하기 위해 건물이 요구하는 에너지이다. 건축 조건만을 고려하며, 설비 등의 기계 효율은 계산되지 않기 때문에 순수하게 설비가 개입되기 전 단계의 건축 자체의 에너지 성능을 의미한다. 패시브 설계(Passive design) 등 건축적 대안을 통해 절감이 가능한 값이다.

에너지 소요량은 건물이 요구하는 에너지 요구량을 공급하기 위해 설치된 설비 시스템에서 소요되는 에너지량을 뜻한다. 시스템의 효율, 배관 손실, 펌프 동력을 포함하는 값이며, 액티브 설계(Active design) 등 설비적인 대안 및 신재생에너지의 설치를 통해 절감할 수 있다.

1차 에너지는 가공되지 않은 상태에서 공급되는 에너지인데, 통상 석탄, 석유, 천연가스 등 화석연료를 일컫는다. 2차 에너지는 1차 에너지를 변환, 가공해서 얻은 전기, 가스 등을 말하며, 에너지 변환 손실과 이동 손실을 포함한 값이다. 1차 에너지 소요량은 에너지 소요량에 연료를 채취, 가공, 운송, 변환 등 공급 과정 등의 손실을 포함한 에너지량으로 에너지 소요량과 사용 연료별 환산계수를 곱해서 산출한다. 석유, 석탄, 천연가스 등 화석연료를 직접 사용하는 경우는 이동 손실 등을 10% 정도 고려하여 환산계수를 1.1(=1/0.9)로 정하고, 전력은 손실을 64% 정도 감안하여 2.75(=1/0.36)의 환산계수를 대입하면 된다.

ECO2 프로그램은 결국 일련의 과정을 통해 건물의 단위면적당 1차 에너지 소요량을 산출하고, 에너지자립률을 확인하는 과정을 담은 프로그램이다. 목표로 하는 1차 에너지 소요량을 산출하기 위해서는 ECO2 분석 준비를 위한 서류가 필요하다.

건축 분야에서는 평면도, 단면도, 입면도와 같은 기본도면과 각 실별 바닥면적 산출도를 준비한다. 또한 벽체, 바닥, 지붕의 열관류율과 창호의 차폐계수, 열관류율이 표기된 부위별 성능 내역서, 건물 냉난방 부하를 결정하는 요소인 외피전개도가 필수적으로 준비되어 있어야 한다.

기계 분야에서는 장비일람표, 열원흐름도, 공조배관, 덕트 계통도 및 평면도가 필요하며, 기계부하계산서, 장비용량계산서, 배관길이계산서가 필요하다. 장비일람표에서는 장비의 효율과 관련된 데이터(정격용량, 소비동력, 연료소비량 등)를 기입하거나, 효율을 명기하고, EHP 실내기, 항온항습기, 환기장치 등 송풍기 장착형 장비는 송풍기의 최대풍량, 소비동력 등을 기입한다. 열원 설비에 대한 대수분할제어 여부, 순환펌프에 대한 인버터 제어 여부도 중요한 요소이다. 부하계산서에서는 실별 냉·난방 부하 데이터(실별 바닥면적, 방위별 외벽, 외부창 면적)를 포함하고, 최대한 건축 도서의 내용과 일치하도록 작성한다. 배관길이 내역서는 난방, 급탕열원기기의 배관에서 발생하는 열 손실을 계산하기 위한 항목으로 열원기기에서 실내 말단기기까지의 왕복길이를 계산한다.

전기 분야에서는 조명제어설비 계통도, 전등 평면도, 조명기구 상세도가 기본적으로 필요하다. 특히 비공조실을 포함한 모든 실에 대해서 외피전개도에서

[건물 외피 전개도의 예시]

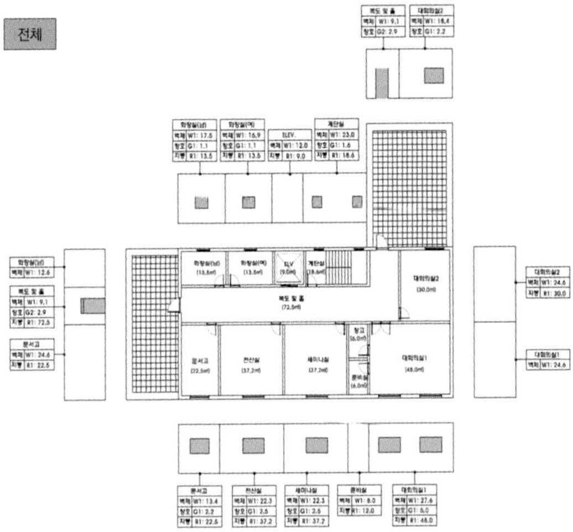

〈출처〉 건축물의 에너지절약기준 해설서(130page)

[배관길이 및 조명밀도 계산서 예시]

배관그룹	용도	열원기기명	위치	설치형태	공급배관 길이(m)	환수배관 길이(m)	비난방	외부
3	난방배관	100AM(별갈)1	해당층	입상배관	19.50	19.50	19.5	
			B1F	수평배관	11.78	11.78	11.78	
			외부	수평배관	7.90	7.90		7.90
							62.56	15.804
			공급, 환수배관 총길이		78.36		최대수평	6.8
							총 최대	36.2
⋮								
10	난방배관	180AM(조쵸)17	해당층	입상배관	3.90	3.90	3.9	
			4F	수평배관	41.65	41.65	41.645	
			외부	수평배관	10.09	10.09		10.09
							91.09	20.172
			공급, 환수배관 총길이		111.26		최대수평	23.87
							총 최대	37.8
11	난방배관	200AM(체라)14	해당층	입상배관	11.70	11.70	11.7	
			2F	수평배관	41.06	41.06	41.063	
			외부	수평배관	11.34	11.34		11.34
							105.526	22.678
			공급, 환수배관 총길이		128.20		최대수평	21.85
							총 최대	44.85

층	실명	바닥면적	조명밀도	조명합계	A타입	B타입	C타입	D타입	E타입
					40	40	15	12	12
지하1층	계단실(중앙)	16.07	1.87	30			2		
	방재실/계단실	15.68	1.91	32			2		
	화장실(여)	5.05	3.97	24				2	
	화장실(남)	5.25	6.86	36				3	
	DT매장	120.49	6.64	800	17	3			
	계단홀	66.65	2.34	156					13
	방풍실	7.35	3.27	24				2	
⋮									
지상4층	계단실(중앙)	16.58	1.81	30			2		
	복도	94.75	3.17	300				25	
	계단실	16.10	1.86	30			2		
	화장실(남)	13.78	4.36	60				5	
	화장실(여)	9.01	7.99	72				6	
	401	126.44	5.06	640	14	2			
	402	43.36	5.57	240	5	1			
	403	44.73	5.37	240	5	1			
	404	47.68	5.03	240	5	1			
	청소도구실	2.12	5.66	12				1	
지상5층	계단실(중앙)	16.58	1.81	30			2		
	복도	94.87	2.91	276				23	
	계단실	16.10	1.86	30			2		
	화장실(남)	12.76	4.36	60				5	
	화장실(여)	9.01	7.99	72				6	
	501	111.40	5.75	640	14	2			
	502	44.73	5.37	240	5	1			
	503	47.68	5.03	240	5	1			
	청소도구실	2.12	5.66	12				1	
평균조명밀도			4.69	11,872					

[ECO2 시뮬레이션 진행 절차]

설계 검증을 위한 ECO2 시뮬레이션 절차		
평가도서 작성		건축 부문 (평 · 입 · 단면도, 바닥면적산출도, 외피전개도)
		기계 부문 (장비일람표, 열원흐름도, 배관길이계산서)
		전기 부문 (조명제어계통도, 조명밀도계산서)
평가 항목 입력	건축 입력	입력존
		입력면
		열관류율
	시스템 입력	공조처리
		난방기기
		난방공급시스템
		난방분배시스템
		냉방기기
		냉방분배시스템
	신재생	신재생 및 열병합
확인 및 개선		등급용1차소요량, 에너지자립률 확인, 개선 필요여부 검토

〈출처〉 건축물에너지 평가도서, 전문가 리뷰

작성된 실별 바닥면적 기준으로 조명에너지부하를 기입하고 평가한다. 또한 BIPV(태양광) 적용 시에는 태양광 모듈의 종류, 셀 면적, 설치상태가 확인 가능한 도서가 추가적으로 필요하다.

ECO2 시뮬레이션을 위한 건축, 기계, 전기 분야 평가도서가 준비되었으면, 본격적으로 평가항목을 입력하면 된다. ECO2 프로그램은 총 10개의 입력부문이 있으며, 이를 건축 입력, 시스템 입력, 신재생 입력으로 구분한다.

건축 입력에 해당하는 입력존, 입력면, 열관류율 부문은 각 실의 데이터 및 건물 외피에 대한 데이터를 입력하는 부분이며, 입력존의 경우에는 건축적인 데이터뿐만 아니라 냉난방 공급 시스템, 열생산, 공조처리기기 등 각 실의 냉방, 난방, 급탕, 조명, 환기부하를 담당하는 시스템을 연결해야 한다.

[부문별 구분 및 입력요소]

구분		주요 입력 내용
건축 입력	입력존	•용도별 조닝(냉난방, 공조가 동일한 실) •사용프로필, 바닥면적, 천장고 등 실의 데이터 입력 •냉난방 공급시스템, 열생산, 공조처리 연결
	입력면	•입력존에서 구분된 조닝을 반영한 실별 외피면적 입력
	열관류율	•바닥, 지붕, 벽체의 레이어 입력으로 열관류율 산출
시스템 입력	공조처리	•공조처리기기 데이터 입력(AHU, 전열교환기, 급배기팬 등)
	난방기기	•열생산기기의 데이터 입력(온수보일러, 항온항습기, EHP 실외기 등)
	난방공급 시스템	•실내로 열을 공급하는 기기에 대한 데이터 입력 (항온항습기, EHP 실내기, FCU, CON 등)
	난방분배 시스템	•난방기기와 난방공급시스템을 연결해주는 배관 데이터 입력 (열원 이동시 배관에서의 열 손실 계산을 위함)
	냉방기기	•열 생산기기의 데이터 입력(흡수식 냉동기, 항온항습기, EHP 실외기 등)
	냉방분배 시스템	•냉방기기와 연결된 펌프데이터 입력 (냉방, 냉각수 순환펌프 등)
신재생 입력	신재생 및 열병합	•지열, 태양광, 태양열 및 열병합 등 신재생에너지 시스템의 종류 및 설치용량에 대한 데이터 입력

〈출처〉 건축물에너지 평가도서, 전문가 리뷰

시스템 입력에 해당하는 공조처리, 난방기기, 난방공급시스템, 난방분배시스템, 냉방기기, 냉방분배시스템 부문은 열생산기기, 공조기, 반송동력, 배관길이 등 건물 내 난방, 냉방, 급탕, 환기부하를 담당하는 시스템의 효율 및 장비용량, 순환펌프동력 등의 스펙을 입력한다.

신재생 입력에서는 태양열, 태양광, 지열, 열병합에 대한 데이터를 입력할 수 있으며, 냉·난방기기 부분에 신재생 및 열병합 시스템 연결 여부를 선택하면 에너지 소요량 출력 시 단위면적당 신재생에너지 발전량을 확인할 수 있다.

특히 태양광 시스템의 경우에는 별도의 시스템 연결없이 생산되는 전기에너지가 에너지 소요량 출력 시 그대로 차감되어 냉방, 난방, 급탕, 조명, 환기에너지가 생산된다. 입력 설정에 있어서 태양광 모듈 기울기는 3가지로 구분되는데, 0°(수평, 0°–22.5°), 45°(45도, 22.5°–67.5°), 90°(수직, 67.5°–90°)만 입력 가능하다.

[ECO2 프로그램의 태양광 설정]

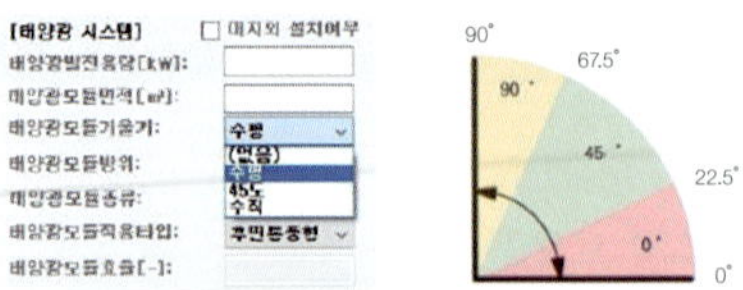

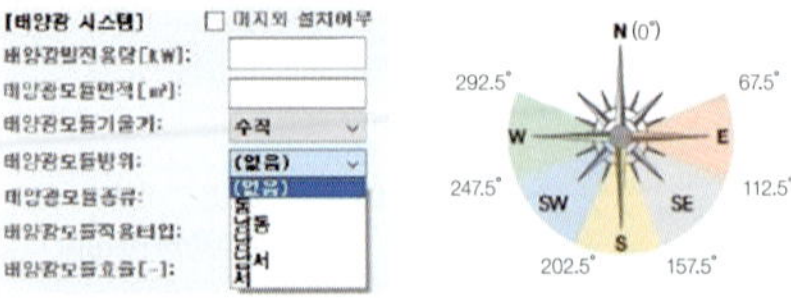

PV Module Tilt Angle	Tilt Angle Range
0˚	0˚–22.5˚
45˚	22.5˚–67.5˚
90˚	67.5˚–90˚

PV Module Azimuth	Azimuth Range
East	67.5˚–112.5˚
Southeast	112.5˚–157.5˚
South	157.5˚–202.5˚
Southwest	202.5˚–247.5˚
West	247.5˚–292.5˚

〈출처〉 국내 인증용 에너지 성능평가도구의 태양광 발전시스템 개선방안(최민주 외)

즉 10˚를 입력하든, 20˚를 입력하든, 동일 기울기인 0˚가 되며, 22.5˚ 경계선에서 ±1˚만 차이가 나도 0˚와 45˚가 나뉘니 정확한 상황을 반영한다고 볼 수는 없다. ECO2 프로그램의 태양광 설정은 다소 현실을 반영하지 못하고 있는 것도 사실이다. 일반적인 경우 위도 수준의 설치각도가 가장 발전 효율이 좋은 것으로 알려져 있으며, 우리나라의 경우 35˚ 전후가 최적 각도이다. 물론 풍압, 지붕의 경사를 감안할 때 이보다 낮은 경우가 대부분이므로 조금 더 세분화된 형태로 시스템에서 나누어 입력할 수 있게 개선할 필요가 있다.

태양광 모듈 방위는 발전량에 큰 영향을 미치므로 정확히 구분해야 한다. ECO2 프로그램에서는 입력각도를 6가지로 구분하고 있는데, 동(67.5˚–112.5˚), 남동(112.5˚–157.5˚), 남(157.5˚–202.5˚), 남서(202.5˚–247.5˚), 서(247.5˚–292.5˚), 북(292.5˚–67.5˚)으로 나눌 수 있다. 그런데 건물이 남향으로 정확히 위치하는 경우는 없으며, 도로, 대지의 상황에 따라 방위는 여러 방향으로 존재한다. 이러한 현장의 특성을 반영하여 설치 조건을 종합적으로 검토할 필요가 있으나, 경제성 등 효율, 효과를 고려하여 BIPV는 정남향을 기준으로 동서 90˚ 이내로 설치하도록 엄밀하게 부착 각도를 제한하고 있다.

[서울 지역의 태양광 설치각도별 상대 효율]

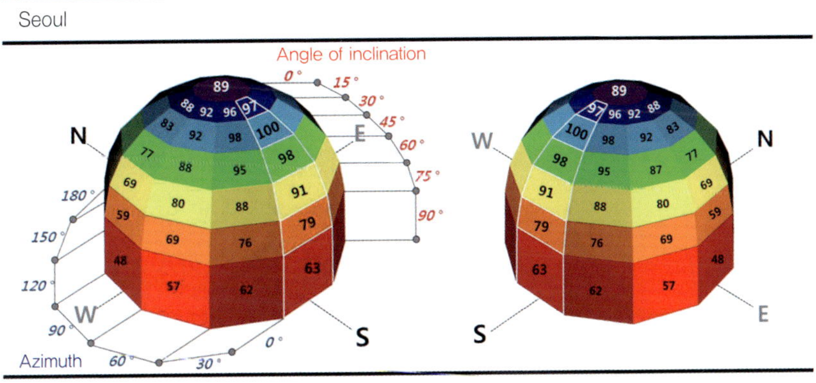

〈출처〉 건물적용 태양광발전시스템의 지역별, 설치각도별 연간전력생산량(윤종호)

> **BIPV 시공기준**
>
> **모듈의 일조면은 원칙적으로 정남향 방향으로 설치하여야 한다.**
> 정남향으로 설치가 불가능할 경우에 한하여 정남향을 기준으로 동쪽 또는 서쪽 방향으로 45도 이내(RPS의 경우 60도 이내)로 설치하여야 한다. 다만, BIPV, 방음벽 태양광 등의 경우에는 정남향을 기준으로 동쪽 또는 서쪽 방향으로 90도 이내에 설치할 수 있다.

※ 원별시공기준 및 시공가이드라인_한국에너지공단 신재생에너지센터('21.06.12)

ECO2 시스템의 설정값을 반영하는 태양광 전력의 생산량과 지역별 방위, 경사를 반영하는 실제 태양광 전력 생산량은 분명한 차이가 존재하므로, 향후 전문가들의 의견을 반영하여 시스템상의 설정을 세분화할 필요가 있다.

태양광 모듈 적용타입은 태양광 모듈의 통풍 여부를 선택하는 것인데, 가동 온도에 따른 효율저하를 반영하는 값이며, BIPV는 밀착형, 일반 PV는 후면통풍형, 팬을 이용한 환기장치가 부착된 경우에는 기계 환기형으로 입력한다.

ECO2 시뮬레이션의 최종 산출물은 단위면적당 1차 에너지 소요량과 에너지자립률이다. 지역 계수, 건물 용도 등 몇 가지 요인에 의해 결정되는 설치의무화의 에너지자립률과는 달리 ECO2를 이용한 에너지자립률은 관련 도서 준비부터 각 건축, 기계, 전기 요소들을 입력하는 복잡한 과정을 거쳐 계산할 수 있다. 특히 냉방, 난방, 급탕, 조명, 환기에 필요한 공간의 바닥면적을 감안하여 산출하므로, 정확한 수치 산출을 위해서는 전문적이고 반복적인 수련이 필요하다.

건물의 디자인과 설계 내용은 건축과정에서 몇 번이고 바뀌기 마련이다. 관련 내용이 변경될 때 외피전개도, 배관길이계산서 등 건물에 관련된 시뮬레이션 데이터 입력값 역시 이에 연동하여 바뀌기 때문에 데이터 입력에 신중을 기해야 한다. BIPV에 연관된 데이터의 수치 변동에 따라 에너지자립률 역시 많은 차이를 보일 수 있다. 따라서 BIPV의 배치용량, 적용 모듈 데이터는 BIPV 전문 업체를 통해 자료를 확보하는 것이 필요하다. "약은 약사에게, 진료는 의사에게"라고 하지 않던가. 건축가의 업무 중 팔할 이상은 협의와 소통이라고 하던 건축가가 생각난다. 건축과정이 더욱 고도화될수록 전문가와의 소통이 중요해진다. 건물 관련 데이터 작성 및 시뮬레이션 진행에 시간을 들이기 보다는 숙달된 전문 인력을 보유하고 있는 에너지 컨설팅 업체에 의뢰하여 분석의 정확도를 높이는 것이 현명한 방법이 될 것이다.

[에너지자립률 계산식]

$$\text{에너지자립률 (\%)} = \frac{\text{연간 단위면적당 1차 에너지 생산량(kWh/㎡.yr)}}{\text{연간 단위면적당 1차 에너지 소비량(kWh/㎡.yr)}} \times 100$$

$$\text{연간 단위면적당 1차 에너지 소요량} = \text{연간 단위면적당 에너지 소요량} \times \text{1차 에너지 환산계수}$$

$$\text{연간 단위면적당 에너지 소요량} = \frac{\text{난방에너지 소요량}}{\text{난방에너지가 요구되는 공간의 바닥면적}} + \frac{\text{냉방에너지 소요량}}{\text{냉방에너지가 요구되는 공간의 바닥면적}} + \frac{\text{급탕에너지 소요량}}{\text{급탕에너지가 요구되는 공간의 바닥면적}} + \frac{\text{조명에너지 소요량}}{\text{조명에너지가 요구되는 공간의 바닥면적}} + \frac{\text{환기에너지 소요량}}{\text{환기에너지가 요구되는 공간의 바닥면적}}$$

〈출처〉 건축물에너지효율등급 인증 및 제로에너지건축물 인증기준 별표1의2

5

BIPV의 이상적인 프로세스는 뭐야

건축물을 만들고자 한다면, 해당 지역의 인허가 사항을 검토한 후에 연계되는 산출물을 어떻게 구체화할지 고민해야 한다. BIPV의 경우 지역 녹색건축물 설계 기준에 맞춰 태양광 설치용량을 계산했다면, 해당 용량을 건물에 어떻게 적용할지 고민해야 한다. 이때 중요한 것은 건물 설계 과정에서 평면도, 입면도를 검토하면서 태양광을 설치할 수 있을 정도의 면적을 할당하고, PV 모듈의 특성을 사전에 파악하여 어떠한 BIPV를 어느 곳에 설치할지, 디자인은 어떻게 가져갈지 결정하는 것이다.

[건축 프로세스와 BIPV 프로세스]

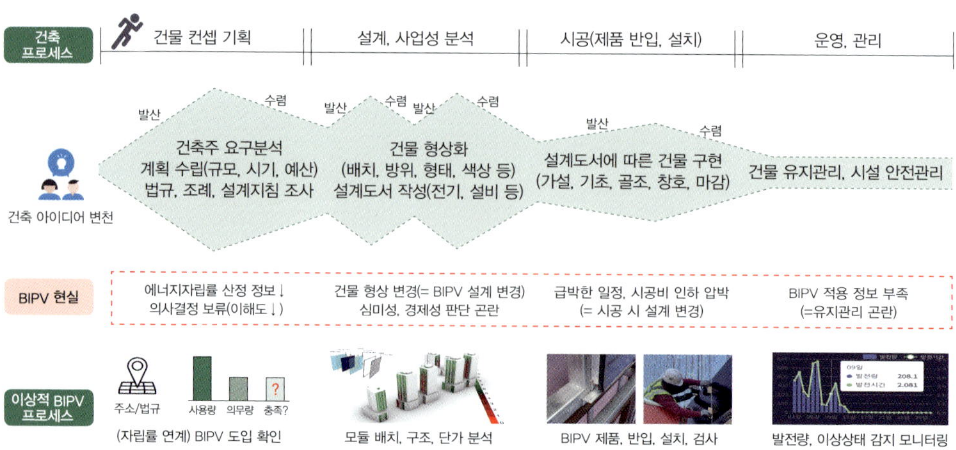

[건축 프로세스와 BIPV]

○ 담당(관할) △ 자문(협업, 논의)

구분		기획	설계			시공	운영
			계획설계	기본설계	실시설계		
건축	프로세스	건축주요구 분석, 계획 수립(사용 목적, 규모, 시기, 예산 등)	기획 단계 논의 구체화, 형상화 (건물배치, 파사드방위 설정, 형태/색상/컨셉정립)	계획 조건, 요구사항을 바탕으로 설계도서 작성	실시설계도서 작성 (일반도면, 구조도면, 설비도면, 조경도면, 시공상세도, 시공계획서, 시방서)	설계도서에 따라 건물로 구현(가설, 기초, 골조, 창호, 마감 등)	법령에 의한 건물 유지 관리(건축법, 시설물 안전관리 특별법 등)
	산출물	검토서(규모, 법규, 현장조사, 사례조사, 설계 지침)	도면(법규검토, 대지분석, MASS, 평입단면계획, 구조계획, 동선, 주차, 조경계획 등)	도면, 시방서, 관계도서(배치계획, 평입단면계획, 구조, 토목, 기계/소방/전기 설비계획, 조경계획 등)	공사용 도서 작성, 상세도면, 각 분야 도면, 시방서	건축물	건축물
BIPV 프로세스		BIPV 도입시 필요 정보제공(배치, 색상, 외관, 비용, 성능 등)	건물 설치장소 분석 BIPV 모듈 설계 (실시장소에 맞도록 형태, 색상, 사이즈 설계)	BIPV 배치 구조, 재료, 공사비, 공사기간 결정	BIPV 발전시스템 설계, 설치(일반도면, BIPV구조도면, 결합방법, 설비도면, 시공도면)	BIPV 제품 반입, 설치, 시험가동(공정협의, 반입 협의, 전기도서 검토, 모듈 설치, 배선 등)	모니터링 시스템 검토(계통, 인버터, 통신, 센서 등)
BIPV 이해 관계자	건축주	△	△	△	△	△	○
	건축사	○	△	△	△	△	
	건축공사		○	○	○	○	△
	전기공사		○	○	○	○	△
	PV모듈사		△	△	○	△	△
	친환경	△	△				
	감리					△	

〈출처〉 건물 유형별 BIPV 표준 설계(한국건설기술연구원, 2007), 건축설계 진행과정(대한건축사협회)

건축과정에서 건축가가 해야 할 일은 사실 전 범위이다. 기계설비, 전기, 소방, 통신, 친환경, 에너지 등 신경 쓰고, 소통해야 할 분야가 많기 때문에 BIPV에 대한 문의도 많아지고 있는 것이 사실이다.

건물을 설계하면서 설계 도서가 확정될 때까지, 기획, 계획설계, 기본설계, 실시설계를 거치며, 건물에 대한 아이디어는 수렴, 발산을 거치고 구체화되어 간다. 재생에너지의 설치용량 확정도 마찬가지다. 기본적으로 태양광 설치용량은 계획설계의 검토 단계에서 용량이 확정되는데, 이 용량을 충족하기 위한 세부 방법론으로서 PV와 BIPV를 어느 정도 비율로 설치할 것인지도 결정이 필요하다.

계획설계 단계에서는 대지의 건폐율, 용적률을 기반으로 설치 규모를 산정할 수 있는데, 이는 개략적인 옥상 면적으로 확인가능하다. 일반적인 접근 방법으로는 옥상 전체 면적에 PV를 설치하고 잔여 용량을 벽면 BIPV로 충족시키는 형태로 검토가 많이 진행된다. 유휴공간인 옥상에 최대한 많은 양의 PV를 설치하면 좋겠지만, 최근 경향을 볼 때 옥상에 공조 설비를 배치하는 경우도 있고, 조경면적을 맞추기 위해 옥상 정원을 설치하는 사례도 많다. 공조 설비라면 실외기 상단에 일정하게 공간의 이격을 두고 태양광을 설치하는 것은 큰 문제가 되지 않는다. 우리가 옥상 휴식 공간에 태양광을 설치하는 것을 본다면 주로 이렇게 설치되어 있을 것이다.

그러나 옥상 정원 혹은 조경면의 상단에 태양광을 설치한다면 태양광 모듈로 인한 다른 영향까지 고려해야 한다. 모듈의 그림자로 인해 식물의 생장에 문제가 발생할 수도 있고, 상부를 가리면 해당 면적이 조경 면적에서 제외될 가능성도 있다. 특히 서울, 경기, 부산 등 지자체별로 옥상에 태양광을 설치할 때 의무적으로 준수해야 하는 태양광 설비 기준이 존재하고 있으므로, 이 기준을 준수하면 당초 계획하고 생각했던 설치 가능한 용량이 대폭 줄어들 수도 있다.

대표적인 것이 옥상면에서의 최대 설치 높이와 바닥면의 높이이다. 외부에서 옥상 공간을 볼 때 태양광 패널이 높이 솟아 있으면 경관이 좋아 보이지 않을뿐

[지역별 건축물 태양광 설비 설치 기준]

분류/지역		서울특별시	경기도	부산광역시
1. 옥상(평지붕)면 설치높이	최대 높이	건축물 높이에 따라 태양광 설치 최대높이 제한 3m 이하	옥상바닥면에서 5m 이하 옥탑바닥면에서 2m 이하	건축물 높이에 따라 태양광 설치 최대높이 제한 3m
	바닥면 이격거리	30cm 이상	30cm 이상	30cm 이상
2. 경사지붕(박공지붕) 설치높이	방열공간	지붕 바닥면 20cm 이내	지붕면과 모듈 최하단, 최상단 사이는 최소 10cm 이상, 최대 1m 이하	지붕 바닥면 20cm 이내
3. 경사각	옥상(평지붕)형	발전효율 및 디자인을 고려하여 설치	36° 이내	발전효율 및 디자인을 고려하여 설치
	경사지붕형	지붕면과 평행 (5° 이내 오차범위 허용)	경사지붕면에 평행유지	지붕면과 평행 (5° 이내 오차범위 허용)
4. 경계면 돌출	옥상(평지붕)형	돌출하지 않음	돌출하지 않음	돌출하지 않음
	경사지붕형	지붕 경계면 이내로 설치	지붕 경계면 이내로 설치	지붕 경계면 이내로 설치
5. 설치면적	옥상(평지붕)형	옥상바닥 면적의 70% 이내	수평투영면적 기준으로 옥상바닥 면적의 90% 이내 설치	옥상바닥 면적의 70% 이내
	경사지붕형	지붕경계면을 제외하고 100% 이내	지붕경계면을 제외하고 100% 이내	지붕경계면을 제외하고 100% 이내

[위도에 따른 태양에너지의 밀도]

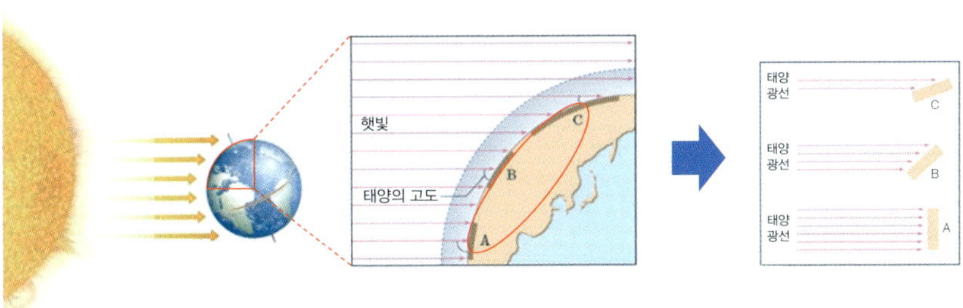

〈출처〉 이상기후보고서 2018(기상청 기후정보포털)

더러 바람의 영향을 강하게 받을 수 있으므로 설치 높이를 제한하고, 유지관리나 효율 측면에서 바닥면을 띄우는 제약사항이 존재한다. 바닥면적의 일정 범위 이내 설치나 건물의 수평투영면적 이상 튀어나오지 못하게 한 것 역시 경관이나 안전을 위해 가이드라인을 제시할 것으로 볼 수 있다.

우선적으로 옥상면을 활용해서 태양광 용량을 산정하고 나면, 잔여 용량은 건물의 입면에 배치해야 한다. 그런데 건물 입면은 옥상보다 검토해야 할 사항이 많다.

특히 입면을 대체하는 BIPV는 설치 부위의 방위, 주변 건물의 음영을 고려하지 않을 수 없다. 발전 효율은 태양빛이 발전하는 모듈면과 수직으로 위치할 때 에너지 밀도가 가장 높으므로 최적 상태를 반영하는 방향으로 모듈을 배치하는 것이 좋다. 태양은 동쪽에서 떠올라서 남중(南中)하고, 서쪽으로 지는데, 태양고도는 남중할 때 가장 높으므로 남쪽으로 모듈을 배치하는 것이 좋고, 우리나라 위도는 30도 근방이므로, 위도에 맞게 경사를 주는 것이 발전 효율 측면에서는 가장 유리하다. 그런데 건물에 경사 30도를 맞춰서 BIPV 설치할 수 있는 경우가 얼마나 되겠는가. 수직면 설치를 기본으로 하므로 방위별 일사량을 고려해서 어느 정도 발전량이 생성될지 사전에 검토해야 한다.

계절에 따라서 동서남북 방위별 직달일사량과 수평면 직달일사량의 차이가 심한 편인데, 수평으로 BIPV를 설치하는 경우는 일부 천창(天窓)에 국한되고, 옥상 바닥은 경사를 최적 각도(남향 30도)로 조절 가능하므로 수평일사를 건물 태양광에 활용하는 경우는 많지 않다. 오히려 건물 벽면을 활용한 남향, 동·서향의 직달일사를 활용할 경우가 대다수가 된다. 북쪽면도 일사량이 없는 것은 아니므로 설치는 가능하지만, 투입 대비 효율이 높지 않으므로, 경제적인 측면에서 설치하지 않는 것을 권하고 있다.

[방위별 수직벽의 단위면적당 일평균 일사량]

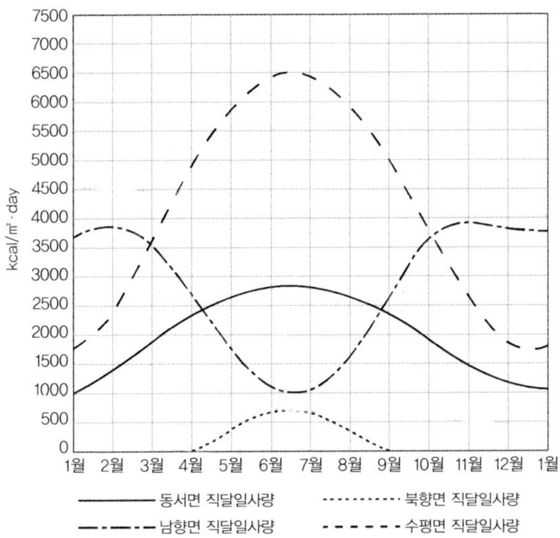

〈출처〉 건축물에너지평가사 교육 자료

특히 BIPV는 정책적인 측면에서 각종 보조금을 활용하는 경우가 많고, 건축물 탄소중립을 위한 의무제도에 영향을 받고 있으므로, 북향 설치는 엄격히 제한되고 있다. 개인의 사유재산으로서 북향 설치는 가능할 수 있으나, 인허가 상에서 BIPV로 인정받지는 못하므로, 합리적인 이해관계자가 북향 설치를 진행할 이유는 없을 것이다.

건물 태양광을 적용하는 순서는 효율의 순서대로 검토하는 것이 일반적이다. 우선 옥상에 태양광을 남쪽으로 향하게 배치하여 발전 효율을 높인 후, 남쪽 입면 배치 검토를 진행한다. 남측 입면으로도 필요 용량을 만족하지 못할 경우 동·서측 입면을 추가 검토한다. 그럼에도 불구하고 설치용량이 부족한 경우는 어떻게 해야 할까. 북쪽에 설치하면 안되는 것일까? 건물 방위에서 북쪽에 설치할 경우 설치용량으로 인정 받을 수 없다. 관련 법령에 의해 정남향 기준으로 동쪽 또는 서쪽으로 90도 이내에 설치할 수 있다.

상기 설치 기준을 도식화하면 아래와 같이 나타낼 수 있다.

[태양광 설치 기준_신재생에너지 설비 원별 시공기준]

다) 설치상태

① 모듈의 일조면은 원칙적으로 정남향 방향으로 설치하여야 한다. 정남향으로 설치가 불가능할 경우에 한하여 정남향을 기준으로 동쪽 또는 서쪽 방향으로 45도 이내(공급인증서 발급대상 설비의 경우 60도 이내)로 설치하여야 한다. 다만, 기존 건축물의 지붕, 벽체 등과 평행하게 태양광 설비(BAPV형 또는 BIPV형)를 설치하는 경우에는 정남향을 기준으로 동쪽 또는 서쪽으로 90도 이내에 설치할 수 있다.
② 지붕 등 경사가 있는 건축물(공작물 포함)에 건물설치형 태양광 설비를 설치할 경우에는 모듈의 경사 및 방향이 건축물의 경사 및 방향과 최대한 일치되도록 설치하는 것을 권장한다.
③ 모듈의 일조시간은 장애물로 인한 음영에도 불구하고 1일 5시간[춘계(3~5월)·추계(9~11월)기준] 이상이어야 하며, 피뢰침, 안테나 등 경미한 음영은 장애물로 보지 않는다.

설치 기준에 나와 있는 것처럼 동서측 90도를 넘어서 방위에 "북(北)"이 들어가는 위치는 설치가 불가능하다. 건물의 평면도 위에 동서남북을 표기하는 두 개의 선을 그어 놓고 각각의 입면에 방위를 검토하면 설치 가능한 부위와 설치 불가능한 부위를 보다 쉽게 확인할 수 있게 된다. 이러한 점을 고려하여 설치할 수 있는 입면을 최대한으로 남쪽을 향하게 배치하면 태양광 설치가 보다 쉽게 진행될 것이다.

태양광을 설치할 부위를 개략적으로 선정했다면, 각 설치 목표 부위에 어떠한 모듈을 배치할 것인지 결정해야 한다. 옥상에는 우리가 흔히 알고 있는 일반 결정질 모듈을 배치하는 것이 가장 좋다. 외장재의 크기에 맞출 필요가 없고, 외부에서 옥상 공간이 보이지 않는 경우가 많으므로, 비용 효율적인 측면에서 상용화된 표준 모듈을 적용하는 것이 가장 유리하다.

입면에 설치하는 경우는 직접적으로 보이는 부위이므로, 다양한 건축 이해관계자의 요구사항을 반영해야 하며, 이에 맞는 다양한 종류와 특성을 가진 BIPV

[태양광 가능 위치 예시]

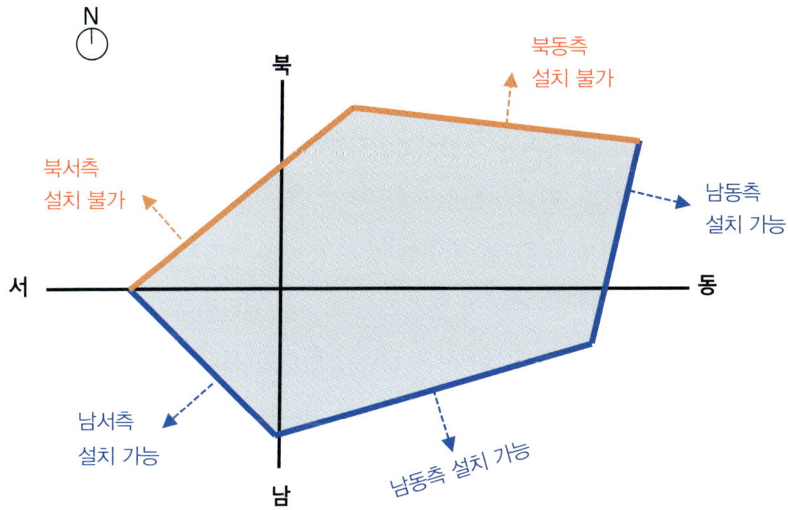

모듈을 적절히 선택해야 한다. BIPV 모듈은 크게 전력을 만들어내는 셀(Cell)의 종류를 기준으로 결정질 모듈과 박막형 모듈로 나뉘게 되며, 이 중에서 우리가 쉽게 접할 수 있는 것은 결정질(c-Si) 모듈과, 박막형(CIGS) 모듈이다.

일반적인 결정질 모듈은 주택 및 건물 옥상에 설치하거나 태양광 발전소에

[결정질 모듈과 박막형 모듈]

결정질 모듈	박막형 모듈(CIGS)
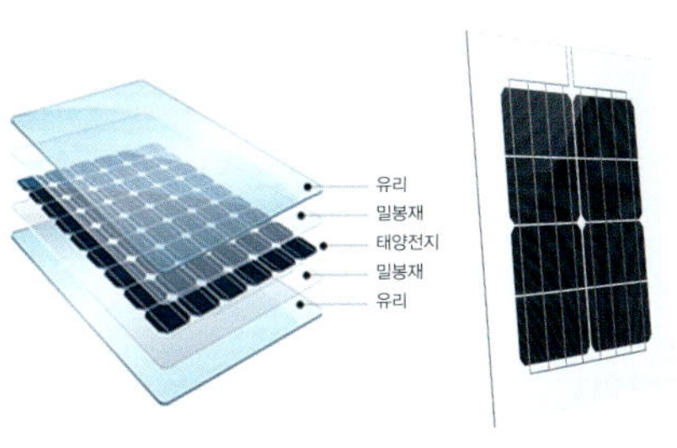	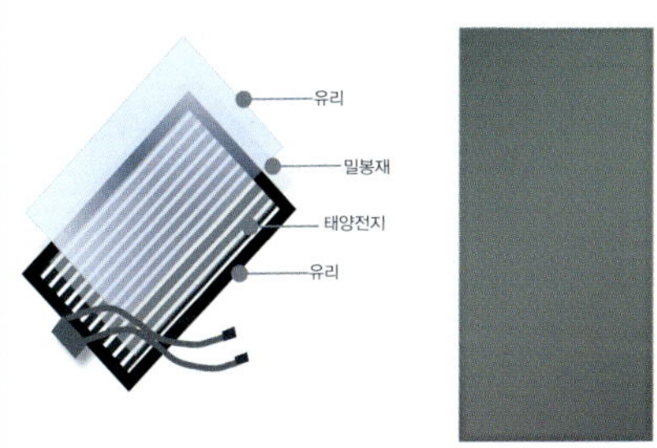

주로 설치하게 된다. 하지만, BIPV에서 결정질 모듈은 일반 태양광 모듈과 재료는 유사하지만, 모습은 일부 차이가 있다. 그 이유는 BIPV가 대체하는 외장재의 크기와 질감을 반영해야 하기 때문이다.

일반적으로 사용하는 결정질 BIPV 모듈은 투명 유리와 백시트(필름) 혹은 유리와 유리 사이에 태양전지를 삽입하고, 접합하는 과정으로 제조되는데, 모듈 전면의 그리드 라인과 버스바에 마스킹을 하고, 후면을 검은색 유리 혹은 백시트를 반영하면 블랙 모듈, 모듈 전면에 컬러 유리를 반영하면 컬러 모듈이 된다. 제조 방법에 따라서는 컬러 필름을 활용하거나, 세라믹 코팅으로 색상을 내는 방식이 있으며, 박막형 모듈에서도 컬러가 반영된 유리를 넣으면 컬러 모듈로 제작이 가능하다.

BIPV 모듈은 회색에서 블랙까지 무채색을 구현하거나, 컬러 모듈로 제작이 가능하기 때문에 건축 외장재와 조화를 이루는 소재이다. 건물의 외장재는 그 크기가 표준화되지 않는 것이 일반적인데, 결정질 모듈의 경우 외장재 치수에 맞춰 유리를 재단(裁斷)하고, 그 사이에 셀을 배치하여 제작하는 것이 일반적인 방식이며, 건물 외장재 치수에 따라 제작이 가능하기 때문에 건물 전체적인 디자인에 맞춤 설치가 가능하다. 반면, 박막형 모듈의 경우 모듈 제작 공정의 특성으로 인해 제작 사이즈 조절의 한계가 있다. 가장 이상적인 박막형 모듈 설치 방식은 건물의 디자인과 사용할 외장재 치수를 모듈 크기에 맞춰 설계할 경우 모듈이 건물의 외장재로서 완벽한 조합을 이뤄 낼 수 있다. 다양한 BIPV 모듈의 적용 사례는 시간이 지남에 따라 지속적으로 늘어나고 있다. 건물의 디자인 컨셉을 확정하고, BIPV 적용을 해야 한다면, 모듈별 다양한 레퍼런스를 확인하여 건물의 디자인을 해치지 않고 외장재로서 일체화될 수 있게 디자인에 반영해야 할 것이다.

이에 대한 설치 예시는 본 도서의 부록으로 구성하였으므로, 현장을 둘러보며 확인할 건축관계자들은 참고하시기를 권한다.

[BIPV 모듈 종류별 특장점]

구분	결정질 블랙 모듈 적용	컬러 CIGS 모듈 적용	컬러 결정질 모듈 적용
형상			
특장점	• 블랙 모듈로 깔끔한 외관 확보 가능 • 컬러 모듈 대비 높은 발전효율	• 컬러 사용으로 미려한 외관 디자인 가능 • 외벽 거치 방식으로 간편한 시공	• 컬러 사용으로 미려한 외관 디자인 가능 • 실란트 마감으로 방수 신뢰성 확보 가능

[BIPV 모듈 종류별 설치 예시]

6

BIPV 관련하여 인증이 필요해

일반적인 PV 모듈과 BIPV의 본질적인 차이점은 KS 인증의 차이다. 2024년 1월 1일 기준으로 개정된 서울특별시 녹색건축물 설계기준 관련 BIPV 질의사항을 살펴보기로 하자. 이 기준에 따르면 서울시에서 건물에 설치하는 태양광 모듈을 BIPV로 인정받기 위해서는 BIPV형 모듈("KS") 인증제품을 사용해야 한다. 또한 모듈 제거 시, 건축물 외피 기능 상실, 훼손이 발생하는 점도 주의해야 할

[서울시 BIPV 인정 기준]

BAPV	BIPV
• 태양광발전 모듈("KS") 인증제품 • 태양광발전 모듈 제거 시 건축물 외피 기능 유지 ※예) 구조체+마감재+태양광발전 모듈	• 태양광발전 모듈("KS")과 BIPV형 모듈("KS") 인증제품 • 태양광발전 모듈 제거 시 건축물 외피 기능 상실 또는 훼손 ※예) 구조체+마감재+태양광발전 모듈
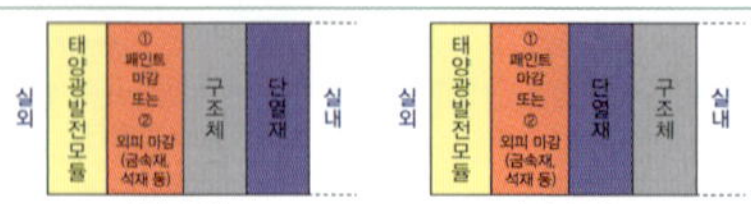 (내단열) (외단열)	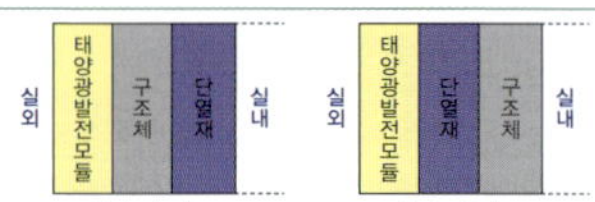 (내단열) (외단열)
	• 태양광발전 모듈 지지 프레임이 보이지 않음 • 결정형 모듈(검은색) 보이지 않고, 다양한 디자인 및 색상으로 디자인
• 태양광발전 모듈 지지 프레임이 보임 • 결정형 모듈(검은색)이 보임	• BIPV가 부착된 벽의 상·하·좌·우 면에 더미 패널 또는 외장재 마감
	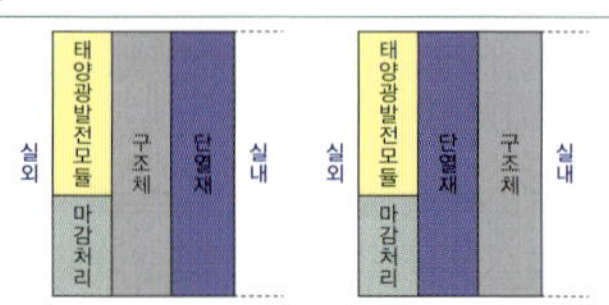 (내단열) (외단열)

〈출처〉 서울특별시 녹색건축물 설계기준 질의답변_'23.12

점이다.

전국 범위에서는 어떻게 될까. 한국에너지공단은 2023년 10월 23일 기준으로 건물 일체형 태양광(BIPV) 설치 확인 관련하여 KS 인증 받지 않은 제품을 사용할 경우 KS 인증에 준하는 시험을 진행한 시험성적서를 제출해야 한다는 공고를 발표했다.

[BIPV 관련 설치확인 공지사항]

공지사항

진행

[안내] [설치확인] 건물 일체형 태양광(BIPV) 설치확인 관련 안내

신재생지원사업실 | 2023-10-23 | 조회 : 2951

안녕하세요, 한국에너지공단 신재생지원사업실입니다.

건물 일체형 태양광(BIPV) 설치확인 관련하여 안내드립니다.

1. KS 미인증 모듈 사용의 경우, 설치확인 신청 시 해당 시험항목이 포함된 시험성적서 제출

2. BIPV형 준수사항에 따른 설치확인 신청 시 제출서류 안내

자세한 내용은 첨부파일을 확인해주시고 해당 내용을 반드시 숙지하여 주시기 바랍니다.

감사합니다.

〈출처〉 한국에너지공단 신재생에너지센터 자료실_'23.10.23

KS 인증은 BIPV 설치에 있어서 피할 수 없는 요구사항이 되었으며, 인증은 향후 더욱 강화되는 방향으로 진행될 것이다. 그런데 현실적인 애로사항이 존재한다. BIPV 모듈은 외장재를 대체하므로 다양한 크기의 모듈이 필요하다. 어떤 건물에 외장재를 설치할 때도 표준화된 하나의 외장재 사이즈 하나를 적용하

는 경우는 극히 드물다. 스팬드럴, 벽면, 창호 등 맞닿는 부위가 다를 수밖에 없다. BIPV도 마찬가지이며, 하나의 동일한 출력을 가지는 모듈만 사용할 경우는 거의 없다. 일반적으로 건물에 부착하는 BIPV 모듈은 건물 입면에 맞춰 사이즈를 조정하는 경우가 대부분이므로 모듈 사이즈와 출력의 종류가 매우 많아지게 된다. 우리가 쉽게 건물 벽면에 외장재를 부착할 때 한 가지 사이즈로만 설치할 수 없는 것과 같은 이치이다. 이렇게 사이즈와 출력이 다양한 모듈을 설치 납품하기 위해서는 종류별로 KS 인증 혹은 인증에 준하는 시험을 반드시 진행해야 하는데, 이 경우 회당 3천만 원이 소요되기 때문에 BIPV 모듈 비용보다 시험인증 비용이 더욱 높아질 수도 있다.

반면 KS 인증을 5천만 원에 받을 경우 오히려 시험 비용보다 인증 비용이 적게 들 수도 있다. KS 인증은 표준이 되는 기본 모델과 출력과 사이즈가 다른 유사 모델로 나뉜다. 유사 모델은 기본 모델 기준으로 출력 ±20% 이내, 사이즈는 +30% 미만~-50% 미만의 범위를 가지며, 기본 모델에서 인정할 수 있는 범위의 변화 수준을 가지므로 몇 가지 추가 시험을 통해 KS 인증을 취득할 수 있으며, 비용도 5백만 원 수준으로 저렴하다.

여기서 어떤 조합으로 KS 인증 혹은 시험성적서로 신뢰성을 증명할 것인가라는 고민이 시작된다. 예를 들어 10가지 종류의 모듈을 사용해야 한다고 가정할 때, 시험성적서로 대응하려면 1건당 시험비용 3천만 원으로 총 3억 원(3천만 원/건×10건)이 필요하게 된다. 반면, 기준 모델 2개와 유사 모델 8개로 KS 인증을 받는다면 기준 모델 인증 비용 1억 원(5천만 원/건×2건)과, 유사 모델 인증 비용 4,000만 원(5백만 원/건×8건)이 발생하여 시험 비용 대비 53% 비용을 절감한 1억 4천만 원으로 신뢰성 관련 비용을 처리할 수 있다.

현재 BIPV 모듈 제조사는 이러한 변화에 맞춰서 자체적으로 KS 인증을 늘리기 위한 준비를 하고 있는 곳들이 있다. 이런 제조사가 보유한 KS 인증 모듈을 사용하는 것은 별도의 시험성적서나 KS 인증 비용이 발생하지 않으므로, 추가적인 비용 발생을 예방할 수 있는 또다른 대안이 될 것이다.

태양광 모듈 관련 KS 인증이 기존에 없었던 것은 아니다. 기존 태양광 모듈의 KS 인증은 KS C 8561(결정질 실리콘 태양광 발전 모듈)이며, 건물 옥상, 지상형 태양광 발전소 등에 사용하는 제품은 관련 인증을 받고 있다. BIPV 모듈의 KS 인증은 KS C 8577(건물일체형 태양광 모듈)이며, 건물에 일체화되는 만큼, 건물 외장재로서 갖추어야 할 사항들이 추가되었다.

BIPV 시험성적서에 적용되는 신뢰성 항목은 KS C 8561(결정질 실리콘 태양광 모듈 인증) 항목과 대부분 겹치게 된다. 반면 BIPV용 KS 인증은 KS C 8561 인증 대비하여 몇 가지 시험 항목이 추가되었으며, 건물외장재로서 갖추어야 하는 화재와 물리적 충격에 대한 대응 부분을 시험을 통해 검증하게 하였다. 이를 통해 BIPV KS 인증을 받은 모듈은 관련 안전성을 확보할 수 있다.

우리나라 KS 인증의 취지 자체가 국민들이 안전한 제품을 쉽게 선택할 수 있게 하려는 것이므로, BIPV 역시 KS 인증을 받은 모듈을 사용하게 되면 일반 모듈 대비하여 상대적 안전성을 추가 확보하는 것으로 받아들일 수 있다. 시장이 확대될수록 안전과 신뢰성을 충실히 확보하는 방향으로 정책의 방향은 이동하기 마련이다. 이 점에 유의하여 BIPV 제품을 선택하시기를 권장한다.

[태양광 관련 설치확인 및 KS 인증용 시험 항목]

BIPV 설치 확인용 시험 항목	KS C 8561 (결정질 실리콘 태양광 모듈)	KS C 8577 (건물일체형 태양광 모듈)
외관검사	외관검사	외관검사
최대출력결정시험	최대출력결정	최대출력결정
절연시험	절연시험	절연시험
열점내구성시험	열점내구성시험	열점내구성시험
UV전처리 시험	UV전처리시험	UV전처리시험
온도사이클시험	온도사이클시험	온도사이클시험
고온고습시험	고온고습시험	고온고습시험
단자강도시험	단자강도시험	단자강도시험
습윤 누설 전류 시험	습윤누설전류시험	습윤누설전류시험
기계적 하중시험	기계적 하중시험	기계적 하중시험
바이패스 다이오드 열시험	바이패스 다이오드 열시험	바이패스 다이오드 열시험
염수분무시험	염수분무시험	염수분무시험
광조사시험	표시사항	표시사항
낮은 조사강도에서의 성능	낮은 조사강도에서의 특성	역전류과부하시험
옥외노출시험	옥외노출시험	접지연속성시험
습도동결 시험	습도동결시험	충격전압시험
우박시험	우박시험	고온저항시험
온도계수의 측정	온도계수의 측정	절단취약성시험
환경영향평가	환경영향 평가	광조사시험(박막 태양광발전 모듈만 적용)
	STC 및 NOCT에서의 성능	구슬낙하시험
	공칭 태양전지 동작온도(NOTC)에서의 측정	모듈파괴시험
		내열시험
		내화시험

7

G2G와 G2B는 무엇을 뜻하는 거야

모든 업계에는 관련된 전문용어가 있다. BIPV 모듈을 사용하려고 할 때 가장 처음 듣는 용어가 “G2G”, “G2B” 혹은 “G2T”라는 용어다. 쓰임이 다르므로, 용어의 의미에 대해서 알아보자. “G2G”라는 뜻은 Glass To Glass라는 뜻이며, 모듈을 유리와 유리 사이에 끼운 조합이라는 의미이다. “G2B”는 Glass To Back-sheet를 의미하며, 모듈을 유리와 백시트에 끼운 조합이다. “G2B”는 “G2T”라고도 하는데, 화학회사로 유명한 듀퐁(DuPont™)사가 개발한 태양광용 백시트인 Tedlar®(테들러)가 워낙 유명하다보니, 백시트의 대명사로 테들러라는 말을 차용해서 사용하기도 했다. 그러나 범용성을 생각한다면 “G2T”라는 말보다는, “G2B”라는 용어가 더 적절할 것이다.

용어의 의미를 알더라도 직접 접해보지 않는 이상 실제 제품에 어떤 차이가 있는지 알기 쉽지 않을 것이다. “G2G” 또는 “G2B”의 구조를 살펴보기로 하자.

모듈을 구성하는 재료들은 기본적으로 BIPV 모듈 자체를 보호하는 역할을 한다. 전면 저철분 강화유리는 외부의 물리적 충격으로부터 모듈을 보호하고, 빛을 투과시켜 태양광 발전이 잘 일어날 수 있도록 한다. EVA 시트 혹은 백시트는 UV 저항, 습기 차단, 기계적 특성, 강도와 내구성, 내후성, 전기적 절연 등 모듈 보호를 위한 다양한 기능을 제공한다. “G2G”와 “G2B”는 모듈 후면의 마감재를 무엇으로 하는가에 따라 구분되는 것이며, 후면 마감이 유리이면 “G2G”,

[Glass To Glass BIPV 모듈 구조]

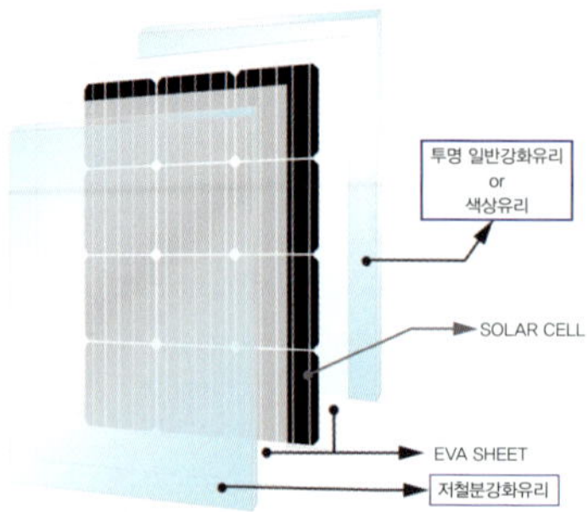

[Glass To Backsheet BIPV 모듈 구조]

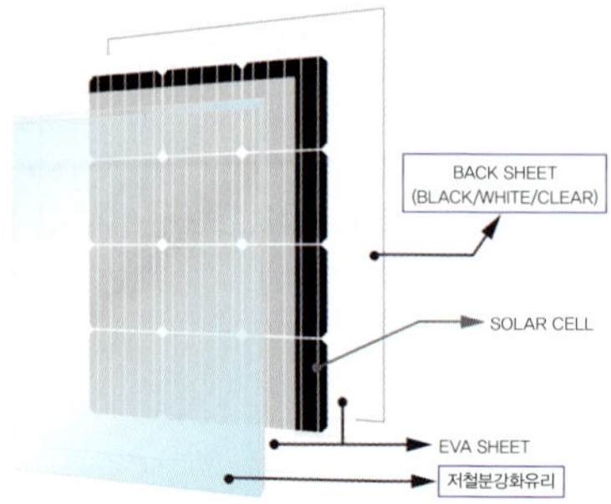

[발전소용 G2G 모듈 카탈로그]

제품 도면 Engineering Drawings

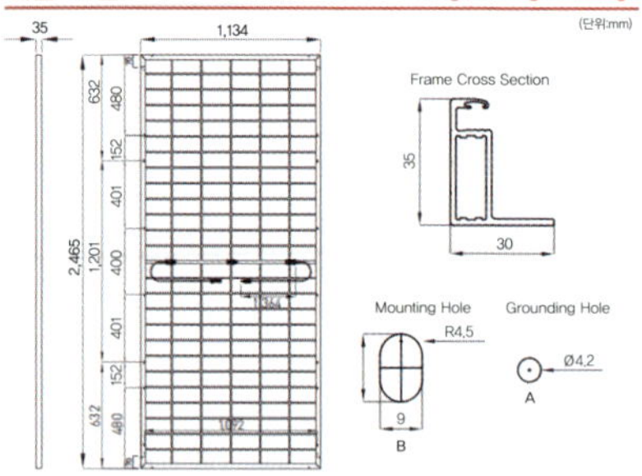

기계적 사양 Mechanical Specifications

전지	P-타입 단결정
전지 수	156 (6 x 26)
크기	2,465x1,134x35 mm³
무게	35.9 kg
정션박스	IP68, diode x 3
커넥터	MC4 호환
전면 유리	2.0 mm, 강화 유리, AR 코팅
후면 유리	2.0 mm, 강화 유리, 화이트 패턴
봉지재	POE/EVA
프레임	양극 처리 알루미늄

〈출처〉 SDN 태양광 모듈 카탈로그

[발전소용 G2B 모듈 카탈로그]

제품 기계적 사양

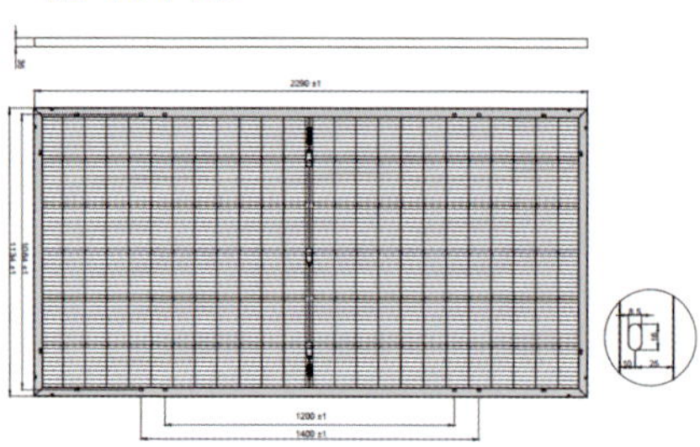

크기(고내구성)	2290 x 1134 x 35㎜
무게	약 28.9kg
태양전지	PERC 양면 단결정, M10 (182 x 91㎜) 144셀
전면	3.2㎜ 고투과도 강화유리 (반사방지막 코팅)
후면	투명 백시트
프레임	양극화 알루미늄 합금
정션박스	IP68, 바이패스 다이오드 3개
케이블	4㎟ Solar cable, 1200㎜
커넥터	MC4 호환 가능

〈출처〉 신성E&G 태양광 모듈 카탈로그

백시트이면 "G2B"이다. 통상 제품의 카탈로그를 보면 구성과 형태에 대한 정보가 있으므로, 이를 확인하면 되나, BIPV의 경우 소규모 건물에 적용되는 프로젝트는 별도의 카탈로그를 확인하기 힘들기 때문에 상용 모듈을 예로 들어 재질 정보를 보이고자 한다. 제품의 전면과 후면 재질의 정보는 필요 시 제조사 홈페이지, 카탈로그 혹은 별도 자료를 참고하면 확인할 수 있다.

외관상 G2G와 G2B 모듈을 전면에서 구별하기는 쉽지 않다. 차이점을 확인하고 싶은 경우는 후면 및 측면을 비교해야 한다.

후면을 살펴보면, 유리와 백시트 재질 차이를 확인할 수 있다. 측면에서 볼 경우는 유리 2장으로 구성된 "G2G" 모듈의 두께가 "G2B"모듈보다 약 2배 정도 두껍고 무게도 무겁다. 단순하게 생각하면 "G2G"는 유리가 2장 들어가기 때문에 "G2B"보다 가격이 높을 것이며, 더 무거울 텐데 왜 "G2G" 모듈을 사람들이

[G2B와 G2G 모듈 비교]

〈모듈 전면 비교〉 〈모듈 후면 비교〉

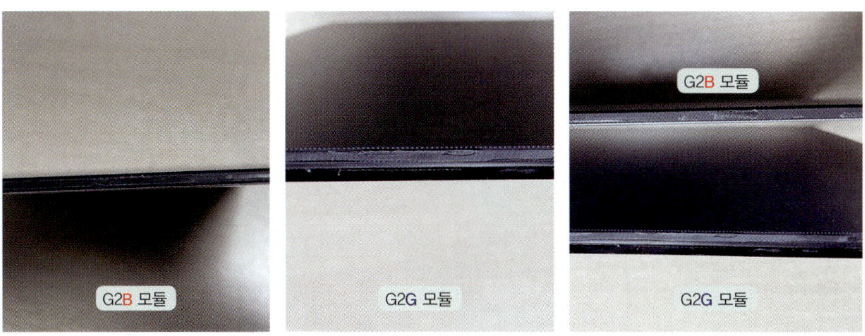

〈모듈 측면 두께 비교〉

〈출처〉 에스지에너지

[신재생에너지 설비 지원 등에 관한 지침]

2) 건물형: 건축물에 태양광설비를 설치하는 형태
   가) 건물설치형: 건축물 옥상 등에 설치하는 태양광설비의 유형
   나) 건물부착형(이하 “BAPV형: Building Attached PhotoVoltaic”): 건축물 경사 지붕 또는 외벽 등에 밀착하여 설치하는 태양광설비의 유형
   다) 건물일체형(이하 “BIPV형: Building Integrated PhotoVoltaic”): 태양광모듈을 건축물에 설치하여 건축 부자재의 역할 및 기능과 전력생산을 동시에 할 수 있는 태양광설비로 창호, 스팬드럴, 커튼월, 이중파사드, 외벽, 지붕재 등 건축물을 일부 또는 완전히 둘러싸는 벽, 창, 지붕 형태로 모듈이 제거될 경우 건물 외피의 핵심기능이 상실 또는 훼손될 수 있어 다른 건축자재로 대체되어야 하는 구조

마. 기타

1) BIPV

   신청자(소유자, 발주처 등을 포함), 설계자 및 시공자는 다음에 따라 설계·시공하도록 한다.

   가) 「건축물의 에너지절약설계기준」(국토교통부고시)에 따라 BIPV와 연결된 건축물 부위에는 단열을 위한 열손실 방지 대책을 설계·시공시 반영하도록 한다.
   나) 모듈 배면으로의 태양 일사 유입을 최소화하거나 모듈 배면에 통풍이 가능한 방안을 설계·시공시 반영하도록 한다. 특히 내부 공기량이 적은 스팬드럴 등의 부위에 설치되는 경우, 백시트 방식을 적용하거나 G to G(Glass to Glass) 방식의 경우 모듈의 셀 대비 유리 면적 비율 축소, 일사획득계수가 낮은 BIPV 창호 적용 등 실내로의 태양 일사 유입을 최소화하기 위한 적절한 방안을 설계시 반영하도록 한다.
   다) 방수 기능은 외부의 비 또는 눈을 차단하는 것으로 모듈은 물론 모듈 외의 건축외피와 모듈 사이의 접합부위 및 모듈 간의 접합부위를 밀실하게 하여야 한다.

2) 태양광설비 설치시 관계법령(지자체 조례 포함)을 준수하도록 한다.

〈출처〉 신재생에너지설비 원별 시공기준[별표1] 발췌

사용할까. 정부에서는 신재생에너지 설비가 안전하고 효율적으로 사용되기를 원하며, 이를 위한 다양한 가이드라인을 제공한다.

“신재생에너지 설비 지원 등에 관한 지침”에서는 BIPV에 관련한 정의, 갖춰야 할 특징과 준수할 사항을 명기하고 있다. 태양광 설비 설치 시 관계법령, 지자체 조례를 준수하여 검토를 진행해야 하는데, 현재 태양광 설비의 설치와 관리에 대해서 각각 지자체별로 조례를 정하고 있으며, 서울시의 경우에는 BIPV

[서울특별시 태양광 설비의 설치와 관리 등에 관한 기준 고시]

> 제10조(입면형 BIPV 발전설비) 입면형 BIPV는 다음의 각 호에 따른다.
> 1. 입면형 BIPV는 건물의 외벽에 적용되는 태양광 시스템으로 건물 외벽과 일체화된 태양전지 형태를 지칭한다. (붙임 15 참조)
> 2. 입면형 BIPV로 사용되는 태양전지는 다음의 성능 기준을 충족해야 한다.
>   가. 화재의 위험성을 고려하여 결정질 BIPV 모듈은 벽면 설치 시 불연재인 G2G(Glass to Glass) 방식을 사용하고, 박막형 BIPV 모듈은 후면이 금속판 등 불연재를 적용한 모듈을 사용한다.
>   나. 난간에 설치되는 경우, 추락방지 등 관련 건축법규를 충족해야 한다.
> 3. 결정질 BIPV의 고정은 건식 공법을 기준으로 하고, 박막형 BIPV는 건식/습식 모두 사용 가능하다.

의 "G2G" 사용에 대해서 다음과 같이 고시하고 있다.

서울시 고시 기준에 따르면 "새로 만들어지는 건물의 벽면에 BIPV를 설치할 경우 불연재인 "G2G" 방식을 사용하여야 한다"라고 정의하고 있으므로 서울시에 BIPV를 설치하는 경우에는 반드시 "G2G" 모듈을 사용해야 한다. 타 지역의 "태양광 설비의 설치와 관리"에 관한 고시에 해당 내용이 반영되지 않을 경우 "G2B"를 사용하여도 무방하지만, 화재 위험성을 고려할 경우 완전 불연재인 유리로 구성되는 "G2G" 모듈이 적합할 것이다.

특히 건물이 밀집해 있는 서울시의 경우 건축물 관련 규제, 정책이 선제적으로 적용되는 경우가 많고, 전국 확대의 초석이 되는 바 관련 동향을 예의주시할 필요가 있다.

8

kW랑 kWh 차이는 뭐야

학창시절 물리 시간에 배운 기억을 곰곰이 되살려 보자. “kW”는 ‘일률’의 단위로 소비전력을 나타내며, ‘일률’은 일을 할 수 있는 능력 혹은 출력의 수준, 용량을 의미한다. 태양광 발전의 경우 빛이 어떤 강도로 조사(照射)되는지에 따라 전기로 변환되는 출력의 수준이 다를 수 있는데, 표준조건(STC, standard test condition)에서 태양전지가 낼 수 있는 출력의 수준이 “W”(Watt) 혹은 “kW”(=1,000 Watt)이며, 이를 용량이라고 한다.

태양전지 셀을 조합하여 모듈을 만들고, 모듈은 조합하면 시스템이 된다. 용량 계산의 예시로 든 시스템의 설비 규모를 7.26kW라고 가정해 보자. BIPV 설비가 STC 조건(AM 1.5, 빛의 조사강도 1kW/㎡, 태양전지 온도 25℃)에서 최대로 출

[설비 규모 계산 예시]

[5W 태양전지]

× 44장 =

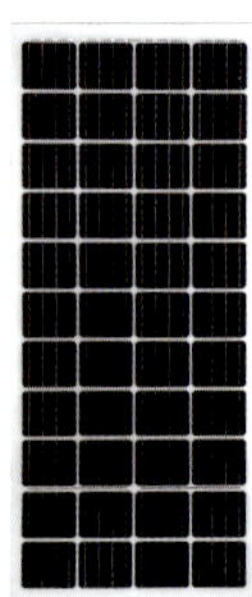

[220W 태양광 모듈]

× 33장 =

[7.26kW BIPV 설비]

력을 내게 되면 이 설비의 최대 출력이 7.26kW가 되는데, 표준조건에 미달할 경우 출력은 그 이하가 된다.

"kWh"란 무엇일까. "kW"에 시간단위가 붙어 있으니 미루어 짐작할 수 있다. 만약 이 태양광 모듈로 4시간 동안 전기를 최대 출력으로 생산했다면 어떻게 될까. 생산된 전력량은 약 29kWh(≒7.26kW×4h)이다. 달리 말하면, "kW"(전력)는 기기나 설비가 생산할 수 있는 전기의 물리적 수준을 의미하고, 이 값이 클수록 전력 생성의 크기가 크다. "kWh"(전력량)는 기기나 설비가 일정 시간 동안 가동하였을 때 생산한 전기의 총량을 의미하며, 이 값이 클수록 전력량이 많다. 즉 설비용량(kW)×발전시간(h)=전력생산량(kWh)으로 "kW"와 "kWh"의 관계가 정리된다. "kW"와 "kWh"는 BIPV 등의 신재생 설비를 다루는데 자주 사용되며, 정확한 정의를 이해해야만 설치되는 설비의 규모와 전력생산량을 알 수 있기 때문에 BIPV 설치를 고려할 때 단위를 이해하고 접근하는 것이 필요하다.

9
모듈 효율은 뭐야

지금까지 “kW”와 “kWh”에 대해서 알아보았다면, 다음으로 모듈 효율에 대해서 알아보자. 효율이란 무엇인가. 입력에 대한 출력의 수치를 말하며, 투입한 노력 대비 얼마나 산출되었는지 소득에 대한 값을 의미한다. 효율이 좋다는 뜻은 성능이 좋다는 뜻과 같으므로, 모듈 효율이 높은 제품은 우수한 성능을 지니고 있다고 볼 수 있다. 그런데 태양광의 경우 모듈의 사이즈가 천차만별이기 때문에 직접적인 제품 비교를 위해서는 동일한 잣대로 수준을 평가해야 하며, 이때 비교의 단위가 모듈 효율이 된다.

모듈 효율은 변환효율이라고도 하며, 단위면적 1㎡에 입사되는 태양빛의 에너지 1,000W가 얼마나 전기로 변환되는지 나타내는 비율이다.

[모듈 효율 계산 예시]

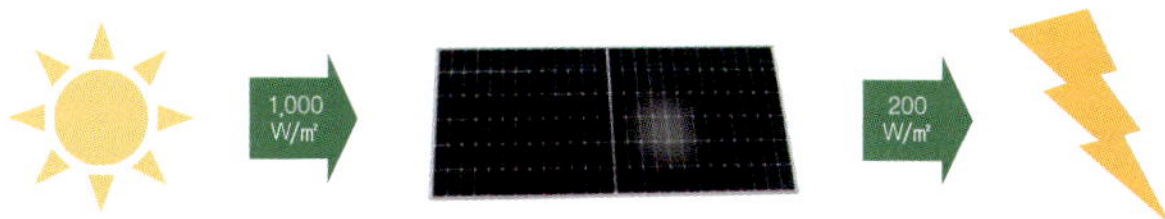

구분	박막형 모듈 (CIGS)	결정질 모듈	
		컬러 층 프린팅 방식	컬러 도트 프린팅 방식
형상	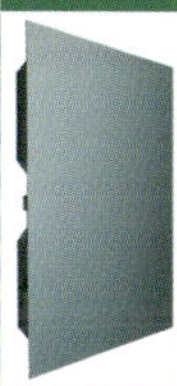		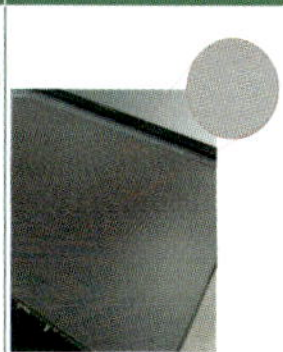
변환효율(%)	12.8%	13.7%	15.5%
1kW당 필요면적	7.8㎡	7.3㎡	6.5㎡

[모듈의 출력별 전기적 특성]

전기적 특성

STC[1]									
최대 출력	P_{MAX}	[W]	540	545	550	〈	590	595	600
출력 오차		[%]		0~3%				0~3%	
모듈 효율	Π_{MAX}	[%]	20.89%	21.09%	21.28%	〉	21.11%	21.29%	21.46%
개방 전압	V_{OC}	[V]	49.50	49.65	49.80		53.79	53.95	54.11
단락 전류	I_{SC}	[A]	13.85	13.92	13.99		13.92	13.99	14.05
최대 출력 전압	V_{mpp}	[V]	41.65	41.80	41.95		45.28	45.45	45.58
최대 출력 전류	I_{mpp}	[A]	12.97	13.04	13.12		13.04	12.12	13.18

[1]STC: 광량=1000W/㎡, 모듈 온도=25°C, AM=1.5

〈출처〉 SDN 태양광 모듈 카탈로그 편집

위의 모듈 테이블에서 어떤 제품이 가장 좋은 제품인지 생각해보자. 단순하게 보면 최대 출력이 높은 제품이 우수한 제품일 수도 있다. 그렇기 때문에 최대 출력 600[W]의 제품을 선택할 것이다. 그렇다면 550[W]와 590[W] 중에서는 어떤 제품이 좋은 제품일까? 아마도 590[W]를 고르게 될 것이다. 하지만 출력이 높다고 해서 모듈 효율까지 높은 것은 아니다. 실제로 모듈의 출력은 590[W]가 높지만, 모듈 효율은 550[W]가 조금 더 높다. 모듈의 크기에 따라 출력과 효율이 변동되기에 반드시 효율을 우선시하여 비교해야 한다. 일반적인 발전용 모듈보다 BIPV 모듈에서는 위와 같은 상황이 훨씬 쉽게 발생할 수 있다.

모듈의 크기, 출력, 효율이 같을 때라도 경우에 따라 다양한 케이스가 존재할 수 있다. 그러나 공통적인 판단 기준은 바로 모듈 효율이다. 출력이 높거나, 크기가 큰 제품이 좋은 것이 아니라 모듈 효율이 높은 제품이 고출력 제품이다. 따라서 다른 전기적 특성보다는 모듈 효율 기준으로 성능을 판단하는 것이 가장 바람직할 것이다.

[조건에 따른 효율 성능 비교 예시]

−Case 1: 모듈 크기는 같은데, 출력과 효율이 다를 때

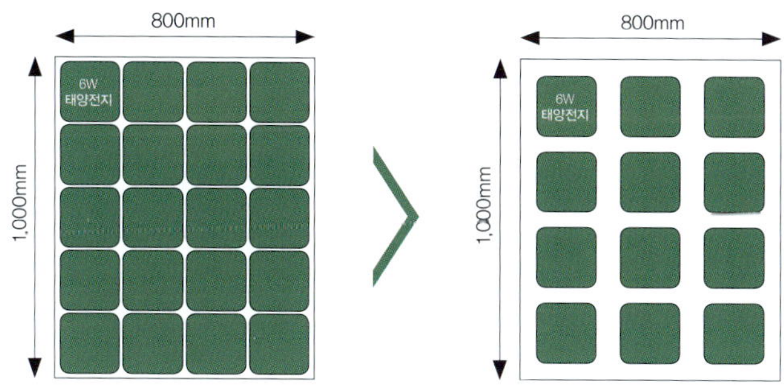

- 모듈 크기: 0.8㎡
- 모듈 최대 출력: 120W
- 모듈 효율: 15.0%

- 모듈 크기: 0.8㎡
- 모듈 최대 출력: 72W
- 모듈 효율: 9.0%

−Case 2: 출력은 같은데, 모듈 크기와 효율이 다를 때

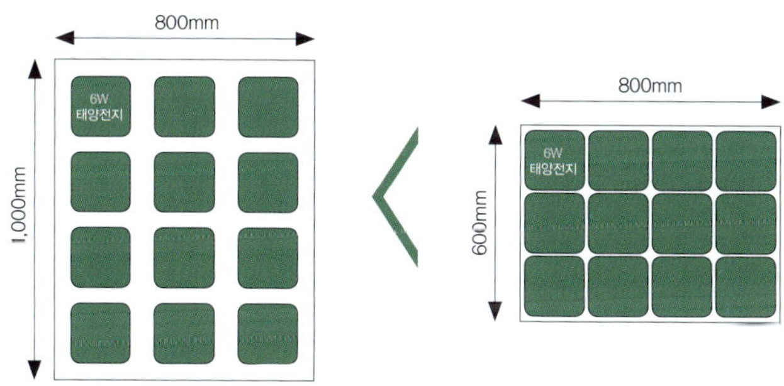

- 모듈 크기: 0.8㎡
- 모듈 최대 출력: 72W
- 모듈 효율: 9.0%

- 모듈 크기: 0.48㎡
- 모듈 최대 출력: 72W
- 모듈 효율: 15.0%

−Case 3: 모듈 효율은 같은데, 크기와 출력이 다를 때

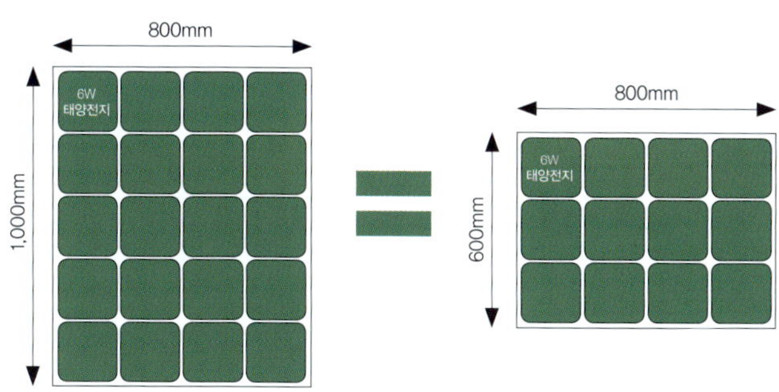

- 모듈 크기: 0.8㎡
- 모듈 최대 출력: 120W
- 모듈 효율: 15.0%

- 모듈 크기: 0.48㎡
- 모듈 최대 출력: 72W
- 모듈 효율: 15.0%

10
발전시간, 일조시간은 뭐야

일반적인 태양광 발전을 접할 때 주로 듣는 단어 중 "발전시간"이라는 단어가 있다. 반면, BIPV(건물 태양광)를 다룰 경우에는 "발전(發電)시간" 외에도 "일조(日照)시간"이라는 단어를 추가로 듣게 될 것이다. 한자를 보면 어떤 의미인지 감이 오겠지만, BIPV에서 이 두 단어가 어떤 뜻을 지니고 있는지 확인해 보자.

발전시간은 태양광 설비가 최대 출력으로 몇 시간 동안 전력을 생산할 수 있는지를 나타내는 지표이다. 즉 태양광 설비가 얼마나 전력을 생산했는지를 나타내는 발전량의 개념이다. 10kW 용량을 가지는 설비가 최대 출력으로 3.8시간(h/day) 동작했다면 전력생산량은 380kWh가 된다. 반면 20kW 용량을 가지는 설비가 최대 출력으로 1.8시간(hr/day) 동작하면, 전력생산은 360kWh가 된다. 동일 설비가 아니므로 전력생산량을 비교하는 것은 적합하지 않기에, 발전시간은 설비의 전력생산량을 비교하는 단위로 활용될 수 있으며, 발전시간이 높을수록 많은 전력량을 생산할 수 있다는 뜻이기도 하다.

발전소 설비용량은 크면 좋겠지만, 발전시간이 높지 않으면 결과적으로 전력생산량은 낮을 수밖에 없다. 이처럼 태양광 설비의 효율을 뜻하는 발전시간은 설비의 전력생산량 측면에서 중요하다. 태양광 설비가 위치하는 곳의 방위, 나무, 건물, 장애물 등 주변 음영 요소가 있을 경우 발전시간이 낮게 산출된다. 태양은 하루, 계절별로 괘적을 그리며 움직이기 때문에 단순 계산으로 영향 요소를 모두 반영하기는 쉽지 않으며 일반적으로 태양광 발전 전문 시뮬레이션 프로그램을 통해서 그 값을 산출한다.

[발전시간과 전력생산량]

[건물 옥상 PV 발전시간 시뮬레이션 결과]

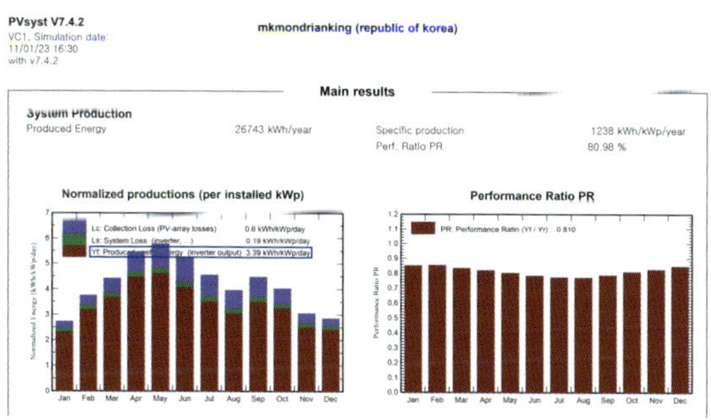

[건물 입면 BIPV 발전시간 시뮬레이션 결과]

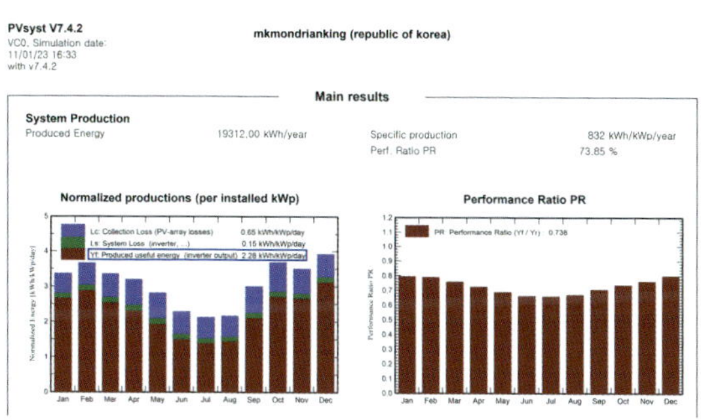

위의 발전시간 데이터는 서울의 한 건물에 설치되는 옥상 태양광과 벽면 BIPV의 발전시간을 시뮬레이션한 결과이다. 옥상 태양광의 경우는 주변에 음영 영향도 적고 모듈 경사각이 10도 정도로 완만하여 발전시간이 약 3.39시간 정도로 산출되었고, 벽면의 경우 설치 위치가 남서쪽에 위치할뿐더러 수직으로 설치하므로 옥상 태양광의 발전시간에 비해서는 상대적으로 낮은 2.28시간으로 산출되었다. 이처럼 설치 위치 및 방식에 따라 발전시간이 달라질 수 있기 때문에 정확한 값을 도출하기 위해서는 태양광 전문 시뮬레이션 프로그램을 활용해야 한다.

반면 이미 태양광 설비가 운영되고 있는 곳에서는 발전시간 시뮬레이션보다는 실제로 생산되고 있는 태양광 설비의 전력량과 설비용량을 기준으로 운영 중 발전시간을 도출할 수 있다.

설비용량 10kW의 발전설비에서 생산되는 하루의 전력생산량이 35kWh라고 가정하면, 이 설비의 발전시간은 3.5[시간/일](=35kWh÷10kW)로 계산된다. 이는 해당 설비가 최대 출력으로 3.5시간 동안 동작한 적분 개념으로도 볼 수 있다. 그런데 발전소의 발전시간이 3.5시간이라고 해서 일년 365일 동안, 해당 시간을 유지하고 있는 것은 아니기 때문에 연간 데이터를 일 평균 개념으로 나타낸

[운영데이터 기준 발전시간 산출 예시]

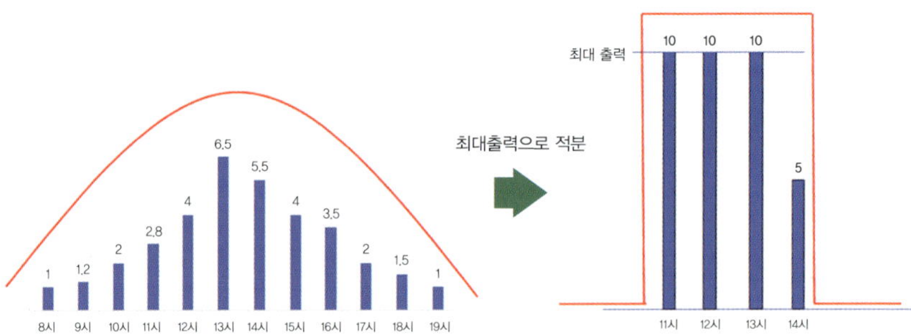

구분	계	8시	9시	10시	11시	12시	13시	14시	15시	16시	17시	18시	19시
발전량(kWh)	35	1	1.2	2	2.8	4	6.5	5.5	4	3.5	2	1.5	1

[월별 전력생산량 및 발전시간 산출 예시]

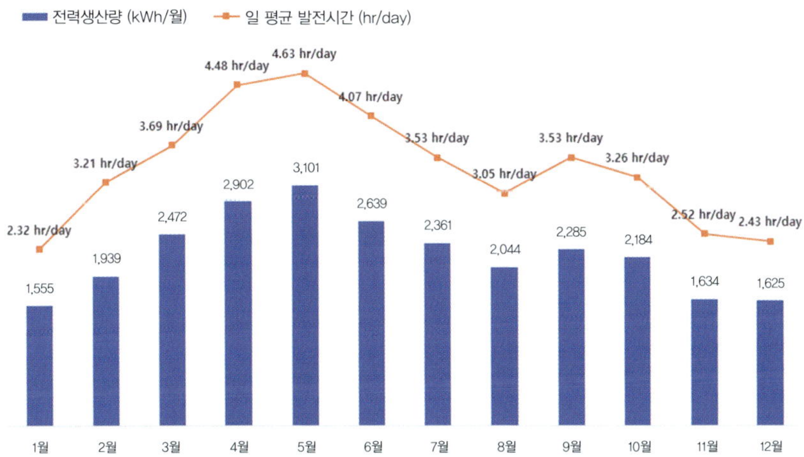

설비용량 21.6kW	계	1월	2월	3월	4월	5월	6월	7월	8월	9월	10월	11월	12월
전력생산량 (kWh/월)	26,741	1,555	1,939	2,472	2,902	3,101	2,639	2,361	2,044	2,285	2,184	1,634	1,625
일 평균 발전시간 (hr/day)	3.39	2.32	3.21	3.69	4.48	4.63	4.07	3.53	3.05	3.53	3.26	2.52	2.43

것으로 보는 것이 타당할 것이다. 따라서 설비의 발전시간은 계절에 따른 전력생산량의 편차를 반영한 "일 평균 발전시간"이라는 단어로 나타내기도 한다. 다른 발전소의 연간 전력생산량 데이터를 살펴보자.

연간 전력생산량 데이터는 3~7월, 9월의 발전시간이 연평균 발전시간보다 높게 나타나지만, 그 외 계절에서는 평균보다 낮은 발전시간이 나타나는 것을 볼 수 있다. 일평균 발전시간은 연간 발전량의 평균을 산출한 값으로 1년 내내 해당 발전시간이 나오지는 않는다는 점을 알고 있어야 한다.

이번에는 일조(日照)시간에 대해서 알아보자. 일조시간은 뜻 그대로 햇빛이 비치는 시간을 말한다. 이것이 BIPV에서 중요한 이유는 관련 정의, 시공기준에 일조시간으로 설치 부위를 정하는 개념이 등장하기 때문이다. "신재생에너지 설비 지원 등에 관한 지침"의 시공기준에는 모듈의 일조시간에 대해 봄(3~5월),

신·재생에너지 설비 지원 등에 관한 지침

다) 설치상태

① 모듈의 일조면은 원칙적으로 정남향 방향으로 설치하여야 한다. 정남향으로 설치가 불가능할 경우에 한하여 정남향을 기준으로 동쪽 또는 서쪽 방향으로 45도 이내(공급인증서 발급대상 설비의 경우 60도 이내)로 설치하여야 한다. 다만, 기존 건축물의 지붕, 벽체 등과 평행하게 태양광 설비(BAPV형 또는 BIPV형)를 설치하는 경우에는 정남향을 기준으로 동쪽 또는 서쪽으로 90도 이내에 설치할 수 있다.
② 지붕 등 경사가 있는 건축물(공작물 포함)에 건물설치형 태양광 설비를 설치할 경우에는 모듈의 경사 및 방향이 건축물의 경사 및 방향과 최대한 일치되도록 설치하는 것을 권장한다.
③ 모듈의 일조시간은 장애물로 인한 음영에도 불구하고 1일 5시간 [춘계(3~5월)]·추계(9~11월)기준] 이상이어야 하며 전선, 피뢰침, 안테나 등 경미한 음영은 장애물로 보지 않는다.
④ 모듈 설치 열이 2열 이상일 경우 앞 열은 뒷 열에 음영이 지지 않도록 설치하여야 한다.

〈출처〉 신재생에너지설비 원별 시공기준[별표1] 발췌

가을(9~11월) 기준으로 일조시간 5시간 이상을 확보하라는 언급이 있다. 바꾸어 말하면, 해당 부위가 일조시간을 만족하지 못할 경우, 그 부위는 설치가 불가하다는 뜻이다.

그런데 우리는 어디서 일조시간을 볼 수 있을까. 혹시나 하는 마음에 기상청 "날씨누리" 사이트를 방문해 보자. 일반적으로 기상에 대한 정보는 온도, 습도, 바람, 강수량, 공기질 등을 제공하고 있으나, 일조시간에 대해서는 우선적으로 제공하고 있지 않다. 일조시간을 확인하기 위해서는 기상청에서 관리 중인 과거 관측 자료의 요소별 자료로 들어가야만 해당 내역을 확인할 수 있다. 서울 기준 2023년 1월 1일은 일조시간이 9.0시간으로 나타났다.

우리가 앞서 확인했던 발전시간들보다 높은 값을 보이는 이유는 일조시간의 정의 때문이다. 일조시간은 태양이 구름, 안개 등에 가려지지 않고 지면을 비친 시간을 의미하며, 평균 일사량 120W/㎡ 이상의 직달일사 받은 시간을 누적한 값이다. 태양광 설비의 발전시간은 1,000W/㎡의 높은 일사량이 1시간 동안 공급될 때를 말하는 반면 일조시간은 그 세기가 120W/㎡ 이상만 넘어도 일조시간

[기상청 날씨 검색 화면]

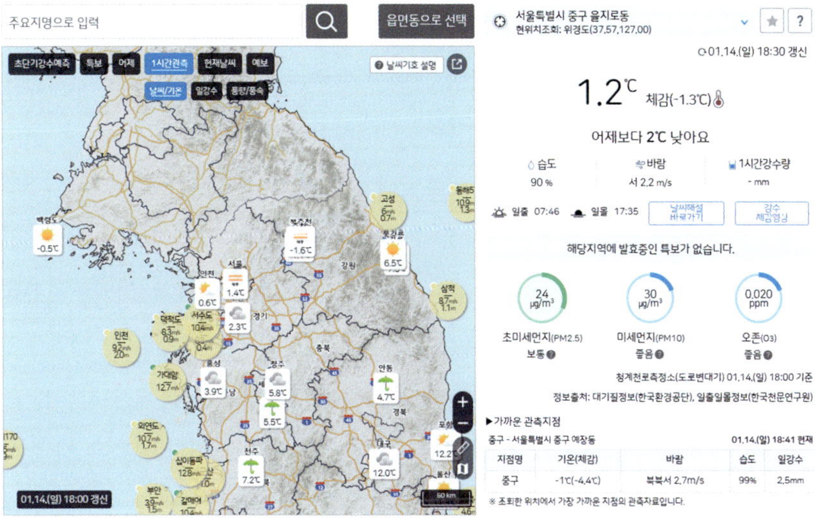

〈출처〉 기상청 날씨누리 홈페이지 화면

[기상청 일조시간 검색 화면]

요소별자료

관측·기후 > 육상 > 과거관측 > 요소별자료

일별자료 | 요소별자료 | 이용안내

날씨누리에서 제공하는 과거자료 데이터 산출에 문제가 많아 **기상자료개방포털**에서 제공하는 자료를 **API를 활용하여 제공**합니다. (2023년 8월 11일 이후)
자료가 누락된 부분은 오류가 아닌 관측값이 없는 부분임을 알려드립니다.

※ 자세한 내용은 기상자료개방포털을 통해 확인해주시기 바랍니다.

기상자료개방포털 바로가기

메인화면 | 날씨달력 | 통계분석 | 자료 조회 방법

지점 서울(유) 선택 | 년도 2023년 선택 | 요소 일조시간 선택

[일조시간(hr)] 2023년

일자	1월	2월	3월	4월	5월	6월	7월	8월	9월	10월	11월	12월
1일	9.0	8.9	4.1	10.8	11.4	2.2	12.4	10.3	12.1	10.4	0.0	9.2
2일	9.1	7.6	10.5	11.7	8.2	5.2	4.3	11.2	11.3	10.3	8.0	4.0
3일	9.1	8.6	7.5	11.0	10.4	13.3	8.8	11.0	1.9	3.0	1.2	9.1
4일	8.7	8.2	8.7	1.6	2.5	11.1	0.0	9.6	0.7	5.3	2.8	8.2
5일	4.7	7.0	10.1	0.0	0.0	10.9	4.5	12.7	7.0	10.6	0.0	6.8

〈출처〉 기상청 날씨누리 홈페이지 화면

으로 인정하기 때문에 값이 상대적으로 높을 수밖에 없다. 그렇다면 BIPV에서 일조시간을 어떻게 계산해야 될까. 발전시간을 산출하는 방식과 동일하게 시뮬레이션 프로그램으로 분석해야 하며, 기본적으로는 3D(3차원) 모델링을 기반으로 설치 예상 부위별 데이터를 수집하여 일조시간을 분석하게 된다.

벽면에 설치를 염두에 두고 BIPV 부위별 일조시간 5시간 이상을 요구할 경우 부위별로 연간 기준을 실제로 충족할 수 있는 설치가능 공간은 많지 않을 수 있다. 그러나 발전하기 좋은 계절인 봄(3~5월), 가을(9~11월) 기준으로 일조시간을 산출하기 때문에 태양광 모듈은 북측을 제외한 입면에 설치가능하며, 설치위치 주변에 대형건물이 존재하지 않는 한 일반적으로 5시간 이상의 일조시간을 확보할 수 있어 기준을 충족할 수 있다. 단, 발전시간 및 일조시간 산출은 전문 시뮬레이션 프로그램으로 진행해야 하기 때문에 BIPV 전문업체를 통해서 정확한 자료를 확보하는 것이 합리적일 것이다.

[동지 기준 음영 시뮬레이션 예시]

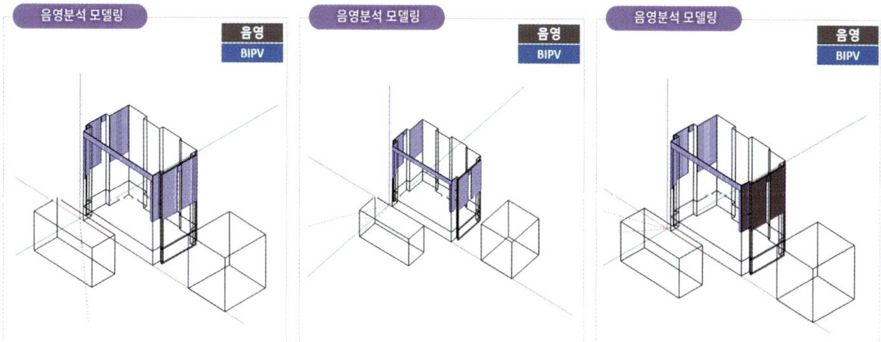

<동지 09시> <동지 정오> <동지 15시>

[설치 부위별 음영 시뮬레이션 예시]

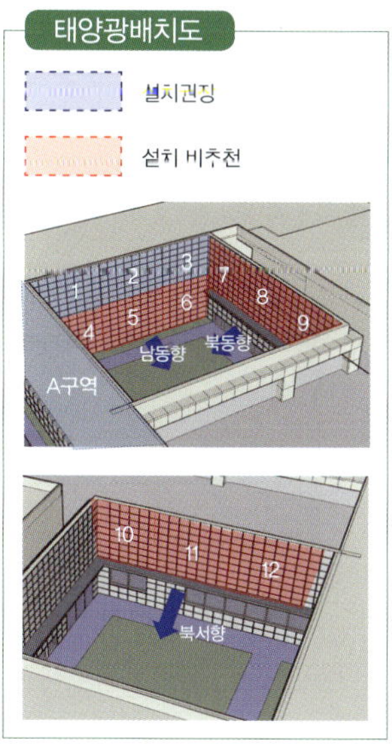

구분	1번 구역	2번 구역	3번 구역	4번 구역	5번 구역	6번 구역	7번 구역	8번 구역	9번 구역	10번 구역	11번 구역	12번 구역	A 구역
1월	7hr	8hr	7hr	8hr	7hr	4hr	2hr	3hr	0hr	0hr	0hr	0hr	5hr
2월	7hr	8hr	7hr	7hr	6hr	6hr	3hr	4hr	2hr	0hr	0hr	0hr	6hr
3월	7hr	8hr	7hr	6hr	6hr	6hr	4hr	4hr	4hr	0hr	0hr	0hr	7hr
4월	6hr	8hr	7hr	4hr	6hr	5hr	4hr	6hr	5hr	0hr	0hr	0hr	9hr
5월	5hr	6hr	4hr	3hr	4hr	3hr	4hr	5hr	5hr	0hr	0hr	0hr	9hr
6월	2hr	4hr	1hr	0hr	0hr	0hr	4hr	5hr	5hr	0hr	0hr	0hr	9hr
7월	2hr	5hr	2hr	0hr	1hr	0hr	4hr	5hr	5hr	0hr	0hr	0hr	9hr
8월	5hr	6hr	5hr	4hr	6hr	4hr	4hr	5hr	5hr	0hr	0hr	0hr	9hr
9월	7hr	8hr	8hr	5hr	7hr	5hr	4hr	5hr	5hr	0hr	0hr	0hr	8hr
10월	8hr	9hr	8hr	6hr	7hr	5hr	3hr	4hr	3hr	0hr	0hr	0hr	7hr
11월	8hr	9hr	8hr	7hr	7hr	5hr	2hr	3hr	0hr	0hr	0hr	0hr	5hr
12월	7hr	8hr	7hr	7hr	7hr	5hr	2hr	2hr	0hr	0hr	0hr	0hr	5hr

11

BIPV 모듈의 색상과 사이즈 선택이 가능한가

현재 국내에서 유통되는 결정질 실리콘 모듈과 박막형 CIGS 모듈 모두 컬러 선택이 가능하다. 제조사와 태양전지에 따라 일부 적용 방식의 차이는 있으나, 크게 3가지 방식으로 나뉜다.

[컬러 BIPV 모듈 비교]

<table>
<tr><th rowspan="2">구분</th><th rowspan="2">박막형 모듈
(CIGS)</th><th colspan="2">결정질 모듈</th></tr>
<tr><th>컬러층 프린팅 방식</th><th>컬러 도트 프린팅 방식</th></tr>
<tr><td>형상</td><td></td><td></td><td>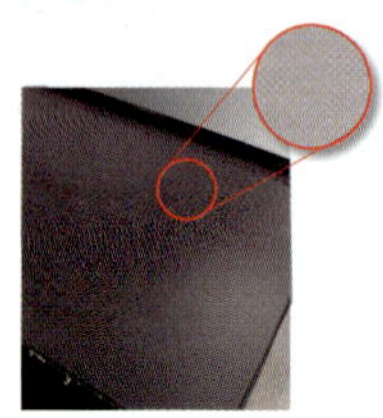</td></tr>
<tr><td>특장점</td><td>•*간섭색상 방식으로 변색 우려 없음
•표준사이즈 사용으로 전제품 KS인증 취득 쉬움</td><td>•도포 방식으로 태양광 셀이 보이지 않음
•사이즈 조절 및 컬러 조색 가능</td><td>•도트 방식으로 컬러상관없이 효율 일정
•사이즈 조절 및 컬러 조색 가능</td></tr>
</table>

*간섭색상: 모듈 유리에 형성된 도막층의 두께와 빛이 입사되는 각도에 따라 다양한 컬러를 만들어냄
(예시: 비눗방울, 공작새 깃털, 특정 광물 표면 등)

컬러 제작 방식에 따라서 질감과 색이 다소 다르게 나타날 수 있는데, 사진을 보면서 비교해 보자. 고객에 따라서 선호하는 느낌이 다를 수 있기 때문에 건물에 반영하기 전에 반드시 실물을 직접 확인하는 과정을 거쳐야 실수없이 원하는 디자인을 완성할 수 있다.

[결정질 BIPV 컬러모듈 색상표]

〈출처〉 SG에너지 카탈로그

[결정질 BIPV 컬러모듈 색상구현 절차]

[박막형 BIPV 컬러모듈 색상표]

[컬러 제작 방식에 따른 색상 차이]

박막형 컬러 BIPV 모듈은 조색이 어렵지만 빛의 간섭 현상을 이용하여 조사되는 빛의 각도에 따라 화려한 색상을 만들어 낼 수 있다. 결정질 컬러 BIPV 모듈은 국내 제작으로 원하는 색상으로 다양한 컬러 조색이 가능하며, 기본적으로 유광으로 모듈이 나오고 있으나, 소비자 요구 및 필요에 따라 유리 표면에 화학적인 에칭이나 물리적인 연마를 거쳐 빛은 투과하지만 불투명한 느낌이 나는 사틴(satin) 유리를 적용하여 무광 모듈로 제작하는 것도 가능하다.

[사틴 유리 적용 예시]

〈출처〉 Johns Glass

컬러 조정에 대해 알아보았다면, 다음은 BIPV의 사이즈 조절이다. 건물 외장재에 적용하기 위해서는 외장재와 일대일 사이즈 대응이 가능한지, 조절할 수 있는지 파악해 보아야 한다.

실리콘 결정질 모듈은 태양전지 이외의 영역을 조절하여 원하는 형상에 맞출 수 있다. 결정질 모듈은 각각의 건물 외장 형상에 맞게 맞춤형 제작 방식을 혼용하고 있으므로, 고객의 니즈, 특수성을 반영하여 사이즈 조절 및 다양한 외장재의 형상에 맞춤형으로 제작 가능한 것은 큰 강점으로 작용하고 있다.

[결정질 모듈 사이즈 조절]

1) 맞춤 형상으로 태양전지 배치

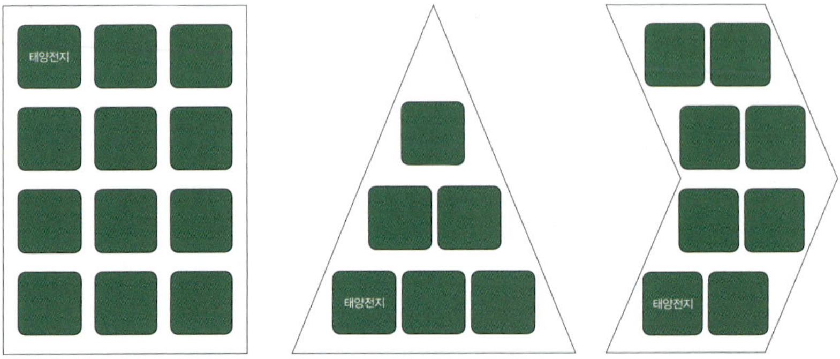

2) 상부에 희망하는 컬러 유리 접합

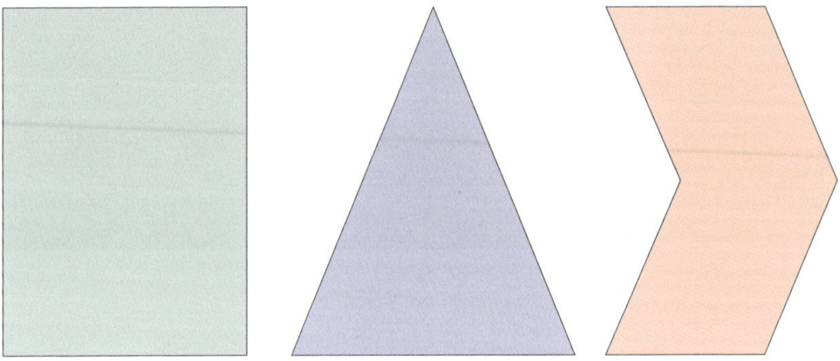

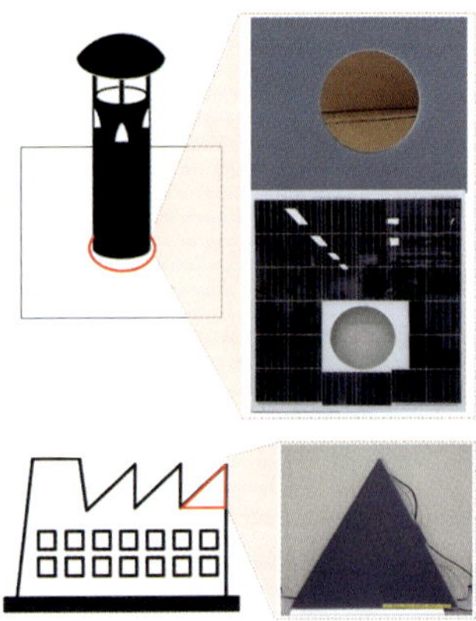

〈출처〉 에스지에너지

12

눈부심, 문제는 없나

에너지를 가진 모든 물질은 빛을 방사(슈테판-볼츠만 법칙)한다. 단지 그 세기가 다를 뿐이다. 눈에 보이지는 않지만 우리 몸도 적외선을 방출하고, 이를 이용한 움직임 감지 센서 등이 있지 않는가. BIPV의 동력이 되는 태양은 엄청난 에너지를 방출하고 있고, 우리 눈에도 보인다. 이 책을 읽고 있는 독자분들도 반사된 빛을 통해 정보를 습득하고 있다. 검은 활자는 빛을 흡수한 결과이고, 하얀 바탕은 빛을 반사한 결과이다. 그런데 우리가 늘상 바라보는 건물은 어떠할까.

태양광은 건물 표면에 비치고, 건물은 에너지를 흡수하거나 투과, 방출한다.

[태양광 빛 반사와 눈부심]

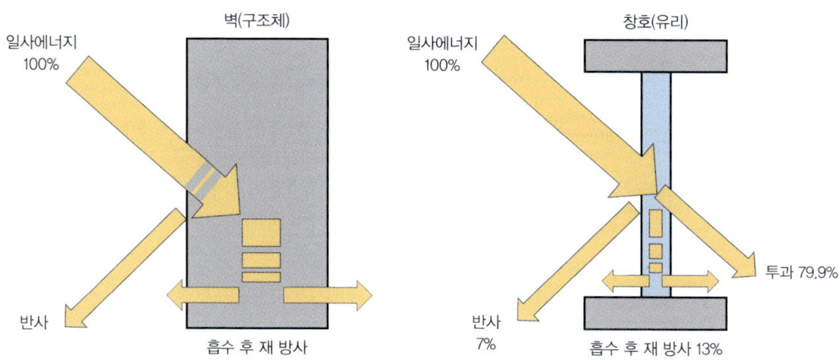

〈출처〉 건축환경설비(박찬필 외)

우리는 빛이 반사되는 것을 눈부시다고 하는데, 대표적인 눈부심을 유발하는 소재가 유리이다. 유리로 만든 건물이 얼마나 많은가. 하지만 대부분 상업 건물이 조망을 위해 유리를 사용하고 있으므로 익숙함이 더해져서 눈부심을 호소하는 사람은 많지 않다.

그러나 태양광은 어떠할까. 우리는 그간 언론을 통해 태양광에 대한 좋지 않은 학습효과를 가지고 있다. 눈부심, 전자파, 환경오염 등이 대표적인 오해 요소가 되는데, BIPV는 건물 입면에 부착하므로, 눈부심이 민원을 불러일으킬 소재가 된다. 그러나 과연 BIPV가 그렇게 눈에 불편할만큼 영향을 미치는 외장재일까. 최근의 기술발달로 인해 BIPV는 전문가조차도 외장재와 쉽게 구분하지 못할 만큼의 심미성을 확보하고 있어, 과거의 불편은 옛말이 되고 있다. 특히 태양광 설비 자체가 태양빛을 흡수해서 전기를 생산하는 원리를 가지고 있기 때문에 빛의 반사를 최대한 줄이고, 광 흡수율을 높이는 기술을 채택하는 방향으로 진화하고 있으며, 오히려 눈부심은 BIPV의 효율을 저하시키는 원인이 된다.

실제로 BIPV 모듈의 소재를 보면 전면의 유리 반사율이 우리가 일반적으로 사용하고 있는 강화유리보다 더 낮은 반사율을 가지는 결과를 보이고 있다. 일반 건물 전면을 구성하는 강화유리의 반사율이 7% 수준이라면 태양광 모듈은 5% 이하의 반사율을 보이고 있어 눈부심이 덜하다. 특히 최근의 컬러 BIPV는 4%대의 반사율을 확보한 소재도 존재하므로, 다소간의 심리적 요인도 존재할 것으로 생각한다.

태양에너지는 파장대별로 에너지의 강도가 다르며, 가시광선은 43%, 자외선은 7%, 적외선은 50% 수준의 에너지를 가지고 있다. 우리 눈은 가시광선만을 감지하고 있어, 눈부심 측면에서 가시광선 영역의 에너지를 관리하는 것이 핵심적인 요소이다. 만약 BIPV 설치에 있어서 눈부심이 문제가 된다면 제조사의 분광반사율 데이터를 반드시 요청하는 것을 권장한다. 분광반사율은 파장대별로 반사율을 나타내는데, 이 중 전면 가시광선 반사율이 얼마나 되는지, 기존

[태양광 빛 반사와 눈부심]

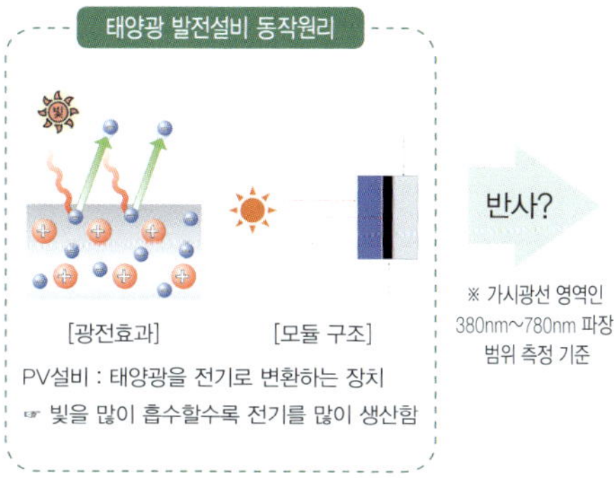

※ 가시광선 영역인 380nm~780nm 파장 범위 측정 기준

품명		외관	반사율	비고
강화유리			7.48%	강화유리 대비 100%
태양광모듈	다결정 실리콘	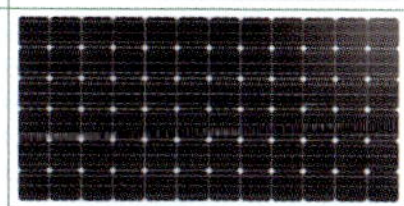	6.04%	강화유리 대비 81%
	단결정 실리콘	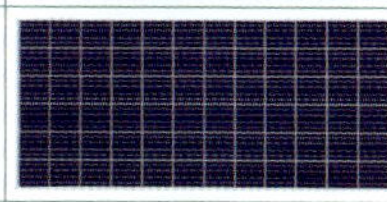	5.03%	강화유리 대비 67%
	(저반사) 컬러 BIPV		5.0% 이하 (4.7%)	강화유리 대비 63%

注1) 모듈 제작시 빛을 잘 흡수할 수 있는 특수유리(저철분 강화유리)를 사용하며, 모듈 표면의 반사방지 코팅기술(Anti Glare)을 적용해 반사율을 최소화함

〈출처〉 태양광 오해와 진실(한국에너지공단), SG에너지

강화유리보다 반사율이 낮은지 확인하면 눈부심에 대한 민원내용, 건축주의 궁금함 해소를 할 수 있을 것이다.

[태양광 파장과 분광반사율 그래프]

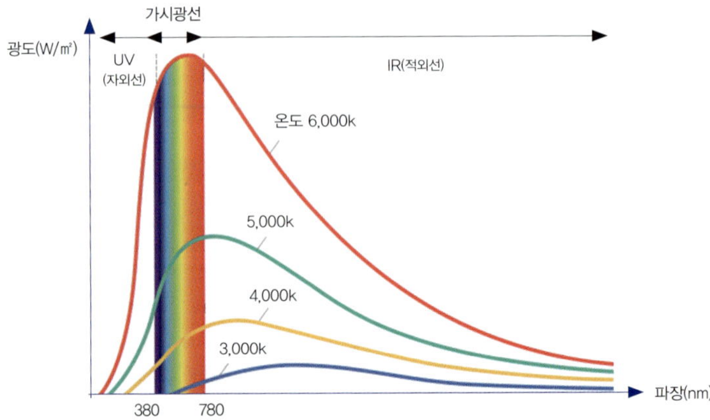

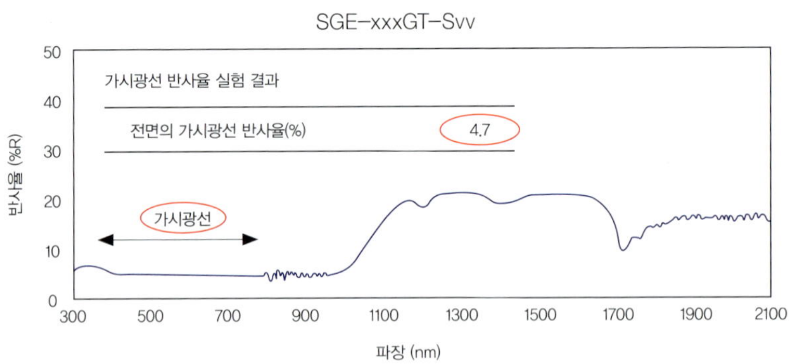

〈출처〉 한국천문연구원, 에스지에너지

13

화재 대응 관련 기준은 있나

화재로 인명과 재산이 손실되는 이슈가 많은 요즘, BIPV는 이런 문제로부터 안전한지 확인할 필요가 있다. 일반적으로 건물에 화재가 발생할 경우 화재로부터 내부에 있는 사람들이 대피할 시간이 필요하며 이러한 시간을 만들어주기 위해서는 건물의 규모와 용도에 따라 건축법에서 정한 기준을 준수한 형태로 주요 구조부와 지붕을 내화 구조로 만들어야 한다. 해당 법령을 따라서 건물이 벽, 지붕 등을 내화 구조로 만들기 위해서는 건축자재 품질인정기관에서 내화구조 인정을 받은 자재로 건물을 지어야 한다.

한국건설기술연구원의 공고 내용과 같이 내화구조를 취해야 하는 건물 지붕에는 내화구조로서 인정 받은 지붕재를 사용해야 한다. 그렇다면 BIPV는 어떨까? 현재 국내에서는 지붕과 벽면에 BIPV가 주로 설치되고 있으나, 내화구조 인정 관련하여 내화 품목에 BIPV 제품이 없기 때문에 내화 구조 인정받은 BIPV 제품은 없는 상태이다. 다만 지붕 BIPV에서 사용되는 건축용 철강재 지붕은 내화 인정을 받을 수 있다.

지붕재의 경우 지붕 BIPV 시스템 유무를 떠나서 건물 지붕의 역할을 수행해야 하므로 BIPV 모듈을 제외한 나머지 지붕재에 대해서 내화구조를 인정받아야 한다.

벽면의 경우 콘크리트 벽면에 단열재와 태양광 모듈로 결합되는 경우에는 불

[지붕재 내화구조 인정 예시]

공 고

「건축물의 피난·방화 구조 등의 기준에 관한 규칙」 제3조 제8호 및 「내화구조의 인정 및 관리 기준」(국토교통부 고시 제2019-593호)에 의거 다음과 같이 내화구조 인정을 공고합니다.

2021년 07월 16일
한국건설기술연구원장

내화구조의 인정

1. 인정내용

인정번호	상품명	내화구조명	내화성능	두께(mm)	사용부위
RP21-0716-1	내화구조를 갖는 루프데크 시스템	LRS21-01	0.5시간	238.4 이상	건축물의 지붕
RP21-0716-2	흡음 및 내화구조를 갖는 루프데크 시스템	LRS21-01	0.5시간	250.9 이상	건축물의 지붕

2. 인정업체 : 라인강건산업(주) 대표이사 홍순경, 이병수

3. 공장소재지 : 세종특별자치시 금남면 국곡길 23

4. 유효기간 : 2026년 07월 15일까지

5. 세부인정내용 : 인정서 첨부서류 참조

〈출처〉 한국건설기술연구원 공고

연 또는 준불연 재료의 단열재를 사용하여야 한다.

이처럼 BIPV 시스템에 적용되는 지붕 자재와 벽체를 구성하는 단열재는 건축법에 규정한 요구성능을 지켜야 한다. 그렇다면 태양광 모듈은 어떠한 기준에 맞춰 적용해야 할까. 태양광 모듈 관련해서 가장 대표적인 기준은 KS 인증이 있다. 일반적으로 태양광을 설치하기 위해서는 KS C 8561(결정질 모듈), 8562(박막형 모듈) 인증을 받은 제품을 사용해야 한다. 우리가 관심을 가지고 있는 BIPV

[내화 품목 리스트]

내화품목	내용
도료피복 철골보	도료가 가열되었을 때 발포하여 단열층을 형성하는 것 또는 도막을 두껍게 하여 단열효과가 있는 도료를 철골보 바탕에 도장한 구조
뿜칠피복 철골보	미네랄울계, 석고계, 질석계, 시멘트계 및 퍼라이트계 등으로 피복을 두껍게 하여 단열효과가 있는 뿜칠을 철골보 바탕에 피복한 구조
보드피복 철골보	석고보드 또는 시멘트판 등 강성을 가진 판으로 피복된 철골보 구조
구조용 집성목재보	특별한 강도 등급에 기준하여 선정된 제재 또는 목재 층재를 섬유방향이 서로 평행하게 집성 접착하여 공학적으로 특정 응력을 견딜 수 있도록 KS F 3021의 품질기준에 적합하게 제조된 보
목재보	건축구조물 보에 사용되는 구조용 목재
섬유블랭킷 피복철골보	단열재(세라크울, 그라스울, 미네랄울 등)로 철골보를 감싸는 구조 〈신 설〉
도료피복 철골기둥	도료가 가열되었을 때 발포하여 단열층을 형성하는 것 또는 도막을 두껍게 하여 단열효과가 있는 도료를 철골기둥 바탕에 도장한 구조
뿜칠피복 철골기둥	미네랄울계, 석고계, 질석계, 시멘트계 및 퍼라이트계 등으로 피복을 두껍게 하여 단열효과가 있는 뿜칠을 철골기둥 바탕에 피복한 구조
보드피복 철골기둥	석고보드 또는 시멘트판 등 강성을 가진 판으로 피복된 철골기둥 구조
구조용 집성목재기둥	특별한 강도 등급에 기준하여 선정된 제재 또는 목재 층재를 섬유방향이 서로 평행하게 집성 접착하여 공학적으로 특정 응력을 견딜 수 있도록 KS F 3021의 품질기준에 적합하게 제조된 기둥
목재기둥	건축구조물 기둥에 사용되는 구조용 목재
섬유블랭킷 피복 철골기둥	단열재(세라크울, 그라스울, 미네랄울 등)로 철골기둥을 감싸는 구조 〈신 설〉
스터드 벽체	경량형강이나 목재(스터드 및 런너 등)에 강성을 가진 판(석고보도 또는 시멘트판)을 부착시킨 벽체
콘크리트패널 벽체	발포폴리스티렌경량콘크리트복합패널, 압출성형콘크리트패널 및 압출성형경량콘크리트패널 등 콘크리트로 구성되는 벽체
건축용철강재 벽체	양면에 철강재료를 사용하고 내부에 단열재를 사용한 벽판으로 구성되는 벽체
건축용보드류 벽체	양면에 강성을 가진 판(석고보드 또는 시멘트판 등)을 사용하고 내부에 단열재를 사용한 벽판으로 구성되는 벽체
유리 벽체	유리와 프레임으로 구성되는 벽체
경골목구조 바닥/천정	목재에 석고보드 또는 시멘트판 등 강성을 가진 판을 부착시킨 바닥
데크 바닥	데크가 콘크리트와 철근을 지지하는 영구적인 거푸집의 역할을 하는 구조
건축용 철강재 지붕	양면에 철강재료를 사용하고 내부에 단열재를 사용한 지붕판으로 구성되는 지붕
기타	기 인정품목 이외의 구조

〈출처〉 내화구조 인정 및 관리업무 세부운영지침

[지붕 BIPV 시스템]

〈지붕 BIPV 설치위치〉

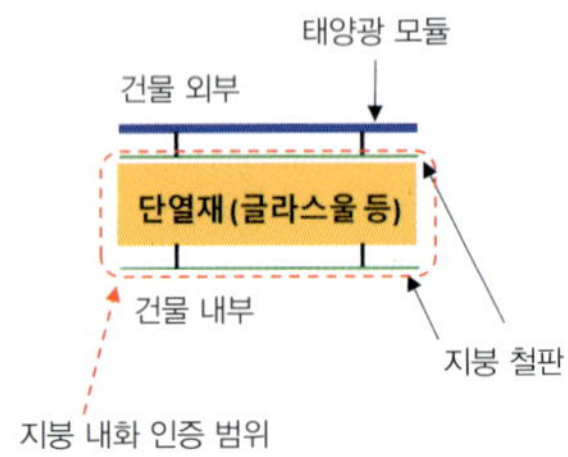

〈지붕 BIPV 구성〉

[지붕 BIPV 시스템 제품]

〈출처〉 스카이패널

[벽면 BIPV 시스템]

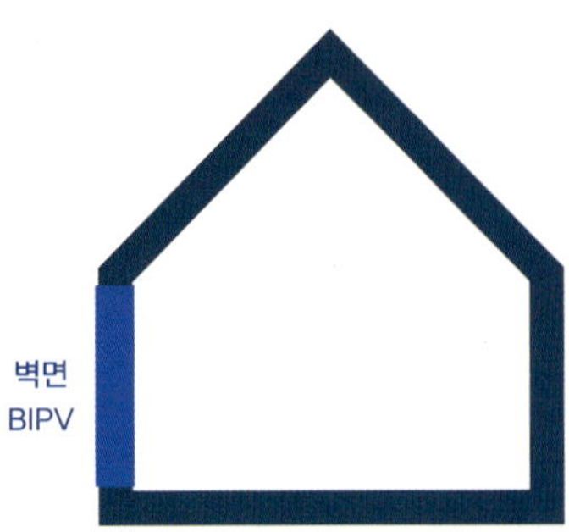

〈벽면 BIPV 설치위치〉

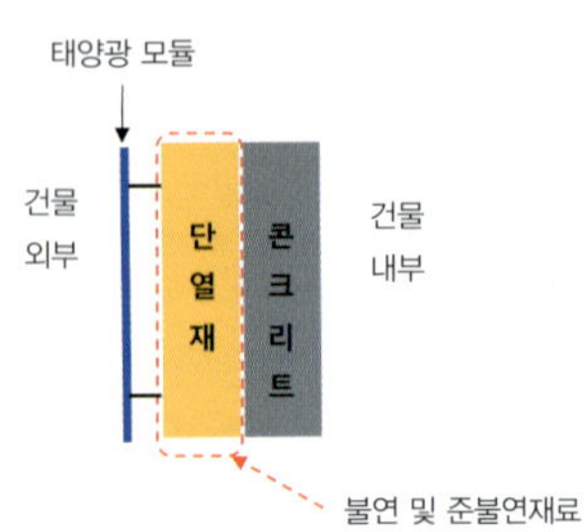

〈벽면 BIPV 구성_외단열기준〉

에서는 KS C 8577(건물일체형 태양광 모듈) 인증을 받은 제품을 적용하는 것이 바람직할 것이다.

서울시의 경우 자체적으로 "태양광 설비 설치기준"을 마련하고 있으며, 벽면 BIPV 설치 시에는 화재의 위험성을 고려하여 불연재인 유리를 사용한 G2C(Glass to Glass) 방식으로 된 제품을 사용하도록 하고 있다. 법적으로 BIPV에 대한 내화 기준이 정확하게 마련되지 않은 상황에서 안정적으로 화재에 대응하기 위해서는 BIPV를 구성하는 자재에 대해서 건축법 기준 화재 관련 대응이 가능한 자재를 사용하고, 태양광 모듈은 G2G로 구성된 KS C 8577 인증된 모듈을 반영하는 것이 안전한 시스템 구성에 도움이 될 수 있다.

화재 발생 시, 내화 성능을 통해 일정시간 버티는 것도 중요하지만 화재 진압을 위해 진입하는 인원의 안전을 보장하는 장치개발도 최근 이슈가 되고 있다. 소방관이 화재 현장에 진입할 때 태양광이 전력을 생산한다면, 오히려 감전의 위험이 발생할 수 있으므로 이를 위한 안전장치로서 MLPE(모듈단위전력장치, Module Level Power Electronics)의 적용 필요성이 대두되고 있으므로 이에 대해서도 관심을 가져줄 것을 권장드린다.

IV 적용하면 뭐가 좋지

1. 전기화 대응과 탄소배출 저감
2. 전기요금과 외장재, 투자회수의 관계
3. 부동산 가치의 상승

1
전기화 대응과 탄소배출 저감

건축물의 탄소중립 달성이라는 커다란 목표 하에 제로에너지건축물과 BIPV 산업이 성장하고 있지만, 의무만으로 BIPV를 적용하는 것은 어렵다고 생각한다. 건물 인허가를 위한 에너지 효율 등급, 자립률 달성을 위해서는 다양한 옵션을 검토할 수 있지만 BIPV가 가진 고유의 장점이 있기에 고객에게 선택받는 것이다.

특히 건축물은 "우리가 돈 주고 사는 것 중에 가장 비싼 것"이므로, 경제성이 중요하지만, 사람이 숨쉬고 생활하는 공간이므로 건축물이 가져야 하는 기본성능 외에도 인허가 사항, 심미성, 쾌적성 등 복합적인 요소가 BIPV 적용을 좌우한다.

ZEB 의무화, 지역별 녹색건축기준, 공공기관 설치의무화 등의 건물 에너지 관련 제약조건을 충족하기 위해서 여러 재생에너지 대안을 검토하게 되는데, 태양광 발전을 채택하는 경우에는 1차 에너지 환산계수가 높은 전기에너지를 건물에 부담을 주지 않고 직접 생산하는 것이 가능하여 높은 우선 순위로 선택받게 된다. 이는 태양광 자체가 기계적 가동부가 없기 때문에 진동, 소음이 적으며, 유지관리가 용이하기 때문이다. 특히 미국, 일본 등 선진국을 중심으로 강력하게 추진되고 있는 건물의 완전 전기화(building electrification)는 BIPV 적용의 또다른 계기로 작용한다. 과거 우리 가정에서도 등유, 가스, 연탄 등을 취사,

난방에 사용했지만, 점점 화석연료 사용을 줄이고 있는 추세이다. 1인당 GDP(국내 총생산)가 올라가고 생활이 윤택해 질수록 더 편리하고, 더 안전한 에너지를 찾는 것은 당연하기 때문이다. 전기는 사용 편리성 이외에도 실내 공기질(IAQ, Indoor Air Quality) 측면에서 긍정적인 효과를 가질 수 있다.

뉴스를 보면 "가스 불 깜빡!" 하는 건망증 때문에 혹은 외출해서 돌아왔더니 밥솥이 다 탓거나, 화재가 발생했다는 이야기를 들어본 적이 있을 것이다. 이런 부주의에 대비하기 위해 일정 시간이 지나면 가스밸브를 자동 차단하는 "잠금 타이머"가 개발되어 많은 분들이 사용하기도 했다. 그러나 우리에게도 변화가 일어나고 있다.

전기화(Eletrification)로 인해 취사, 난방에 등유, 가스 등 화석연료를 활용하지 않기 때문에, 일산화탄소(CO) 및 기타 유독가스 방출로 인한 피해 자체를 원천적으로 예방할 수 있다. 흡연도 하지 않는 가정주부가 폐암에 걸리는 일이 사라진다는 뜻이다. 또한 완전 전기화는 가스 배관 시스템 설치가 필요하지 않기 때

[건물의 완전 전기화]

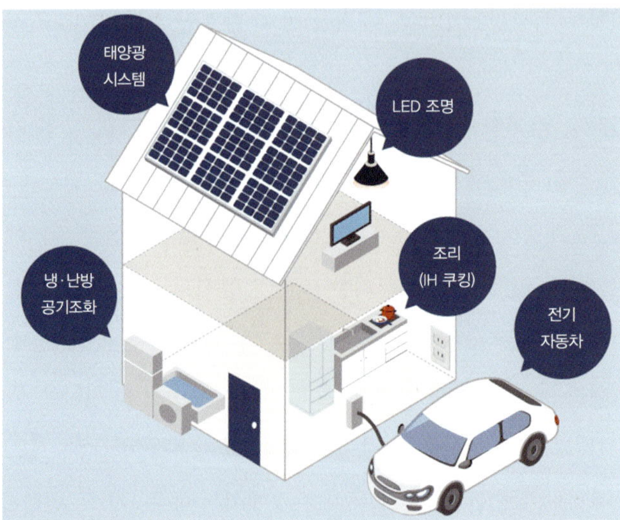

〈출처〉 Smarlink社

문에 건설단계에서 공사기간을 단축할 수 있고, 공사비를 줄이는 효과가 있다.

또한 우리가 사용하는 가전제품의 직류화도 한번 더 생각해야 할 요소가 된다. 직류 전원은 전류가 한 방향으로 흐르고, 전압이 일정하기 때문에 인체에 미치는 영향이 적고, 안정적이다. 점점 더 늘어나는 주변 전자기기인 노트북, 테블릿, 헤드폰 등 배터리와 반도체 부품의 대부분은 직류(DC) 전기로 구동된다. 태양광은 직류를 직접 생산할 수 있으니 변환에 사용되는 손실 자체를 줄일 수 있다.

만약 우리가 사용하는 모든 부하(load)가 전기로 구동된다면, 그 전기를 어떻게 감당해야 할까. 지금처럼 건물에 필요한 전력을 외부에서 조달해야 한다면 에너지 수송, 변환단계에서 발생하는 손실, 탄소배출을 묵인해야 하며, 이 과정에서 수반되는 환경파괴와 온난화의 심화는 해결할 수 없다. 외부에서 조달하는 에너지를 최소화하고, 건물 자체의 에너지 생산을 늘려야 한다. 이를 구현하는 데 있어서 건물에 설치하는 BIPV가 중요한 역할을 한다. 수요처인 건물에서 전기를 직접 생산하면, 자연 상태의 에너지 원료를 채굴, 수송, 가공하는 수고를 줄이고, 그 과정에서 발생하는 온실가스 배출도 비례해서 줄어든다. 외부에서 공급되던 전력을 대체할 수 있으므로 그만큼의 탄소 저감 활동을 했다고 볼 수 있다.

관련해서 환경부 고시인 "온실가스 배출권 거래제의 배출량 보고 및 인증에 관한 지침" 중 [별표 6] "배출활동별 온실가스 배출량 등의 세부산정방법 및 기준"을 보면 활동별로 얼마나 온실가스를 배출하고 있는지 각 활동의 정의와 산정로직이 상세히 나와 있으니, 관심있는 독자들은 반드시 읽어 보시길 권장한다.

전력 사용에 따른 온실가스 배출량을 산정하는 방법은 비교적 간단하다. 외부에서 공급받은 전력사용량에 단위 사용 전력(MWh)당 온실가스별 배출계수를 곱하면 전력 사용에 따른 온실가스 배출량을 계산할 수 있다. 현재 기준으로 1MWh의 전력을 사용했을 때 이산화탄소 0.4567ton을 발생시켰다는 것을 알

[전력 사용에 따른 간접 온실가스 배출경로 및 온실가스 배출량 산정]

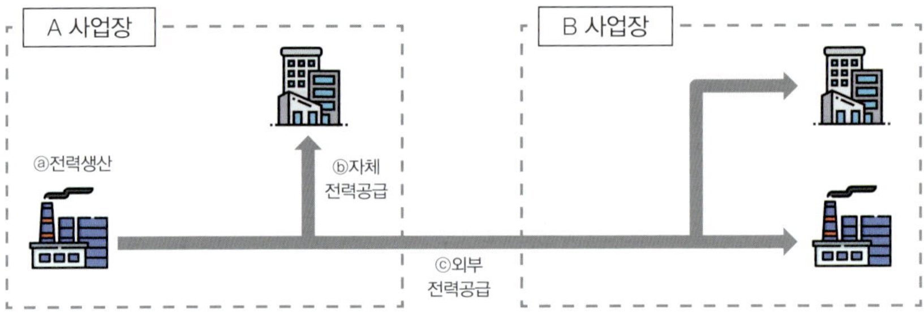

ⓐ : A 사업장 내에 위치한 발전설비에서의 전력생산에 따른 직접 온실가스 배출량
(A 사업장의 직접적 온실가스 배출량으로서 보고)

ⓑ : A 사업장에서 생산한 전력을 A사업장 내에서 자체적으로 공급한 경우
(전력사용에 따른 간접적 온실가스 배출량산정에서 제외)

ⓒ : A 사업장에서 생산한 전력을 B 사업장에 공급한 경우
(B 사업장의 간접적 온실가스 배출량으로서 보고)

$$GHG\ Emissions = Q \times EF_j$$

GHG Emissions : 전력사용에 따른 온실가스(j)별 배출량(tGHG)

Q : 외부에서 공급받은 전력 사용량(MWh)

EF_j : 전력 배출계수(tGHG/MWh)

j : 배출 온실가스 종류

구분	CO_2 (tCO_2/MWh)	CH_4 ($kgCH_4$/MWh)	N_2O (kgN_2O/MWh)
3개년 평균('14~'16)	0.4567	0.0036	0.0085

* 출처 : 국가 온실가스 배출계수(온실가스종합정보센터, 2018년)

** 「신에너지 및 재생에너지 개발·이용·보급 촉진법」 제27조 및 「신·재생에너지 설비의 지원 등에 관한 규정」에 따라 태양광, 풍력, 수력의 재생에너지원에서 생산한 전력을 사용하는 경우와 별표18에 따른 폐열이용 특례로 인정되는 시설의 열 또는 공정폐열로 생산한 전력을 사용하는 경우, 전력배출계수 '0' 사용

〈출처〉 온실가스 배출권거래제의 배출량 보고 및 인증에 관한 지침, 별표 6(환경부고시 제2021-278호)

수 있다.

그런데 이 전력을 태양광 등 재생에너지원으로 생산할 경우에 전력배출계수가 "0"이 된다. 즉 온실가스 배출없는 전기를 사용했다는 뜻이다. 만약 전력을 사용하는 주체가 온실가스 배출권 대상업체일 경우, 이만큼의 경제적 효익을 확보했다고 볼 수 있겠다.

지붕 면적이 3,000평 정도 되는 공장이 있는데, 1MW 정도 태양광을 설치했다고 가정해 보자. 이 공장에서 연간 1,278MWh 가량의 발전량을 생산하고, ton당 온실가스 배출권에 해당하는 탄소배출량까지 저감할 수 있으니 기후변화에도 기여하고, 의무충족까지 할 수 있어 효과적인 기후변화 대응 방법이 될 수 있다.

여기에 대해서는 일반 빌딩보다는 대규모 생산설비를 갖춘 공장 등이 해당될 것이므로 탄소배출권 해당 이해관계자는 깊은 관심을 가지고 관련 내용을 검토해야 하며, 보다 상세한 사항은 탄소배출권 거래 정보를 알 수 있는 KRX(한국거래소) 배출권 시장 플랫폼 등을 통해 확인할 필요가 있다.

2
전기요금과 외장재, 투자회수의 관계

BIPV가 건물 탄소 저감의 핵심요소로 떠오르고 있지만, 모든 설비투자에는 경제성을 판단하는 과정이 필요하다. 일반 건축외장재의 경우 투자회수라는 개념은 없다. 건물 외피를 석재, 강판, 유리를 통해 시공한 시점 이후에는 외장재가 노후화되는 과정이 있을 뿐이다. 즉, 감가상각을 통해 물건인 외장재의 가치가 줄어드는 것이며, 이 자체로 수익을 창출하지는 않는다.

그렇다면 BIPV는 어떻게 수익을 창출하며, 비용을 회수할 수 있을까. 태양광 모듈 자체가 건물 외피의 핵심기능을 담당하면서, 발전 설비로서 전력 생산을 동시에 할 수 있는 BIPV의 개념 자체를 생각하면, 감가상각이 아닌 투자의 개념으로 BIPV를 바라볼 수 있다. 우리는 몇 만 원짜리 물건을 하나 살 때도 어떤 이익이 있는지 따져보고, 만족감을 느끼는지 확인해 보는데, 하물며 건물에 부착되는 설비라면 더 깊게 검토할 필요가 있다.

BIPV는 건물 외장재로서 심미성을 더하고 있지만, 기본적으로는 태양광 발전을 하고 있으므로 설비 자체로서의 기능을 생각하면서 접근해야 한다. 태양광 설비 설치의 목적은 크게 2가지로 나뉜다. 생산된 전력을 한국전력에 전력판매하고, 발전 수익을 얻을 수도 있고, 자체적으로 소비하는 방법이 있다.

그러나 BIPV 자체가 빌딩, 공동주택에 적용되는 경우가 많고, 현재 보급 상태를 볼 때 공장에 설치하더라도 지원금을 받아서 진행하고 있는 상황이 현실이

구분	RPS(전력판매사업)
사업형태	생산된 전기는 한전/전력거래소, 인증서는 공급의무자에 판매하는 사업  ❶SMP = 한국전력에서 전력을 구매하는 가격 (계통한계가격, System Marginal Price) ❷REC – 재생에너지 발진량에 따라 발급하는 공급 인증서 (Renewable Energy Certificate) ❸가중치 = 신재생에너지 설치장소와 용량에 따른 REC 가중치 적용 (0.7~1.5)
비용항목	• 초기비용 : 건설공사비, 인허가, 설계비 (상황에 따라 토지구입 혹은 임대비) • 유지보수 및 금융비용 : 모듈청소, 모니터링, 인버터 대수선, 보험료 이자비용 등 • 폐기비용 : 철거비, 잔존가치 (스크랩 비용 등)
수익항목	• 발전량 : 발전용량, 발전시간 • 전력판매 비용 : SMP+REC*가중치 (20년 장기계약 기준)
수익모델	연 매출액 = 연간 발전량 × [❶SMP + ❷REC × ❸가중치]

구분	자가소비(전력자체소비)
사업형태	태양광에서 생산된 전기는 자체소비하고, 부족한 전력은 계통에서 유입 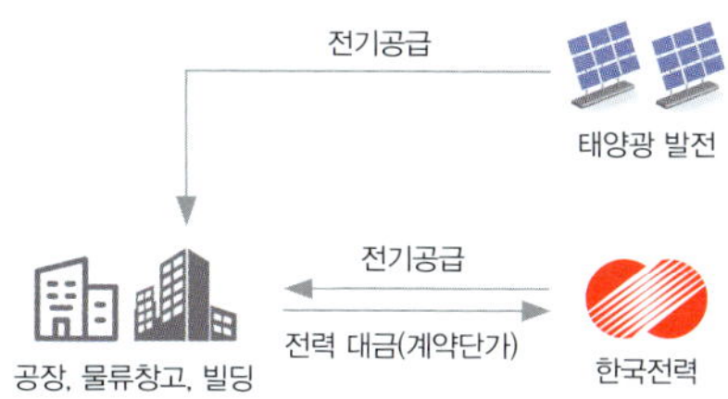
비용항목	• 초기비용 : 건설공사비, 인허가, 설계비 (상황에 따라 토지구입 혹은 임대비) • 유지보수 및 금융비용 : 모듈청소, 모니터링, 인버터 대수선, 보험료 이자비용 등 • 폐기비용 : 철거비, 잔존가치 (스크랩 비용 등)
수익항목	• 전기요금 절감액 : 기존 전기사용량 태양광 발전으로 절감된 발전량
수익모델	기존 전기요금 – 태양광 발전량 × [계약 전략단가 + 기후 환경요금 × 전력기금]

므로 자가소비를 전제로 이야기를 진행해 보고자 한다.

만약 BIPV를 발전사업용으로 추진하고자 하는 경우는 사업개요와 목적, 전제조건을 설정한 이후에 분석방법을 별도로 검토하는 것이 좋다. 특히 발전사업의 경우 자금 조달 방법이 사업의 경제성을 좌우하는 요소가 되므로 이 부분에 집중해서 사업 검토하는 것을 권한다.

자가소비형 BIPV의 경우는 건축 프로젝트와 연계되어 자금 조달이 PF(프로젝트 파이낸싱)로 진행되는데, 직접적인 사업 경제성에 영향을 미치기 보다는 전체 건축 프로젝트의 일부로서 설비 투자가 진행되므로 이미 확보된 사업비를 일부 집행한다는 개념으로 접근하는 것이 적절할 것으로 판단된다.

인허가 등의 사유로 건축 프로젝트의 규모가 특정되면, 규모에 따른 BIPV 추진 전반의 내용이 결정된다. 결정된 사업에 대해 경제성을 분석하기 위해서는 전제 조건 혹은 가정을 정리하는 것이 가장 먼저 해야 할 일이 된다. 사업 규모, 적용 시점, 투자되는 비용, 얻을 수 있는 편익이 무엇인지 알면 사업 추진의 의사결정도 자연스럽게 진행할 수 있다.

BIPV 비용 추정을 통해 투자되는 금액이 무엇인지 알아보도록 하자. 본 사업의 경우, 건물의 입면(파사드)을 조정하는 과정은 기획설계, 실시설계 단계에 영향을 미치므로 BIPV 관련 내용도 여러 차례 변동된다. 설계의 아이디어는 프로젝트 진행에 따라 여러 차례 변경되는 것이 자연스러우며, 이 과정에서 비용을 산입하기는 어렵다. 통상 건축설계사의 업무 범위에 파사드 디자인까지 포함되는 경우가 많기 때문에 설계지원하는 방식으로 외부 전문가와 협업을 통해 모듈회사, BIPV 컨설팅 회사의 도움을 받는다. 시공비는 모듈 종류, 시공방법, 현장의 난이도, 공사범위에 따라 편차를 보이기 때문에 어느 정도라고 특정하기는 쉽지 않으나, 현재 기준으로 볼 때 400만 원~1,000만 원/kW 정도로 사업비가 형성되고 있다. BIPV 사업비는 일반 태양광의 시공비에 비해 높은 수준을 보이고 있는데, 이는 아직까지 BIPV 산업이 규모의 경제를 달성하지 못한 것이 가장

[국내 태양광 설치 용량 및 시공비 추정 단가]

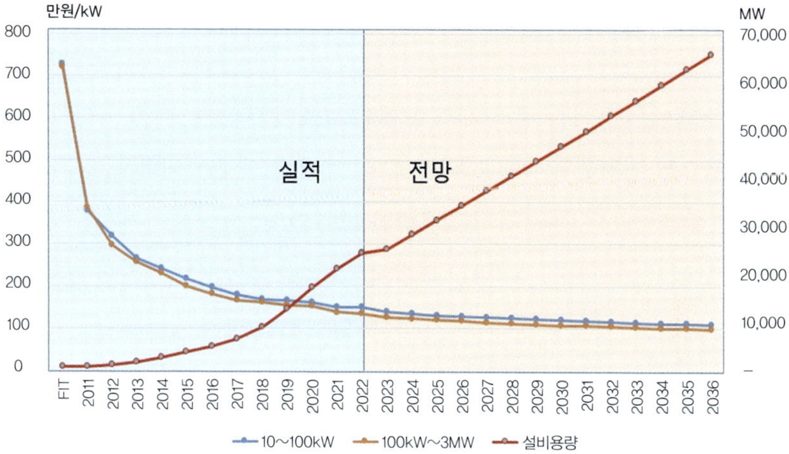

〈출처〉 재생에너지 공급확대를 위한 중장기 발전단가(LCOE)전망 시스템(에너지경제연구원 이근대, 임덕오)

큰 이유가 될 것이다.

일반 태양광 사업도 초기에는 현재보다 3배 이상 시공단가를 유지할 때가 있었지만, 십수 년에 걸친 재생에너지 보급의 노력과 40배 정도의 시장규모 상승으로 시공비가 낮아지는 효과가 있었다. 통상 "규모의 경제"가 달성되면 사업을 추진하기 더 쉬워진다. 연간 규모가 늘어나는 동안 시장에서도 다양한 시행착오를 겪으면서 단가를 절감할 수 있는 방법을 알아가고, 표준화, 모듈화 등 공정을 단축할 수 있는 기법들이 발전하게 되었다. 적용 초기에 비해서 리스크를 조절할 수 있는 지식이 축적된 결과이다.

BIPV 역시 이와 같은 과정을 겪을 것으로 생각된다. 향후 ZEB 의무화, 지역별 녹색 건축 기준 강화 등 건축물 탄소중립 정책이 활성화되면 시장의 수요가 늘어나고, 자연스럽게 규모의 경제를 달성하면서, 기술이 축적되어 갈 것이다.

편익에 대해서도 알아보기로 하자. BIPV를 통해 얻을 수 있는 수익은 BIPV가 대체하는 외장재의 종류와 절감하는 전기요금에 따라 다르다. 건축 외장재의 종류가 워낙 다양하기도 하고, 건축 목적에 따라 석재, 벽돌, 강판 등 재료도 여러 가지인데, 이러한 외장을 BIPV가 대체하니 그 공간만큼 자재비를 줄일 수 있는 효과가 있다.

현재 외벽에 사용하는 컬러 BIPV 모듈의 효율이 15~17% 수준이므로, kW당 설치에 필요한 면적은 6~7㎡ 정도이고, 이 공간에 석재로 외벽을 마감하면 15만 원/㎡ 수준이다. 강판으로 마감한다면 8만 원/㎡ 정도라고 가정할 때 비용 저감의 차이는 크다고 할 수 있다. 따라서 BIPV를 시공할 때 현장의 상황을 정확하게 파악하고, 경제성 분석에 반영할 수 있도록 해야 할 것이다.

수익을 분석하는 요소 중에 가장 중요한 것은 전기요금이다. 태양광 본연의 목적 중에 건물의 탄소배출을 줄이고, 에너지 사용을 저감하는 것이 가장 크기 때문이다.

우리나라 전기요금 체계는 다소 복잡한 특성을 가지고 있다. 소비 주체의 특성을 반영하여, 한국전력과 수요처가 계약을 맺고, 전기를 소비하는 구조이며, 주거, 공공, 교육, 산업, 농업, 가로등, 심야전력의 7가지 계약 종류로 나뉘어진다. 용도별로 전기요금 체계를 다르게 가져가는 이유는 용도별 전기사용 패턴에 따라 공급원가의 차이를 반영하고, 농어민 보호, 에너지 절약 권장, 산업경쟁력 제고 등 다양한 국가의 정책요인을 반영하기 위한 것으로 경제적인 이유 외에도 복합적인 사항을 감안하여 전기요금 단가를 결정한다.

전기요금은 기본요금과 전력량(사용량)요금, 기후환경요금과 연료비조정요금까지 다양한 요금을 반영, 합산하는 구조를 가지는데, 기본요금과 전력량요금은 계약종별로 다르므로 주의가 필요하다.

기후환경요금은 깨끗하고 안전한 에너지 제공에 소요되는 비용을 감안하는 것으로 RPS 사업, 석탄발전 감축비용 등의 재원 마련을 위해 부과되는 요금이며, 연료비조정요금은 전력생산의 대부분을 차지하는 석탄, 가스, 유류의 연료비 변동을 감안하여 포함되는 비용이다. 우리나라는 계절별 시간대별 요금제도

[전기요금 체계]

계약종별	적용범위	요금체계	고객수 (천호/%)	판매량 (백만kwh/%)	판매수입 (억원/%)	판매단가(지수) (원/kwh)
주택용	주거용, APT	3단계 누진제요금	15,811 (63.6)	80,996 (14.8)	98,264 (14.9)	121.32 (101)
일반용	공공용, 영업용 (관공서, 사무실 등)	계절별 차등요금 –일반용(갑)II · 일반용(을): 시간대별 차등요금	3,479 (14)	127,193 (23.2)	176,924 (26.8)	139.10 (115)
교육용	학교, 박물관 등	계절별 차등요금 –교육용(을): 시간대별 차등요금	21 (0.1)	9,074 (1.7)	10,120 (1.5)	111.53 (93)
산업용	광업용, 공업용 (공장 등)	계절별 차등요금 –산업용(갑)II · 산업용(을): 시간대별 차등요금	438 (1.8)	296,036 (54)	351,272 (53.2)	118.66 (98)
농사용	농업용, 어업용	갑(관정), 을(농작물재배, 건조 · 냉동)	2,123 (8.5)	21,420 (3.9)	12,186 (1.8)	56.89 (47)
가로등	기로등, 보안등	갑(정액등), 을(종량동)	2,293 (9.2)	3,424 (0.6)	4,264 (0.6)	124.53 (103)
심야	심야전력기기	갑(난방용), 을(냉방용)	702 (2.8)	9,790 (1.8)	7,270 (1.1)	74.26 (62)
총계			24,866 (100)	547,933 (100)	660,301 (100)	125.10 (100)

〈출처〉 한국전력

기본요금 + 전력량요금 + 기후환경요금 ± 연료비조정요금

기본요금과 전력량요금은 종별 요금표 참고

기후환경요금

- 깨끗하고 안전한 에너지 제공에 소요되는 비용(PRS, ETS, 석탄발전 감축비용)
- 부과방식: 기후환경요금단가 × 사용전력량

연료비조정요금

- 연료비 변동분(석탄, 천연가스, 유류)을 반영하는 요금
- 부과방식: 연료비조정단가* × 사용전력량 *상하한 ±5원/kWh

※청구금액 = 전기요금 + 부가가치세 + 전력산업기반기금

- 부가가치세(원미만 4사 5입): 전기요금 × 10%
- 전력산업기반기금(10원미만 절사): 전기요금 × 3.7%

〈출처〉 한국전력

를 채택하고 있는데, 기본요금과 전력량요금은 여기에 영향을 받는다.

어떤 요금제를 선택하여 전력사용계약을 체결하였으며, 계절별, 시간대별로 냉방, 난방, 급탕, 조명, 환기, 사무기기, 전기차 등 건물의 부하를 사용하는 패턴은 어떠한지에 따라 전기요금이 산정되는 형태가 다르기 때문에 에너지를 절감할 수 있는 방법론도 고객의 사용 패턴에 맞게 다른 절감 전략을 수립해야 한다. 깊이 있는 분석을 위해서 기존 고객에 BIPV를 적용하는 경우는 기본적으로 고객의 전력 사용 패턴을 분석하는 일부터 업무가 시작된다. 신규 고객의 경우는 실제 구축된 건물이 아니기 때문에, 전력 사용 데이터는 없지만, 건축물의 사용 목적, Zone별 용도에 따라 어느 정도 부하를 구동하는 사용 패턴은 정형화되어 있으므로 이를 반영하면 전력 사용 형태를 예측할 수 있다.

BIPV는 전기요금 단가가 높은 중간부하 내지는 최대부하시간에 주로 발전한다. 이 상황을 감안하면 일반적인 전력 절감보다는 5% 정도 더 전기요금을 절감하는 효과를 거둘 수 있다. 즉 전기요금 비쌀 때, 태양광으로 전기를 생산해서 전력 사용을 줄여주므로, 에너지 저감효과가 배가(倍加)되는 것이다. 따라서 BIPV를 건물에 적용할 경우 사용하는 전기를 효과적으로 절감할 수 있고, 설계 단계에서 검토한 일사량을 반영할 경우 태양광 전력생산에 의한 전기요금 저감 효과를 확인할 수 있다.

이렇게 적용효과를 확인하면, 다음 단계로 투입되는 비용과 발생하는 편익을 현재 시점에서 분석하는 과정이 필요하다. BIPV 시공 자체에 필요한 공사기간은 짧게는 2개월, 길게는 6개월 정도로 많은 시간이 소요되지 않지만 건축물에 공사를 진행하다보니 선행공정에 영향을 받게 되고, 요즘처럼 건설경기가 좋지 않은 경우 프로젝트 진행이 지연될 수 있으므로 사업 추진 시점을 확인하는 것이 중요한 이슈가 된다. 사업 추진 시점이 중요한 이유는 경제성 분석의 전제조건이 시점에 따라 달라질 수 있기 때문이다.

경제성 분석의 중요 요소인 전기요금은 지속적으로 오르는 추세를 보인다.

[계절·시간요금체계 : 기본요금, 전력량(사용량)요금]

구분		기본요금(원/kW)	전력량요금(원/kWh)			
			시간대	여름철(6~8월)	봄·가을철(3~5월, 9~10월)	겨울철(11~2월)
고압 A	선택 I	7,220	경부하	99.5	99.5	106.5
			중간부하	152.4	122.0	152.6
			최대부하	234.5	152.7	210.1
	선택 II	8,320	경부하	94.0	94.0	101.0
			중간부하	146.9	116.5	147.1
			최대부하	229.0	147.2	204.6
	선택 III	9,810	경부하	93.1	93.1	100.4
			중간부하	146.3	115.2	146.5
			최대부하	216.6	138.9	193.4

구분	여름(6~8월)	봄·가을(3~5, 9~10월)	겨울(11~2월)
경부하	22:00~08:00	22:00~08:00	22:00~08:00
중간부하	08:00~11:00 12:00~13:00 18:00~22:00	08:00~11:00 12:00~13:00 18:00~22:00	08:00~09:00 12:00~16:00 19:00~22:00
최대부하	11:00~12:00 13:00~18:00	11:00~12:00 13:00~18:00	09:00~12:00 16:00~19:00

〈출처〉 한국전력 요금표

[전기요금과 태양광 전력생산]

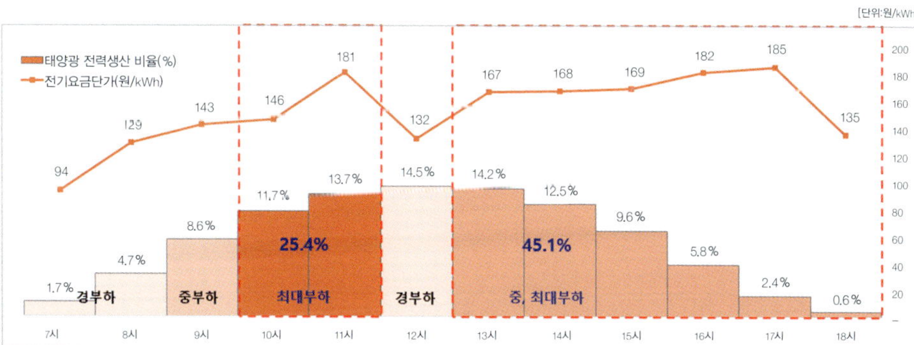

정책적인 상황과 물가에 미치는 영향을 고려하지만 요금 자체의 인상은 당연히 상승할 것이므로, 향후 해당 시점에 맞춰 경제성 분석에 요금을 반영해야 할 것이다. 또한 전력설비 자체가 20년 이상 사용을 전제로 하기 때문에 요금 상승분을 반영하여 경제성을 분석할 필요가 있다. 통상 산업과 기업성장 추세를 검토하는 CAGR(연평균 복합성장률)을 활용하여 상승률을 예측하는 것이 일반적이며, 최근 10년의 추세를 보면 3~4% 정도의 연간 상승 추세를 보이고 있다.

기본적인 사업 검토의 전제조건이 정리되면 본격적으로 경제성 분석에 들어간다. 경우에 맞게 다양한 경제성 분석 방법을 활용할 수 있으나, BIPV 경제성 분석에 활용하는 대표적인 분석기법은 투자회수기간법(Pay-back Period)이다. 순현재가치(NPV)나 내부수익률(IRR)의 경우 이자율과 같은 개념인 할인율이 들어가기 때문에 전제조건에 대한 이견이 있을 수 있고, 이 조건을 유리하게 조정할 여지가 존재한다. 또한 동일한 현금 흐름을 가지더라도 프로젝트의 리스크를 할인율에 반영할 소지가 있기 때문에 가장 단순한 방법인 투자회수기간을 일반적으로 사용한다.

투자회수법은 단순하게 과거와 미래에 발생할 모든 비용과 수익을 계산해서 총비용을 총수익이 초과하게 되는 시점, 즉 순이익이 실현되는 시점이 언제인

[BIPV 경제성 분석 접근방법]

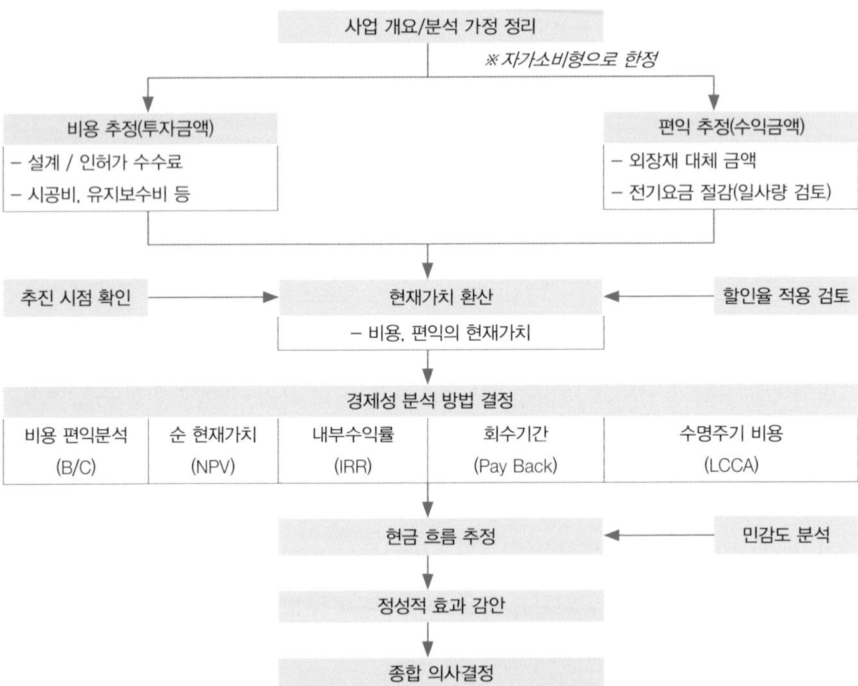

가를 계산해서 경제적 가치를 판단하는 방법이다. 이자율을 따지지 않고, 투자회수 이후의 수익, 잔존가치를 고려하지 않는 단점이 존재하지만 현금의 유동성과 안정성을 중시한다면 경제성을 판단하기 가장 좋은 방법이기도 하다. 그러나 복합적인 리스크를 고려해야 할 필요성이 있는 경우나, 여러 투자 대안 중에 선택해야 할 경우에는 순현재가치법이나 내부수익률법 등을 적절하게 함께 사용해서 투자안의 우선순위를 정하는 것이 필요할 수 있다.

[투자회수의 결정과 민감도 반영]

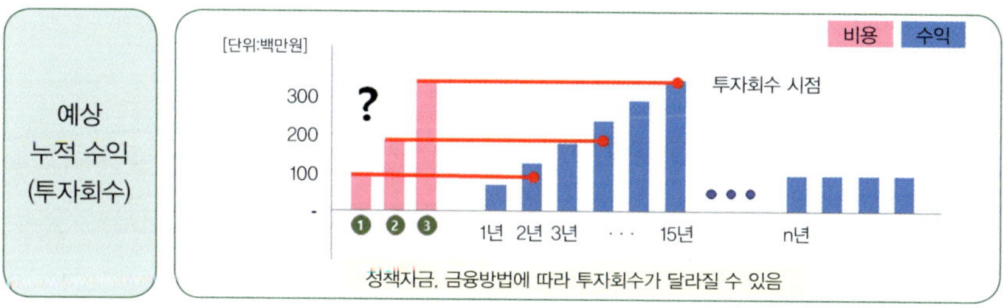

다양한 경제성 분석 기법 중 특정 방법을 선택하여 경제성을 분석했다면 다음은 프로젝트에 영향을 줄 수 있는 요소를 선택하고, 얼마나 영향을 주는지 검토하는 단계이다.

기본 계획(Base-line)에 변수가 발생할 때, 변수가 지속적으로 영향을 미칠 때 어느 정도 영향을 주는지를 확인해서 의사결정의 참고 사항으로 확인한다. 통상 전기요금의 상승 추세, 발전시간의 변동 등을 민감도 분석의 요소로 두고 현금 흐름에 영향도를 판단한다. 또한 정책자금 활용이나 지원제도, 금융기법 등을 적절히 활용할 경우 경제성을 향상할 수 있는 다양한 방법이 존재한다. 이러한 지원정책을 활용할 수 있는지, 지원대상에 해당하는지 면밀하게 검토한 후에 BIPV 설비 설치에 대한 지원을 받게 되면 경제성을 향상할 수 있으므로, 적극적인 검토가 필요하다.

[BIPV 지원 정책사업]

'23년 기준		건물지원사업	서울시 BIPV 보급지원사업
지원방식		태양광 설치 사업비 지원	BIPV 설치 사업비 지원
사업주관		산업통상자원부	서울시
지원 범위	대상	민간 건물주 (주택 제외 및 설치의무 용량은 적용 불가)	민간 건물주 (설치의무 용량은 적용 불가)
	설비 규모	BIPV 제한 없음, PV는 최대 200kW (한전 계약전력 범위 이내)	용량 제한 없음
	지원 방식	**BIPV : 지붕형 50%, 벽체형은 70% 국비지원** PV : kW당 0.9백만원 국비지원	**사업비의 70% 이하 시비지원** (kW당 **신축 4백만원**, 리모델링 6백만원 지원)
사업완료기한		**사업선정 후 BIPV 275일, PV 120일** (정식 연장 1회 90일 연장 가능)	**선정 후 100일** 및 당해 년도 설치 완료 필요

추가적으로 현금 흐름 분석이 마무리되면 정성적인 효과를 감안하는 작업을 진행한다. 우리가 "돈으로 살 수 있는 가장 비싼 것" 중에 하나가 건물이 될 것이기 때문에 투입되는 비용의 차이가 극복할만한 수준이라면 좋고 아름다운 것을 찾게 되는 것은 당연하다. 특히 건물의 외장은 건물의 이미지와 개성을 좌우하는 중요한 요소이기 때문에 신경을 써서 결정해야 할 것이다.

3
부동산 가치의 상승

건물의 내구연한은 얼마나 될까. 건물을 짓는 재료에 따라 다른 문제가 되겠지만, 우리나라에서 주로 건축되는 철근 콘크리트(R/C, Reinforced Concrete) 건물의 경우 통상 50년, 길게는 100년 이상으로 수명을 이야기한다. 철근과 콘크리트는 마감재를 자유롭게 사용할 수 있고, 재료간 궁합이 좋기 때문에 많이 사용된다. 실제로 콘크리트가 철근을 감싸면 철근이 산소에 노출되지 않아, 철 자체의 부식 속도를 늦춰줄뿐더러, 두 재료의 열팽창계수가 거의 동일하여 파손이나 균열이 발생하기 어려운 것이 서로 조화를 이룰 수 있기 때문이다.

그런데 문제는 건축물에 사용되는 자재의 수명이 구조체와 일치하지 않는다는 점이다. 특히 관리가 되지 않는 외장재는 문제 발생의 일차적인 원인이 된다. 외장재의 균열 발생으로 빗물이 침투하거나, 벽돌, 드라이비트 등이 탈락, 추락하는 경우를 사례로 들지 않더라도, 지속적인 균열, 들뜸, 누수 흔적, 자재 파손 등을 확인해야 하며, 유지관리를 하지 않을 경우 온도, 습도의 영향으로 크랙 발생 등 노후화가 급속히 진행된다. 안전 이외에도 실리콘 마감이 흘러내려 외장재 표면에 오염을 일으키는 것도 미관상 좋지는 않다. 사람이 깨끗한 옷을 입으면 기분 좋고, 건강에도 도움이 되는 것처럼, 건물도 외장을 관리해 주면 건물 수명 연장이 될뿐더러 경제적인 관점에서도 이익이 된다.

상업용 건물을 예로 들어보자. 요즘처럼 경기가 좋지 않고, 공실률이 높은 시기에는 건물에 어떤 임차인이 들어오느냐가 수익을 결정짓는 중요한 요소가 된다. 서초나 강남처럼 상권과 입지가 좋은 지역이라고 할지라도, 녹슨 철재 구조물, 노출 콘크리트 백화 현상, 얼룩진 외장재 표면 등이 있는 건물이라면 누구도 입주하고 싶지 않을 것이다. 따라서 건물의 수명을 연장하면서, 높은 임대료를 지불할 수 있는 임차인을 확보하기 위해서라도 건물의 외관을 포함한 리모델링을 특정 시점에 추진하는 것이 건물 수익성 향상에 도움이 된다.

리모델링의 경우 신축 대비 50~60%의 낮은 사업비 수준으로도 신축과 유사한 수준의 효과를 거둘 수 있고, 공사기간을 단축할 수 있어 경제성은 더욱 상승할 수 있다. 또한 인허가가 신축 대비 간략하며, 민원 소지도 작아 경제성은 더욱 상승할 수 있다. 일반적인 리모델링 기법에 에너지 측면의 관점을 더한 기법이 그린 리모델링이다. 에너지 효율이 낮은 노후 건물을 쾌적한 녹색 건물로 탈바꿈 하는 방법론을 말하며, 창호, 단열, 조명, 냉난방 설비 교체 외에도 외장

[한국외대 경상관 그린 리모델링 사례]

구분	개선 전	개선 후
단열	–지붕: 미단열 –외벽: 50mm 비드법보온판 1종4호	–지붕: 150mm 경질우레탄(내단열) –외벽: 기존+100mm압출법보온판 특호
창호	–16mm 일반복층유리 AL창호 (2008 교체) –강화유리 도어	–기존+22mm 일반복층유리 AL 덧창 –42mm 로이삼중유리(아르곤) 커튼월
기계설비	–냉방: 패키지 에어컨 –난방: 스팀보일러, 방열기 –급탕: 스팀보일러, 축열식전기온수기	–냉방: EHP –난방: EHP, 전기컨백터(화장실) –급탕: 전기온수기(펌프교체)
전기설비	–형광등	–LED 전등
비고	–인근 교양학관에 위치한 스팀보일러에서 수송(192mm)	–자체 설비

〈출처〉 그린리모델링 창조센터

재를 바꾸는 것까지 포함된다.

그린 리모델링의 취지에 적합하게 ECO2(시뮬레이션)로 에너지 절감효과를 분석한 결과 리모델링 전후로 1차 에너지 소요량을 46.3%(기존 388.8kWh/㎡ → 개선 208.7kWh/㎡) 절감한 사례이다. 에너지 저감을 위해 철저한 현황 분석을 실시해서 벽체의 단열 상태, 지붕 단열 및 방수, 출입구의 기밀 상태, 창호의 기밀 보강, 냉난방 설비 교체, 강의실 조명 고효율화 등 패시브와 액티브 측면에서 가능한 모든 방법을 동원하여 에너지 성능을 끌어올렸다.

그런데 만약 재생에너지까지 추가되면 어떤 효과가 발생할까. 특히 외장재를 대체하면서, 발전기능을 갖춘 BIPV로 교체할 경우 심미성 확보 외에도 자체 전력생산을 통한 전기요금까지 절감할 수 있어 효과적이며, 이를 통해 더욱 극적으로 에너지 자립을 달성할 수 있을지도 모른다.

다행히 BIPV를 통해 그린 리모델링을 추진하는 사례들이 조금씩 생겨나고 있다. 기본적인 리모델링의 효과가 경제적으로 부동산의 가치를 상승시키는 것은 명확하다. 여기에 에너지 고효율화를 통한 생애주기의 운영비 절감, 쾌적함까지 확보할 수 있으므로 너욱 그린 리모델링과 BIPV는 결합해 나갈 것으로 생각한다. 향후 이러한 사례의 확대를 통해 건물의 외관을 아름답게 변화시키면서 에너지까지 절감할 수 있는 프로젝트가 확대되기를 기대해 본다.

BIPV 리모델링	시공 전	시공 후
양천구 세신교회		
서울 은빛요양병원		
서울시청 서소문청사		

〈출처〉 저자 직접 조사

V 시공, 어디에 붙이지

1

어디에 붙이지

건축 자재로서 BIPV는 기존 외장재가 설치되는 모든 부위에 부착할 수 있다. 벽체, 지붕, 캐노피, 창문, 커튼월의 비전(vision) 구간과 스팬드럴(spandrel) 구간 등 건물을 이루고 있는 모든 부분에 유리, 석재, 기타 금속재 패널처럼 시공할 수 있다.

그런데 BIPV는 건축 외장재인 동시에 태양광 패널의 역할을 겸하고 있다. 빛을 받아 전력을 생산하는 발전기의 기능적인 특성을 생각할 때, 정상적으로 동작할 수 있는 조건을 만족하는 부위라야만 설비로서의 경제성을 가진다고 볼 수 있다.

따라서 BIPV는 건물이 위치하는 대지의 국지적인 특성을 반영한 검토가 필수적이다. 건물 방위, 경사도, 식생, 주변 인공 구조물의 영향에 대해 고려해야 하며, 주변 상황에 따라 설치의 적합성이 달라진다. 그러므로 슬기롭고, 효율적인 BIPV 적용을 위해서는 BIPV 특성과 역할을 생각하면서 검토에 착수하려는 마음가짐이 중요하다.

본격적으로 건물을 구성하는 부위별로 어떻게 BIPV가 적용될 수 있는지 자세히 알아보자.

건물 태양광으로서 BIPV를 폭넓게 바라볼 때, 가장 우선적으로 검토하는 부위는 지붕이다. 지붕은 자체 경사를 활용하여 태양광 발전을 할 수 있는 가장

[건물 태양광의 설치 가능 부위]

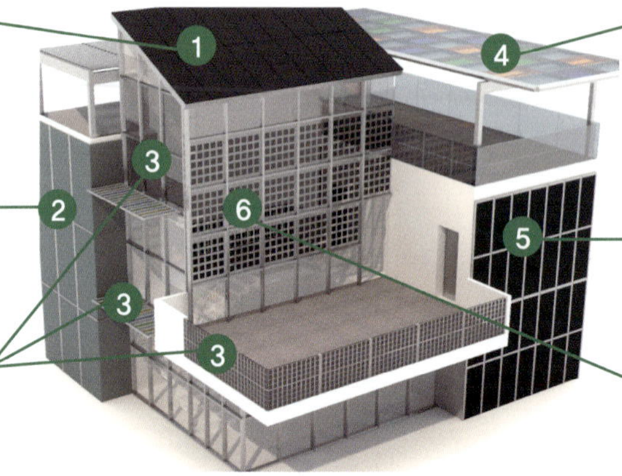

〈출처〉 Building Integrated Photovoltaics: A practical handbook for solar buildings' stakeholders (SUPSI, status report 2020)

[BIPV 적용 부위: 지붕, 외벽, 기타]

지붕		외벽		외측 일체형(기타)	
불연속 지붕 (Discontinuous roof)		커튼월 (Curtain wall)		옥상 난간 (Parapet)	
연속 지붕 (Continuous roof)		레인스크린 (Rainscreen)	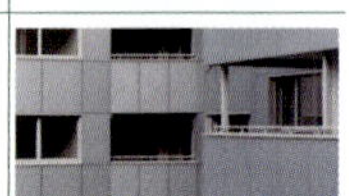	발코니 난간 (Balustrade)	
아트리움 / 천창 (Atrium / Skylight)	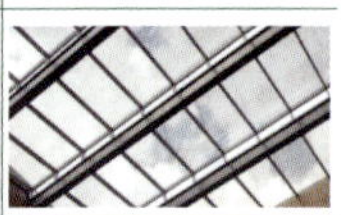	이중 외피 파사드 (Double skin facade)		캐노피 (Canopy)	
		창 (Window)		일사 차폐 (Solar Shading)	
		석축 벽 (Masonry wall)			

〈출처〉 Categorization of BIPV applications(IEA PVPS, 2021)

유리한 부위이며, 벽면과 달리 설치 시 강우에 대한 배수 기능, 적설에 대한 제거를 염두에 두고 배수로의 기능을 함께 검토해 주는 것이 좋다. 그러나 지붕과 건물 옥상이 본연의 유휴공간이 아닌 옥상 정원이나, 공조설비 설치 등으로 활용될 경우 설치의 제약조건이 발생할 수 있다. 지붕, 옥상 공간의 활용도를 염두에 두고, BIPV의 적용 검토를 진행해야 한다. 특히 지역별 녹색건축 설계기준, 공공기관 설치의무화 등 다양한 건축 관련 기준을 만족하기 위한 에너지자립률 산정 시 지붕의 설치 면적만으로는 관련 의무비율을 충족하지 못할 경우가 많으므로, 주의할 필요가 있다.

에너지자립률 확보를 위해 차선책으로 검토하는 부위는 외벽(파사드)이다. 외벽은 커튼월, 레인스크린, 이중 외피(double skin), 창호 등 건물 외피의 대부분을 차지하고 있기 때문에 BIPV 적용을 쉽게 생각할 수 있으나, 파사드 자체가 건축물의 성격을 좌우하는 중요 요소로 작용하기 때문에 어떤 부위에 적용할지 신중하게 검토해야 한다. 특히 설계단계에서 살펴본 바와 같이 BIPV 설치기준 등을 고려하여 일조시간 분석을 진행해야 하므로 실제 적용을 위한 선택지는 넓지 않다고 할 수 있다.

또한 벽돌, 석재, 콘크리트 소재의 외벽을 활용할 경우에는 태양광 모듈 시공 시 앵커 볼트로 벽체에 모듈을 부착할 수 있어 작업의 편리성은 존재하나 해당 부위에 점형 열교 발생 등 에너지 측면의 우려가 존재할 수 있으므로, 열교 차단재를 적극적으로 활용하는 방안을 강구해야 한다. 외벽에서 채광이 필요하지 않은 스펜드럴 구간을 충분히 활용하고도 더 많은 BIPV 용량을 설치해야 한다면 창호에 적용하고자 하는 고민이 시작된다. 이 경우에는 창문 자체가 요구하는 열관류율을 만족하기 위해 복층, 삼복층, 로이(low-e)유리 적용 등 다양한 조합을 활용하고, 시야의 훼손을 감안하여 적절한 부위를 선정하는 노력을 기울인 이후에야 BIPV 패널의 새로운 기술을 비전 구간에 적용할 수 있는지 충분히 검토해야 할 것이다.

옥상이나 계단, 캐노피 등 건물의 유휴공간은 태양광 적용 부위로 충분히 활용할 수 있으며, 유리난간 등은 법적으로 설치가 강제되어 있으므로 이를 유리에서 태양광 모듈로 대체할 경우 안전확보라는 본래의 목적을 달성하면서, 발전용으로도 활용할 수 있어 편리함과 성능을 동시에 확보할 수 있다.

[난간을 활용한 BIPV 시스템]

〈출처〉 에스지에너지

부위별로 BIPV를 적용하는 분류 외에도 적용되는 형태와 체결되는 시스템에 따라 구분할 수도 있다. 건물 구성요소에 따라 타일, 천창, 파사드, 금속패널, 멤브레인, 차양 등 6가지로 분류해서 생각해 보자.

타일은 지붕의 기와, 금속재질의 외장재를 대체하는 형태로 BIPV 모듈을 위한 전용 하지를 활용하여 볼트 등으로 고정하는 기초 모듈이 체결되면, 다음 모듈부터는 첫 번째 모듈에 있는 홈에 끼우면서 착착 설치되는 형태로 시공하는 구조를 채택하고 있다. 천창이나 창호의 경우, 기존 유리 시공과 동일한 형태이며, 전면 유리를 태양광 모듈로 대체하는 것이 특징이다. 단, 빛을 투과해야 하

[BIPV 종류와 결합방식]

구분	다양한 BIPV 모듈의 종류					결합방식(예시)
타일						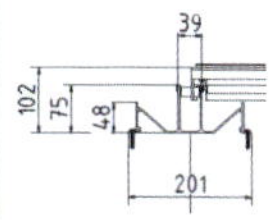
천창	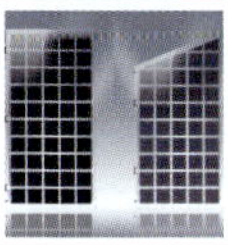					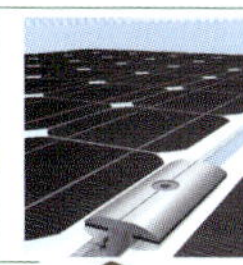
파사드						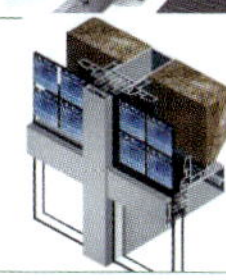
금속패널						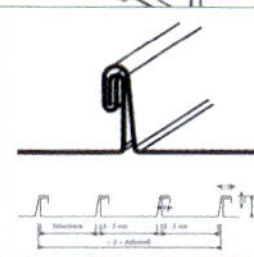
멤브레인						
차양						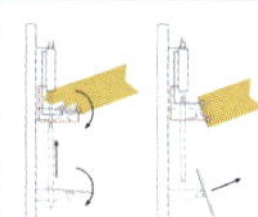

〈출처〉 BIPV module(bipv.ch, SUPSI), 2022

는 요구조건이 있어 모듈을 구성하는 셀의 간격을 일정 수준 이상 두고 있으며, 적용 부위의 요구 단열기준에 따라 복층 혹은 삼복층 형태로 적용된다. 이 경우 태양광 와이어는 새시 구간으로 숨겨서 처리하는 것이 일반적이다.

파사드는 시공법이 외장재 설치와 거의 동일하므로 일반 입면 외장재의 시공 방식을 참고하는 것이 좋으며, 금속패널 혹은 멤브레인의 경우도 태양광 모듈이 붙어 있는 금속재를 접거나, 시밍기(seaming tool)를 이용해서 강판을 이어주는 방식은 지붕재 시공과 거의 동일한 형태로 이루어진다. 단, 지붕재에 플랙시블한

[천장에 설치하는 BIPV]

〈출처〉 에스지에너지

형태의 멤브레인 모듈을 사용하는 경우에는 단위면적(㎡)당 하중이 5kg 이하이므로, 기존 건물 중 하중문제로 적용이 어려운 구조에 많은 검토가 이루어지고 있다. 특히 많은 공장에서 채택했던 PEB(Pre-Engineered Metal Building) 구조의 경우 맞춤형으로 건축주의 요구사항을 반영하여 철골이 설계, 제작, 시공되었으므로 추가적인 하중을 반영하기 어려운 상황이었으나, 플랙시블한 형태의 경량 태양광 모듈은 하중 관점에서 검토해 볼 만하다. 차양은 동절기 난방 부하 감소, 하절기 냉방 부하 저감 등 계절별 일사획득의 불균형을 해소하는 차원에서 설치하는데, 이 유휴공간을 알차게 사용하자는 목적으로 태양광 모듈을 일체화한 BIPV 형태로 다양한 건축물 에너지 관련 연구자들의 관심분야가 되고 있다.

이처럼 생각할 수 있는 모든 부위에 BIPV가 고려되고 있으므로, 비용 투입 대비 경제성 측면과 심미성 관점에서 시공의 우선순위를 정해서 적용 가능성을 타진해 보기 바란다.

2

디테일 도면 지원해 주나

건축사가 가장 궁금해하는 부분이다. 건축사는 전기, 기계, 소방, 통신 등 다양한 분야의 전문가와 소통하며 건물을 만들고 있는데, BIPV는 비교적 새로운 건축 기법이며, 새로운 기법을 적용하는 건축사 입장에서는 BIPV가 무엇이며, 어떤 점이 좋은지 고민스럽다.

적용에 걱정스러운 점은 한두 가지가 아니다. 디자인, 공사기간, 하중, 자재비, 연면적, 단열, 비용, 효율, 내화 등 이 정도만 해도 BIPV를 경험해보지 않은 건축 관계자는 혼란스럽다. 만약 더 깊은 단계까지 진행하면 어떤 고민들이 나

[건축 관계자가 생각하는 BIPV의 장점과 단점]

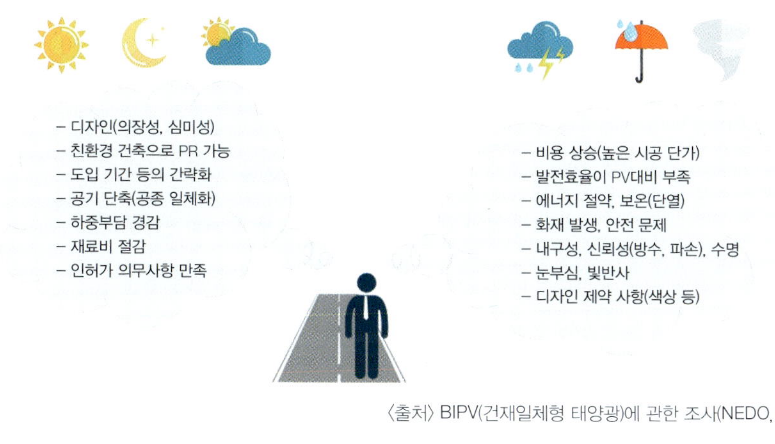

〈출처〉 BIPV(건재일체형 태양광)에 관한 조사(NEDO, '16)

올 수 있을까.

1) 설계

- 어느 정도 용량으로 설치해야 하는지?
- 설치할 수 있는 부위와 설치할 수 없는 부위는 어디인지?
- 모듈 사이즈는 어느 정도인지, 최대/최소 크기는 얼마인지?
- 전체 설치용량 내 모듈 최적의 직·병렬의 구성은 적절한지?
- 구성된 계통 내 기자재 및 케이블, 차단기 스펙은 적절한지?
- 주요 기자재인 접속반, 인버터는 KS인증된 제품인지?
- BIPV 모듈은 색상, 질감이 다른 재료와 조화롭게 적용되는지?
- 건축 구조체별로 부착가능한 설계/시공 디테일이 있는지?
- 적용 시 건축선은 맞출 수 있으며, 건폐율·용적률에 영향은 없는지?
- BIPV 종횡 설치에 따른 별도의 보강구조(각관 등)는 필요한지?
- 타 부재(창호, 석재 등)와 맞닿는 부분은 어떻게 되는지?
- 실란트 시공 시 줄눈 간격은 얼마인지?
- 실란트 마감 대신 오픈 조인트 시공도 가능한지?
- 일조시간 분석, 설치 부위, 용량 산정이 가능한지?
- 설치효과에 대한 투자회수 등 기대효과를 어떻게 산정하는지?

2) 시공

- 타 공정(건축, 창호, 전기 등)과의 특이사항, 일정 협의 여부?
- 모듈 발주 시 현장 반입까지 기간은 어느 정도 소요되는지?
- 현장 투입 전 동선(인원, 자재)에 대해 충분히 확인되었는지?
- 현장 안전팀과의 협의 및 특이사항은 없는지?
- 시공 진행 중에 문제사항은 없는지?

- 사용 전 검사 등 준공까지 절차와 필요서류는 어떻게 되는지?
- 품질 보증 기간은 어떻게 되는지?
- 발열에 의한 화재 위험은 없는지?
- 모듈 파손 시 어떻게 교체하는지?

3) 품질/비용

- 공장에서 모듈 생산 후, 현장 반입 전 검수는 어떻게 하는지?
- 마감재로서 내풍압, 누수, 강도, 불연 등에 대한 성적 확보는?
- 전자파는 어느 정도로 나오는지?
- 공사범위는 어디까지인가?
- 시공비는 어느 정도이며, 포함된 단가는 어디까지인지?

이 모든 궁금함에 대해 프로젝트의 특수성을 반영해야 하는 건축 이해관계자는 BIPV 솔루션을 누군가 지원해 주기를 바란다. 관련된 BIPV 디테일(detail)과 솔루션을 가장 많이 가지고 있는 사람은 누구일까. 그 사람은 바로 BIPV 모듈, 컨설팅, 시스템 제조를 담당하는 업체다.

설계사와 건설사는 해당 건물에 대한 BIPV 솔루션을 건물 하나 지을 때마다 경험하거나, 한참 후에 다시 한번 경험하지만, BIPV 시스템을 다루는 모듈, 컨설팅, 시스템 회사는 하루에도 몇 번씩 다양한 케이스를 경험한다. 그중에는 개념적인 문제도 있고, 기본적인 사항, 심화문제까지 다양한 케이스가 있으며, 때로는 영역을 넘나드는 어려운 경우도 존재한다. 옆에 선행학습까지 경험한 전문가가 있는데, 인터넷 보고 개념부터 혼자 정리할 필요가 있을까. BIPV는 공부해서 시험치는 것이 아니기 때문에, 전문가와 소통하는 것이 가장 빠르고 정확하게 이슈를 해결하는 방법일 수 있다.

전통적으로 일반 태양광인 PV 발전설비는 전기공학의 영역이었다. 태양광을

[BIPV의 업무 영역]

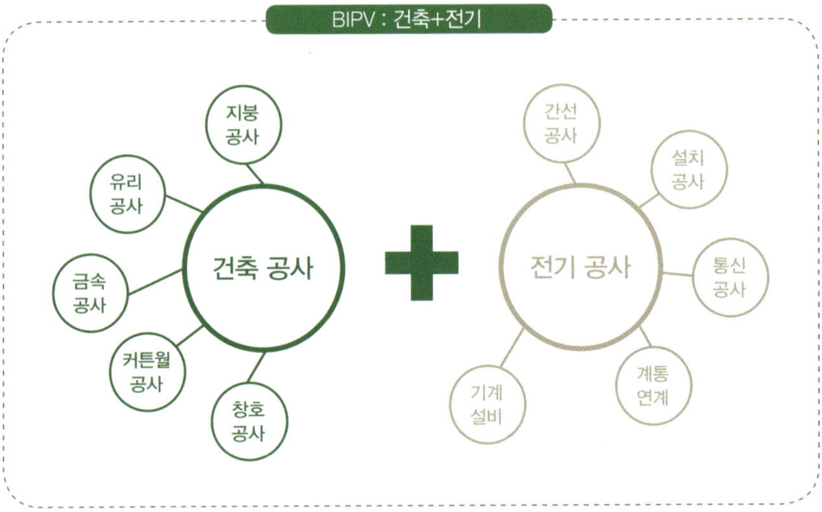

이용한 설비의 일차적인 목적 자체가 전기를 만들어 내는 발전기로서의 역할이기도 하고, 생산된 전력을 계통에 연계하거나 조명, 기계 등 부하로 연결하는 간선작업, 통신 모니터링 작업을 담당하고 있다. 그런데 BIPV로 업무 영역이 확장되면서, 전기도 건축을 알아야 하고, 건축도 전기를 알아야 하는 상황이 발생하게 된다. BIPV 자체가 지붕, 벽면에 시공되고, 금속, 유리, 단열재 등 다양한 자재를 다루고 있으며, 구조적인 결합이 강조되는 분야이기 때문이다. 또한 BIPV는 건축물 외장재의 역할을 해야 하기 때문에 타 건축자재와의 조화와 시공, 디자인에 대한 고민이 필연적이다.

따라서 태양광이 건축 공정과 결합도가 높지 않을 때는 문제되지 않던 부분들이 점차 이슈화되고 있으며, 기존 전기 파트나 건축 파트 단독 업무를 했을 때는 신경 쓰지 않았던 분야도 디테일과 솔루션을 제공하지 않으면 곤란한 경우가 발생하기도 한다.

그런데 항상 문제는 결합부위에서 발생한다. 중간 부분에서 발생하는 이슈는 누가 해결해 줄 수 있을까. 여기에서 일차적인 문제점과 고민이 시작된다. 전기적인 성능과 외장 설계 부분, 디자인까지 고민하여 도면을 작성하고 더 나아가 단열과 누수까지 신경 써서 시공할 수 있는 전문가는 누구인가. 이 전문가가 필요한 시점이 너무나 빨리 찾아온 것이다. 아직 시장은 태동기인데, 융복합 인재가 필요하니 기회는 여기에 존재하는 것일지도 모른다.

기본적인 태양광의 영역에서 해야 할 일들 중 토지가 아닌 건물을 다루고 있으므로, 주변 장애물에 의한 음영 분석, 태양의 일조시간 영향 확인, 에너지 의무에 맞춰 필요한 용량을 산정하고 배치할 부위를 선정하는 작업, 심미성을 확보하면서도 건축적인 성능을 만족해야 하는 복잡한 과정이 필요하며, 기존의 건축이나 전기 파트에서는 익숙하지 않은 영역이기도 하다.

하지만 너무 걱정할 필요는 없다. BIPV 시장이 조금씩 성장해 가면서 새로운 시장에 대한 니즈를 만족시키고 있는 전문가 집단이 생겨나고 있다. BIPV 모듈, 시스템 전문가는 설계사나 전기 파트에서 배치하기 힘든 건축물의 외피에 대한 태양광 모듈 적용, 타 부재와의 결합에 대한 상세 도면, 간선 연결 등 필요한 디테일과 솔루션을 제공한다.

BIPV 모듈의 배치는 건물의 외피로써, 다른 건축 외장재와의 조화를 살펴야 하고, 서로 다른 자재가 만났을 경우에 발생할 수 있는 이질감 해소와 건물에 문제가 생기지 않도록 하는 것이 시공 상세의 가장 중요한 포인트이다. 특히 코

[건물에 적용되는 모듈 디테일 도면]

〈출처〉 Westspitze AVANCIS.GmbH(2021)

[실제 모듈의 디테일 배치도]

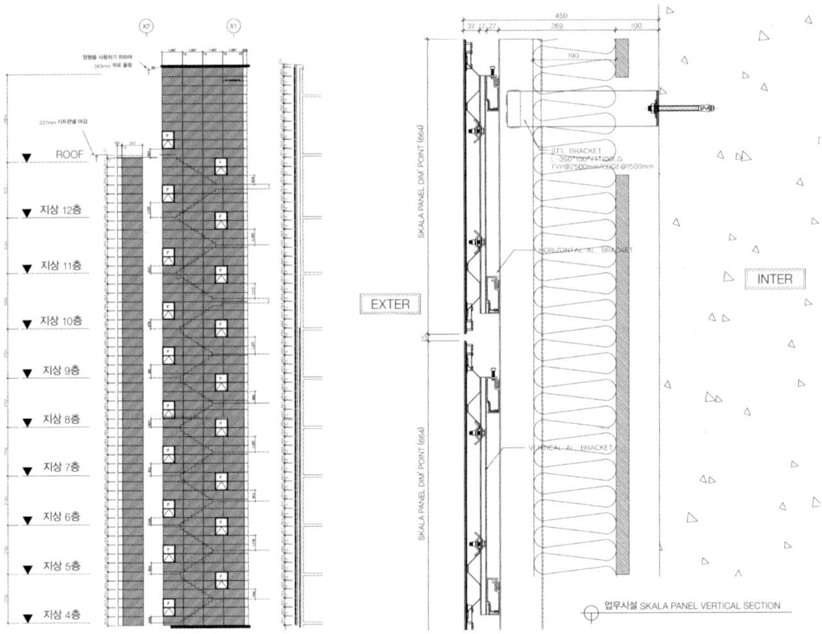

〈출처〉 AVANCIS_Project Detail Drawing

너 부위나 모듈이 배치되면서 기존 설계의 디자인을 해치지 않도록 사이즈 조절, 재료 분리에 신경을 써야 할 것이다.

또한 BIPV 배치 시 모듈이 기존 건축물의 창문이나 커튼월과 맞닿는 부분에서 단열과 방수를 유지하면서 설치될 수 있는지에 대한 시공 디테일 구성과 노하우는 BIPV가 건축 외장재로써 인정받기 위해서 갖춰야 할 가장 중요한 요소 기술이 될 것이다.

3
누가 지원해 주나

전기를 발생시키는 태양광 모듈을 건축외장재로 사용할 수 있도록 만들어 주는 업무의 전문가 집단을 우리는 'BIPV 시스템 컨설팅 그룹'이라고 부른다. 이들은 건축과 전기가 결합된 영역의 경계를 나누지 않는 종합적인 솔루션 제공자(Solution Provider)이다.

이러한 전문가들은 타입별, 부위별 적절한 솔루션을 제시한다. BIPV용 태양광 모듈은 그 소재에 따라 실리콘 계열(C-Si)과 박막전지 계열(CIGS, CdTe)로 구분할 수 있고, 같은 계열의 태양광 모듈도 구성하는 방식에 따라 G2G, G2B 타입으로 나뉘며, 창문이나 조망이 중요한 곳에는 투과형 모듈을 적용하기도 한다. 같은 건물에도 부위별 요구사항이 다를 수 있으니, 결국 하나의 건물을 계획하고 설계가 구체화되는 과정에서 BIPV의 세부적 검토가 필요하다.

상세 내용이 논의되고, 건축이 진행될 때 어떤 종류의 모듈이 적합한지, 어떤 색상과 질감을 가진 모듈을 어떤 방식으로 시공해야 할지에 대해 높은 이해도를 가지고 솔루션을 제공할 수 있는 업체나 전문가가 주위에 있어야 합리적이고, 완성도 높은 BIPV 적용 건물을 만들 수 있다.

그러나 다양한 종류의 태양광 모듈과 모듈 제작사, 각각의 장단점을 잘 알고, 적절한 해결책을 제시할 수 있는 BIPV 시스템 솔루션 회사는 현재 많지 않다. 지난 시간에 비해 축적된 경험이 많지 않고, 다양한 케이스가 일부에만 누적된 것이 원인이라 할 수 있다. 다양한 경험이 공유되고, 다시 기술로서 내재화되는 과정이 아직 다가오지 않은 것이 그 이유가 될 것이다. 맥을 짚을 줄 하는 정확한 시공법과 실제로 시공하면서 문제점을 해결해 본 경험과 실력이 축적된 회사들이 더 많이 나오기를 바라며, BIPV 시장 활성화를 위해 이것은 반드시 개선되어야 할 업계의 중요 현안이기도 하다.

BIPV 솔루션을 제공하는 이들이 갖추어야 할 기술과 전문성은 태양광 모듈 자체에만 한정되지 않는다. 모듈을 선정하고 디자인을 고려한 설계를 진행하기 위해 초기 단계에서의 결정해야 할 중요한 사항들이 있는데, 이 중 선행해서 검토할 것은 건물의 음영에 따른 발전량 저하 및 피해야 하는 구간을 정확히 판단하고, 이를 검증하며 또 다른 대안까지 제시할 수 있어야 하는 능력이다. 많은 비용을 들여 BIPV를 설치했는데 기대한 만큼의 효과를 얻지 못한다면 이 얼마나 허무하고 낭비적인 일이겠는가? 전쟁에 앞서 도상훈련을 하듯이, BIPV를 설치할 때 기본적인 일조시간과 방위에 따른 발전량을 체크하고, 문제점을 미리 예상하며, 조치 방안을 강구하며 조언을 할 수 있는 능력이 있는 파트너를 구해야 한다.

[복합 음영분석 및 발전량 시뮬레이션]

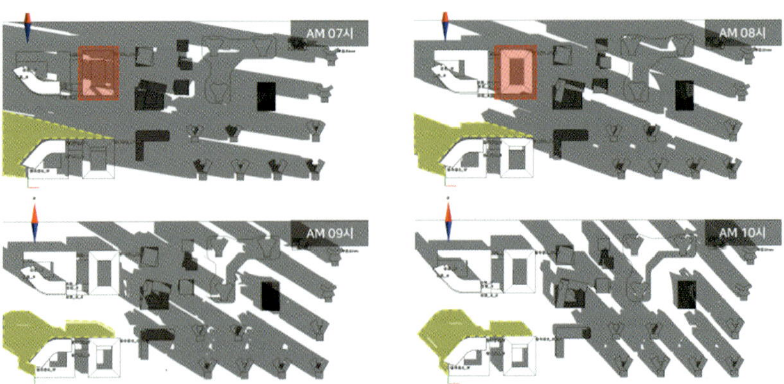

〈출처〉 AVANCIS_Project PV Syst Shadow Analysis

반복하여 강조하는 BIPV의 특성인 전력생산 설비이자 건축물의 외장재 역할은 BIPV 자체가 복합적 건축자재이기 때문이다. 이러한 복합자재를 다룰 때는 건축적 설계능력뿐만 아니라 생산된 전기를 최대한 손실 없이 전달할 수 있는 전기적 연결에 관한 설계와 계획 역시 중요하다. 외장 설계 및 시공에 특화된 업체는 전기업체와 협업하여 프로젝트를 진행하고, 전기에 특화된 업체는 외장 시공 및 모듈 배치 설계에 특화된 업체와 협업하여 BIPV 업무를 진행하는 경우가 대부분이다. 그런데 이러한 접근 방식은 과업 진행 과정에서 이슈 발생의 가능성이 있으며, 프로젝트가 완료되고 문제가 발생했을 때 책임소재에 대한 분쟁 가능성이 있다. 아무래도 한 업체에서 모든 것을 책임지고 업무를 진행하는 것보다는 확률적으로 문제가 생길 소지가 많은 것이 사실이다. BIPV는 업무범위가 넓고 전문성이 필요한 종합적인 업무 영역임을 인지할 필요가 있다. 따라서 설계, 시공 업무를 진행함에 있어서 BIPV 파트너 선정에 많은 주의를 기울여야 하며, 프로젝트 초기에 적합성이 충분히 검증된 회사를 찾아 업무를 진행하는 것이 시간과 자금, 그리고 정신건강을 지키는 방법이라고 생각한다.

[3D 모델링 음영분석]

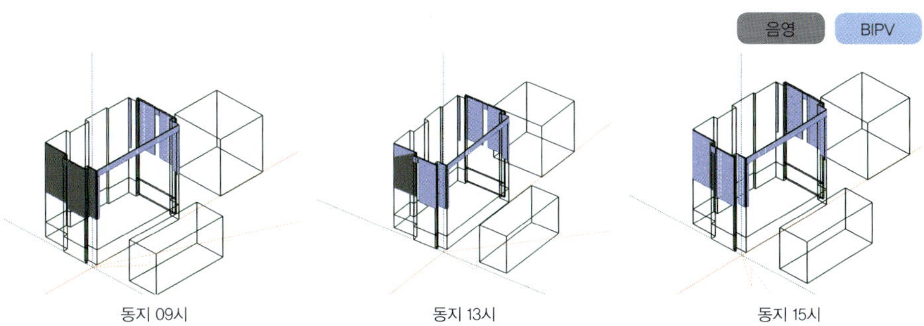

비용대비 효과성을 따져 본다면, 뛰어난 전문성을 가지고 디자인에 어울리는 모듈 배치와 배치에 최적화된 시공방법을 제안하며 최종적인 사업성까지 검토

가 필요하다. 사업 전반에 대한 사항을 완전하게 제공할 수 있는 회사와 프로젝트를 진행하는 것이 가장 합리적인 선택이 될 것이다. 또한 그러한 가이드를 제공하는 BIPV 전문가는 설계에 반영할 BIPV 시공 디테일까지 책임지고 프로젝트를 지원해야 한다.

이 과정에서 전문가는 BIPV 프로젝트에 있어서 주인의식을 가지고 건축주, 건축가와 같은 목표를 공유하는 동시에, 서로의 관련성을 이해하며 업무를 수행해야 한다. 동반자로서 프로젝트를 이끌어갈 때, 진짜 전문가의 솔루션이 빛을 발한다. 내가 프로젝트 오너(owner)라면 이런 식으로 해결책을 제시하겠는가. 과연 이것이 최선인가라는 마음가짐이 있어야 한다. 전문가는 안 되는 이유보다는 될 수 있는 방법론은 제시하는 사람이다. 안 된다는 변명보다는 어려운 제약 조건이 주어졌을 때, 다른 대안으로 그 제약조건을 극복할 수 있어야 진정한 전문가라 할 수 있겠다.

4

어떻게 붙이지

BIPV는 유형별로 어디에 어떻게 설치될 수 있을까. 설치 위치에 따라 크게 적용 부위는 지붕, 입면, 기타(차양, 난간 등)로 구분될 수 있고, 건문의 해당 부위별로 요구되는 특징이 다르다. 지붕은 기본적으로 태양광을 받기 유리한 경사를 가지고 있으며, 건물의 높이에 따라 외부에서 보이지 않는 경우가 많다. 따라서 주변의 시선에서 자유로울 수 있다면 그 상황을 적절히 활용하는 것이 좋고, 발전 효율을 최대한 확보하기 위해서 최적의 방위와 경사각으로 태양광 패널을 설치해야 한다. 가장 자연스러운 설치 방법은 지붕의 경사를 그대로 활용하는 것이며, 더욱 좋은 경우는 지붕재를 태양광 패널이 대체하는 것이다. 외부에서 보이지 않게 낮은 경사로 태양광을 설치하는 것보다, 지붕재를 PV로 대체하는 경우 구조 비용 절감, 외장 비용 절감, 심미성 강화 등 다양한 효과를 확보하는 것이 가능하다.

지붕의 종류 중에는 실내이면서도 옥외 광장과 같은 느낌을 가지기 위해 사용되는 천창(Sky-light)이나 채광창이 있으며, 확장되는 개념으로 BIPV가 결합된 캐노피를 적용하기도 한다.

햇볕을 자유롭게 받아들일 수 있고, 쾌적한 느낌을 주며, 난방, 조명에너지를 절감할 수 있기 때문에 천창을 적용하는 경우가 많은데, 이때 시야를 확보하고, 채광 조절을 하기 위해 유리 구조물과 통합된 BIPV를 검토하기도 한다.

[캐노피에 적용된 BIPV]

〈출처〉 저자 직접촬영

입면의 경우 건축물의 얼굴이라고 할 수 있다. 시인성이 높고, 건축물 자체의 개성과 특징을 드러내는 디자인이 가능하기 때문에 BIPV를 적용할 경우 심미성이 가장 중요한 요소이다. 파사드 외장으로서 PV는 수직으로 설치되거나, 건물 표면의 디자인에 따라 다양한 각도로 적용되는 경우가 있다. 이때 발전량은 우리나라의 설치 최적 각도인 방위, 경사를 벗어나는 경우가 많아 발전량 등을 산출하는데 주의가 필요하다.

차양이나 난간, 루버의 경우 기존에는 PV가 적용되지 않았으나, 유휴공간을 적극적으로 활용할 수 있고, 늘어나는 에너지자립률 의무를 만족하는 목적으로 검토하는 경우가 있다. 특히 일사 유입을 방지하고, 냉방 부하를 저감하는 효과와 함께 태양광 발전을 겸해 에너지까지 생산할 수 있으므로 효용성이 존재한다.

BIPV가 건축물의 외장재를 대체하는 역할을 하고 있으니, 심미성이 중요한 요소이기는 하지만 기본적인 요구성능은 반드시 만족해야 한다. 특히 발전장치로서 전기적인 성능을 확보해야 하며, KEC(한국전기설비규정)에서 제시하는 부

[BIPV 설치 위치 및 특징]

BIPV 설치 위치			특징
지붕	평지붕	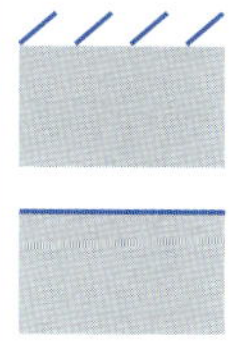	• 건축물 부위 중에서 가장 발전효율을 확보하기 쉬운 곳 – 모듈 설치 시 방위와 경사를 자유롭게 선정 – 외부에서 보이지 않게 하는 경우는 낮은 경사각으로 설치
지붕	경사지붕	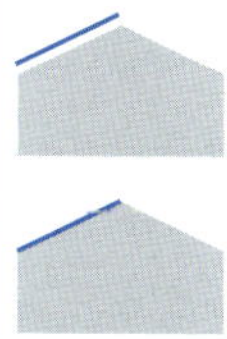	• 태양광 설치 최적 형태 (지붕 경사를 그대로 활용) – 남향 경사지붕은 태양광 발전의 최적 경사 • 평지붕 대비 구조 비용 저감
지붕	천창	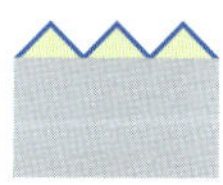	• PV–단열유리는 그림자 효과를 만들거나 빛을 조절 가능 • 수직 배치에 따른 일사량 저감(30%↓) • 시야 확보, 채광 조절을 위해 유리구조물–PV 통합 니즈
입면			• 시인성이 높고, 건물 특징을 드러내는 디자인 – 파사드 외장으로서 PV는 수직 설치 (발전량 감소 30% ↓) – PV를 설치하지 않으면 에너지 생산 측면의 활용도↓
기타	차양, 난간	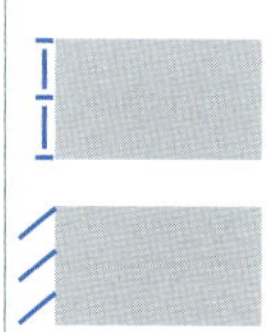	• (차양) 남향 파사드에 고정 혹은 가변형 설치 – 외부 일사 유입 방지, 냉방부하 저감 효과 • (난간) 유휴공간의 적극적 활용

〈출처〉 건물 유형별 BIPV 표준 설계(한국건설기술연구원, 2007)

하까지의 전압강하 수준을 준수해야 한다. 예를 들어 저압으로 수전하는 경우 배선설비의 최종회로 내 전압강하는 조명 3%, 기타 5%이므로 전선에서의 전압

강하를 줄이기 위해 적절한 전선의 굵기 선정 등에 주의를 기울여야 한다. 또한 전기적 절연, 안전 확보를 통해 건물 사용자의 누전, 감전에 대한 안전상 대비도 충분히 갖춰야 한다.

건축적인 성능도 마찬가지이다. BIPV는 건물 외장재를 대신하므로 건물 외장재가 갖춰야 할 성능을 확보하는 것은 당연하다. 적재하중, 적설하중, 풍하중 등 무게에 대한 대응, 기밀, 수밀, 내화, 단열, 차음 등 거주자의 쾌적성과 에너지에 대한 성능 등도 충분히 확보해야 한다.

[BIPV의 건축, 전기적 요구성능]

BIPV 설치위치	전기적 성능		건축 성능							
	전압강하	누전/감전	적재하중	적설하중	풍하중	기밀	수밀	단열	차음	내화
평지붕	○	○	○	○	○	○	○	○	△	○
경사지붕	○	○	○	○	○	○	○	○	△	○
외벽	○	○	–	–	○	○	○	○	△	○
천창	○	○	○	○	○	○	○	○	–	○
베란다(난간)	○	○	○	–	○	○	○	–	–	–
옥상(파라펫)	○	○	○	–	○	○	○	–	–	–
차양	○	○	○	○	○	○	○	–	–	–

〈출처〉 제로 에너지 건축 보급 확산 방안, 제로 에너지빌딩 학습지원 자료집 등(국토교통부, 에너지공단 외)

또한 BIPV는 기본적으로 발전설비이기 때문에, “전기설비의 설치공사를 완료했는지, 그 전기설비가 전기설비기술기준에 적합한지 여부를 검사”해야 한다. 이는 전기안전관리법 제9조(사용전검사), 제10조(자가용전기설비의 임시사용), 제43조(권한의 위임, 위탁) ②항에 따른 법적 사항으로, 반드시 준수해야 한다. 건물용 태양광 설비의 검사는 전기안전공사에서 담당하고 있으며, 최근 늘어나는 검사 건수를 감안하여 전기안전공사는 “신재생 발전설비 처리방법”이라는 문서로 검사방법에 대해 안내하고 있다.

그 내용에는 접근에 대한 안전성을 확보하기 위한 울타리 설치, 약한 지붕(채광창 등)에 대한 안전발판 설치, 안전난간 또는 안전대 걸이, 사다리 설치, 점검 통로에 대한 기준 등을 제시하고 있다. 특히 지붕의 경우 2020년 1월부터 "지붕형 BIPV 안전성능" 확보를 위한 성적서를 제출하도록 하고 있으며, 사용전검사 시에 내풍압, 분포압강도, 방수에 대한 안전성능성적서와 방수 시공상태 점검 기록표 등을 제출해야 한다. 이에 대한 상세한 내용은 전기안전공사 홈페이지 통합자료실의 서식자료에 "태양광발전설비 사용전검사 및 정기검사 수검자 준비자료 서식"에 자세히 안내하고 있으므로 확인해 볼 필요가 있다.

<table>
<tr><th>구분</th><th colspan="2">건물 높이 6m 이하</th><th>건물 높이 6m 초과</th></tr>
<tr><td>20kW 이하</td><td colspan="2">이동식 사다리 가능</td><td>착탈식 사다리 가능</td></tr>
<tr><td rowspan="3">20kW 초과</td><td colspan="2">착탈식 사다리 가능</td><td rowspan="3">고정형 사다리</td></tr>
<tr><td></td><td>후크방식</td></tr>
<tr><td>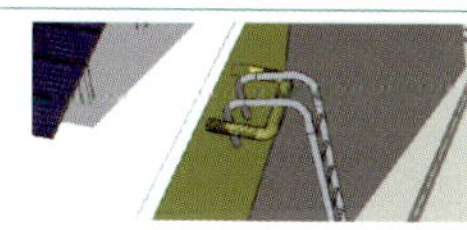</td><td>레일방식</td></tr>
</table>

지붕형 BIPV 안전성능성적서

내풍압 시험

(시험방법) ASTM E 1592-05
또는 동등이상의 성적서

분포압강도 시험(기계적하중 시험)

(시험방법) KS F 2273 → 7.9항목 단순굽힘 시험
또는 KS C 8577 → 6.10항목 기계적 하중 시험

방수 시험성적서

(시험방법) 의뢰자 제시
※ 시험방법 참고사항: ASTM E 1646

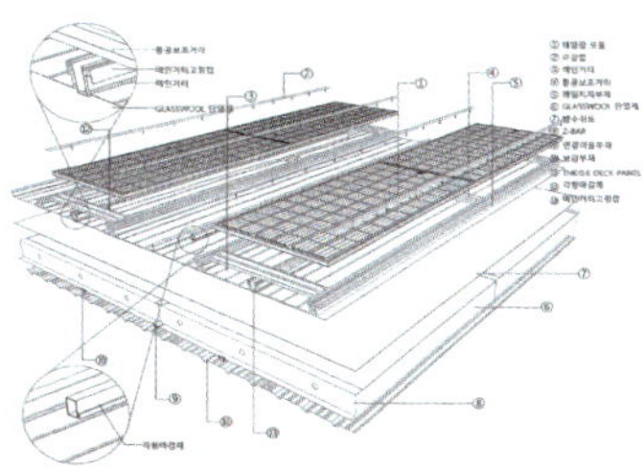

※태양광모듈 및 건자재 포함한 안전성능성적서 *태양광 모듈 및 건자재 구성도 참조

〈출처〉 신재생 발전설비 처리방법_주요 개정사항(전기안전공사)

5
종류별 시공법

1) 지붕

지붕은 태양광 발전 설치의 거부감이 적고, 지붕과 태양광이 일체화할 경우, BIPV가 설치되어 있는지 일반인이 인지하기 쉽지 않으므로 초기부터 설치에 대한 많은 연구가 진행된 건물 부위이다.

건물 지붕에 태양광 패널을 붙이는 방식은 다양하게 존재한다. 가장 간단한 방법은 멤브레인(얇은 막)과 같은 형태의 태양광 필름을 지붕재 사이에 부착하는 것이다. 기존 강판의 골 사이에 부착만 하면 되는 형태로 시공이 매우 편리하고, 시공 시 박막형 태양광 위를 걸어 다녀도 될 정도로 패널 자체가 안정적이

[멤브레인(라미네이트) 방식 지붕 태양광]

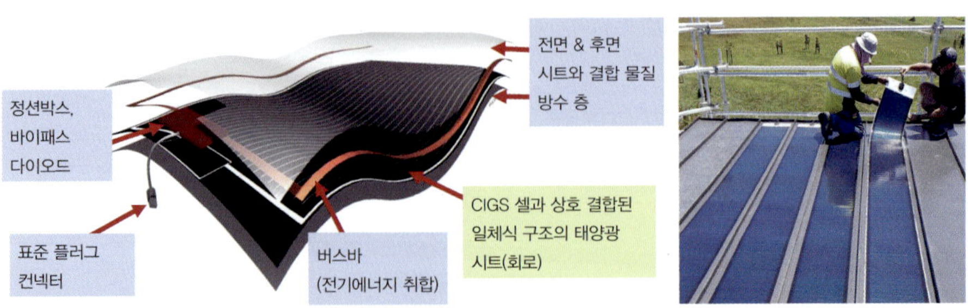

〈출처〉 Solaflex Laminates Solutions – Solar Energy Solutions, http://solopower.com/, filsom flexible solar module

고 유연하다고 알려져 있다. 경량 모듈이 가장 큰 특징이며, 현 시점의 기술로는 단위면적[㎡]당 100~110[W] 발전용량, 무게는 3.5[kg] 정도로 부담이 없다. 기존 실리콘 결정질 모듈 기반의 제품의 단중이 30[kg] 정도임을 생각할 때 그 무게는 기존 대비 1/8 정도로 가벼우며, 접는 것은 아니더라도 롤(roll)처럼 360도 말아두는 것이 가능하므로 기존 건물의 지붕, 벽면 등에 별도의 구조물 설치, 보강 없이 시공하거나, 비닐하우스, 캐노피, 천막에 활용하는 것이 이 제품의 소구점이다.

다음으로는 기존 기와의 기능을 대신하여 지붕 마감재 역할을 하거나, 기와 위에 모듈을 설치하기 위한 하지 구조물을 설치하는 방식이 있다. 국내에는 금속 기와와 일체화되어 있는 태양광 모듈이 존재하며, 가볍고 견고한 것이 특징

[기와 대체 방식 지붕 태양광]

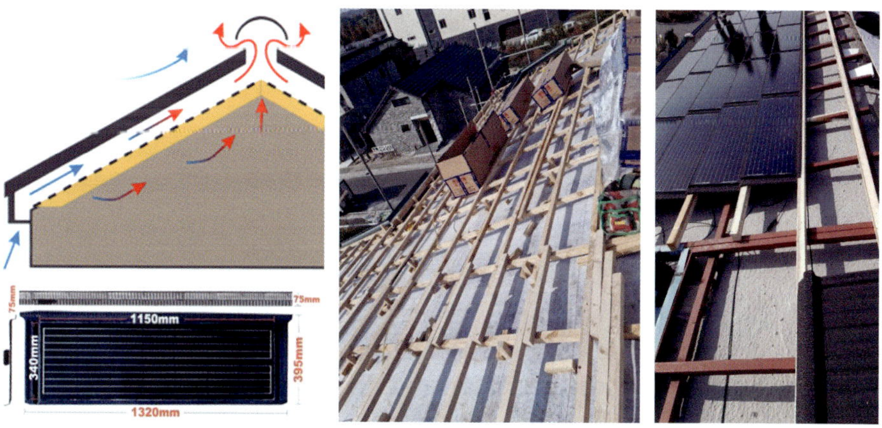

〈출처〉 태양광 금속기와(중앙강재)

시공방법

① 기와상 제작 ② 물받이, 처마시공 ③ 태양광 금속기와 시공 ④ 외곽시공, 마무리 ⑤ 인버터 연결

이다. 간단한 시공으로 설치하는 것이 가능한데, 기존의 기와 시공과 같이 기와상(가로대, 세로대)을 제작한 후에 물받이, 처마 부분 시공, 기와를 부착하고 결선하는 부분, 외곽 마무리를 하고 인버터까지 연결하는 방식이다.

기와상을 이용해서 태양광을 설치하는 방식은 기와형 모듈 이외에 다른 표준 모듈에도 적용할 수 있다. 지붕의 널빤지나 프로파일에 모듈을 고정하는 방식으로 가장 쉽게 구조물에 모듈을 부착할 수 있는 형태이다. 이를 위해 다양한 방식을 적용할 수 있는 아이디어가 도출되었으며, 현장의 상황에 맞게 활용이 가능하다. 전기차로 유명한 테슬라의 경우도 자체 지붕형 태양광 솔루션을 개발하여 판매하고 있으며, 미국 전통방식의 주택이나 목조건물에 적용하기 편한 방식을 전파하고 있기도 하다. 또한 타일 시공과 유사한 부착 방법을 적용하여 빠른 시공이 가능하다. 가정에 전기 수요가 증가하는 만큼, 직접 전기를 생산하여 전용 충전기로 전기차를 충전하는 수직계열화를 목표로 확장하고 있는 것으로 생각되며, 국내 가전 주요기업과 협업을 진행하는 것을 CE Show 등을 통해 확인할 수 있다.

[타일 방식 지붕 태양광]

〈출처〉 https://www.tesla.com/ko_kr/solarroof

[마운팅 후크 이용 지붕 태양광]

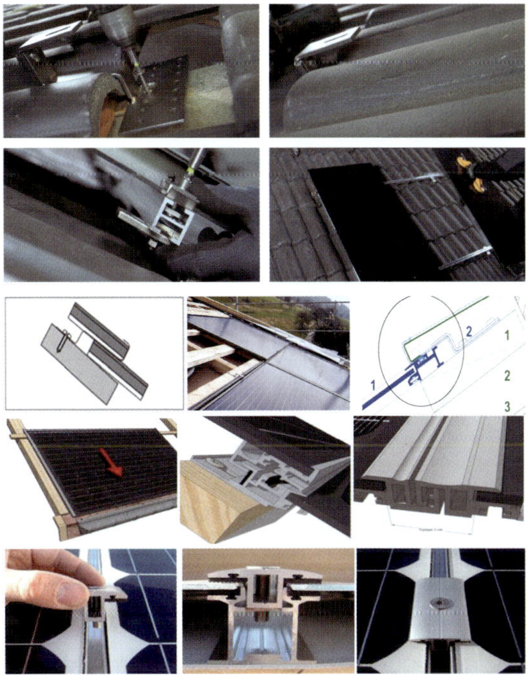

〈출처〉 아밥시스, BIPV SUPSI (스위스), Solterra TI (SOLTERRA SA), Solrif® (Schweizer), Arres Solar

이 외에도 강성을 가진 멀리언(세로), 트랜섬(가로) 지지대에 PV 패널을 고정하고, 이 지지대가 다양한 기능을 겸하는 프레임 형태의 지붕 고정 방식도 존재한다. 특히 이 방식은 지붕과 모듈의 체결력 확보가 전체적으로 용이하고, 배수로 기능을 통해 방수 성능 확보가 유리하여 널리 사용되는 방식이다.

우리나라는 비, 바람, 태풍 등 자연재해가 많다 보니 배수 지지를 기본으로 하는 시스템이 지붕 일체형 BIPV의 주류를 이루고 있다. 뿐만 아니라 BIPV에 대한 규제와 구분의 보수성이 가장 까다로운 국가 중에 하나이다.

지붕일체형 BIPV 시스템에는 다양한 기능이 들어 있다. 일단 지붕 BIPV는 중도리(퍼린) 위에 강판을 설치하는 것으로 시공이 시작되는데, 강판과 연결되는

[배수 지지대 지붕 BIPV 모듈]

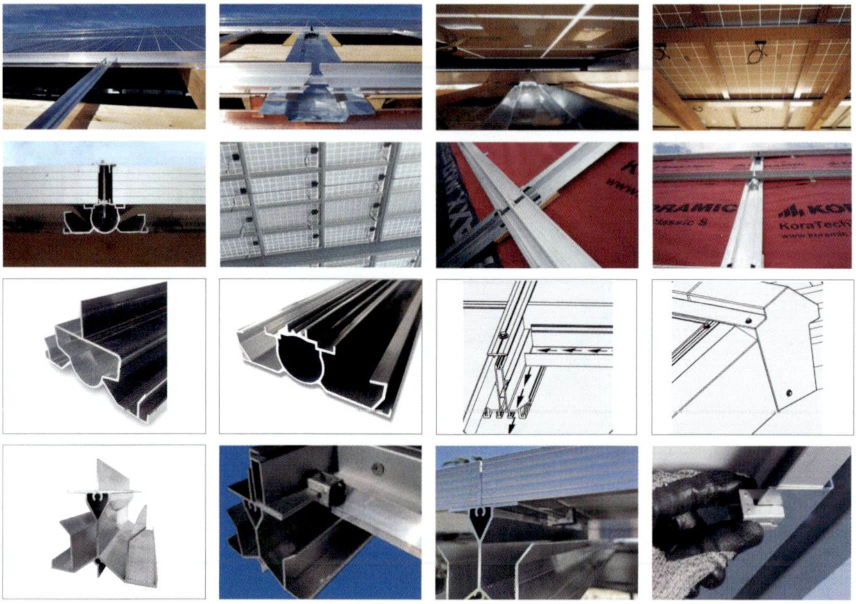

〈출처〉 https://www.clickcon.eu/, https://www.mecosun.fr/

L-형바(bar)의 연결성을 강화하고, 패널의 강성을 보강하는 목적으로 보강 가이드레일이 하부 골 강판과 밀착 체결되어 있는 것이 특징이다. 또한 지역별로 다른 하중(바람, 눈)에 대응하기 위해 가이드레일과 L-형바 격자 간격을 조절하는 것, 배수로와 모듈 거치 기능을 통합하여 구조물 무게를 줄이고, 기능을 일체화하는 복합 프레임 바 등이 특징적인 사항이다.

자연스러운 지붕 물매 형성으로 빗물은 지붕 표면을 타고 흐르는데, 만약 빗물이 내부로 스며들 경우를 대비하여 주 배수로와 보조 배수관이 격자구조로 보완 설치된 점, 태양광 모듈 배면에서 발생하는 배열이 축적되면 모듈 효율이 저하되는 것을 예방하기 위해 연돌 효과(굴뚝 효과)를 응용하여, 외부 공기를 유입하고 배출하는 통기로(공기 흡입 : 처마→공기 배출 : 용마루)를 확보한 점, 단열 성능 확보를 위해 열교차단재를 설치하여 외부로 에너지 손실 발생을 줄이는 점은

[지붕일체형 BIPV의 구조와 기능(c-Si)]

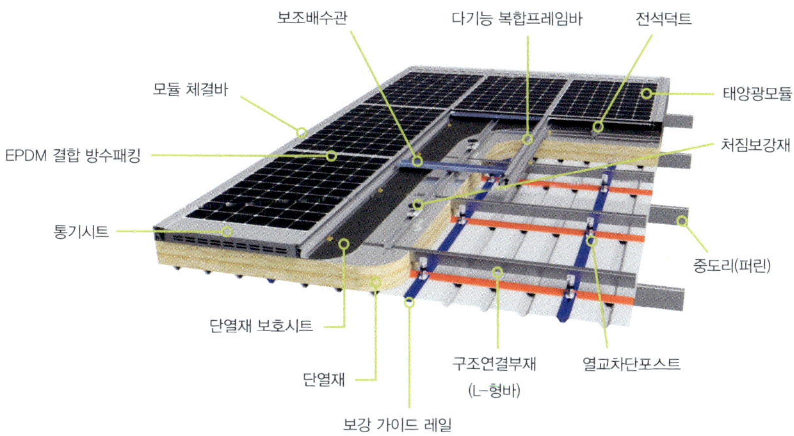

〈출처〉 ABM 제공

[지붕일체형 BIPV의 구조와 기능(CIGS)]

〈출처〉 AVANCIS_Project Detail Drawing

다양한 연구결과가 집적된 것으로 생각된다.

2) 벽체

벽체형 BIPV를 알아보기 위해 일반적인 외벽설치 시스템을 살펴보자. 외벽에 설치하는 BIPV는 외부 골조, 옥탑 외벽이나 파라펫 구간에 가장 많이 적용되며 벽부에 고정용 앵커와 브라켓 설치 후 모듈 사이즈에 맞게 구조틀을 재단, 제작 후 용접, 체결하여 프레임을 벽부에 고정한다. 이후 모듈을 설치하기 위해 별도 몰드(Z바)를 제작하여 모듈 후면에 부착, 프레임에 나사로 고정한 후 외장용 실리콘으로 마무리한다.

모듈 설치 후 어레이 결선에 있어서는 아래 도면의 단면 상세와 같이 외벽과

[외벽 설치 BIPV 도면 사례]

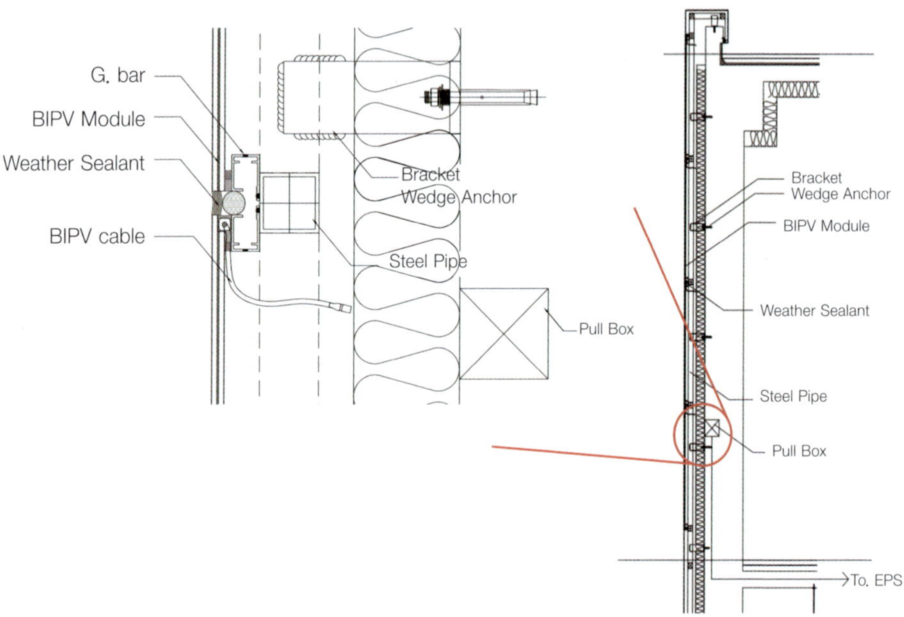

모듈 사이의 공간을 이용하여 결선하며, 최종 어레이 배선을 위해 골조에 풀 박스(Pull box)와 배관을 미리 매립하여 접속반, 인버터까지 케이블을 연결해 나간다. 통상 미리 배관을 매립했을 때, 케이블을 당기는 작업(Pulling, 전선관에 Cable을 넣는 작업)을 하면 전선관의 길이가 길거나 배관의 굴곡이 심할 때 배관이 손상될 수 있고, 전선관을 넣는 작업도 힘들어진다. 따라서 적당한 간격(통상 30m마다)으로 추가 풀박스를 설치하여 케이블을 뽑아내고, 다시 집어넣어 케이블을 전선관에 포설하는 작업을 하며, 이를 위해 몇 개의 구간을 나누기도 한다. 배관을 매립하지 않는 경우에는 설치된 모듈과 모듈 사이 이격 공간을 이용하여 어레이 결선 후, 노출 배관을 사용하기도 하는데 대부분 이러한 경우는 설치된 모듈 근처 계통 연계점이 가까이 있을 때이며, 기자재(접속반, 인버터)도 근거리에 설치된다. 노출배관 적용 시에는 미관을 해칠 수 있는 가능성이 있으므로, 사전 협의 완료 후 작업을 진행하며, 전선 몰딩(쫄대)으로 선을 정리하는 경우도 있다.

외벽형 시스템 적용 시, 사전에 구조계산이 완료되어야 한다. 예를 들어 리모델링 공사의 경우, 경년변화에 따라 골조의 강도가 약해진 경우가 있고, 파라펫 구간은 조적(벽돌)벽으로 이루어진 건물도 있다. 이 경우 조적이 떨어지는 등 안전상 주의를 기울여야 하는 경우가 많으므로, 폭넓은 사전 검토가 필요하며 외벽의 구성 및 상태에 따라 설치될 구조물(앵커와 브라켓, 구조틀 등)의 규격과 수량이 구체적으로 확인되어야 한다.

일반적인 Z바를 모듈에 부착하여 피스 시공한 후 실리콘으로 마감하는 타입이 벽체 BIPV 설치에 대부분을 차지하고 있지만, 배열(背熱)이 쌓이는 것을 방지하는 형태로 발전량에 조금 더 유리한 오픈 조인트(Open Joint) 방식도 있다. 이러한 건축 외피는 눈, 비 등 외부 자극으로부터 건축물을 보호하는 형태이며, 훅인(Hook-In) 방식의 간단한 설치 방식을 적용하여 건물의 사후관리 측면이나, 외피의 교체, 유지보수 측면에서의 간편성을 검토한다면 고려해 볼 가치가 있

[외벽 설치 BIPV Open-Joint 시공]

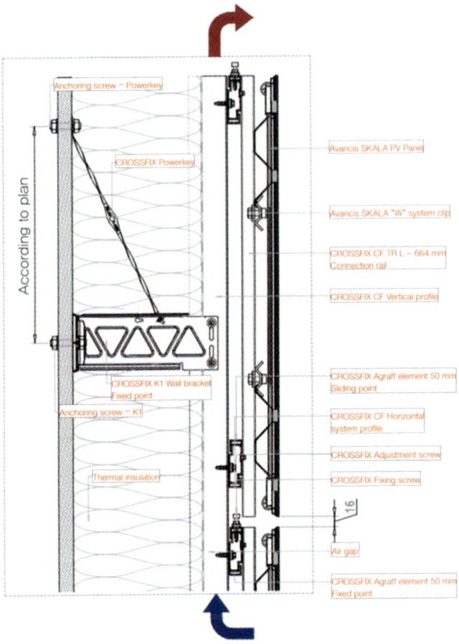

〈출처〉 AVANCIS_Open Joint Hook-In Type

[Hook-In Type 시공 순서도]

〈출처〉 AVANCIS_Installation Manual 中

는 시공방법이다.

Hook-In 시공을 하기 위해서는 별도의 클립바로 불리는 부재를 모듈과 시공할 벽체에 붙이게 되는데 본격 시공에 들어가기 전 계획을 잘 세워서 조립하면 현장에서의 시공 기간을 단축할 수 있어 전체적인 비용을 줄일 수 있다.

3) Curtain Wall

다음으로 살펴볼 형태가 커튼월 BIPV 시스템이다. 커튼월(Curtain wall)은 건물의 하중을 부담하지 않는 비내력 칸막이벽으로써, 건축 구조물의 외부를 금속재, 유리, 석재, Panel을 사용하여 비바람을 막고 소음과 열을 차단하는 기능을 제공한다. 외벽 경량화, 현장작업 간소화에 따른 공사기간 단축 등 다양한 장점이 있는데, 설치 방식에 따라서는 스틱형(Stick wall system)과 유니트형(Unit wall system)으로 나뉜다.

스틱형 커튼월은 각 구성 부재를 모두 현장에 자재 상태로 반입(Knock-down)하여, 현장에서 하나씩 조립 설치하는 방식으로, 부재가 단순하여 경제적이며, 운반이 용이한 장점이 있으나, 현장 조립공정이 많아 관리가 어렵고, 시공속도가 느린 단점이 존재한다. 따라서 중·저층 건물에 많이 사용되는 공법이다.

이에 반해 유니트 커튼월은 구성 부재를 공장에서 조립하여, 패널화하고 유리까지 취부하여 코킹(실리콘), 양생한 후에 현장 반입하는 형태로 현장에서는 패널만 설치하면 된다. 모든 제작이 공장에서 이루어지므로 품질이 우수하고, 상부층 골조가 진행 중이어도, 저층부터 시공이 가능한 점, 이미 완성된 패널을 설치하는 관계로 적은 인원으로도 공사를 진행할 수 있는 것은 이 공법의 장점이다. 그러나 완제품을 이동시키므로 운반 부피가 크고, 양중이 어려운 점 등은 단점으로 작용한다. 따라서 규모가 있는 건물에 적용되는 경우가 많다.

이런 커튼월에도 BIPV는 적용이 가능하다. 흔히 비전(Vision) 구간이나 층과

구분	Stick System	Unit System
설계	설계가 용이	설계가 어렵고, 전문가에 의존
품질	가공을 제외한 조립, 설치가 현장에서 이루어지며, 품질관리가 어려움	가공조립이 공장에서 진행, 공정이 깨끗하고, 숙련자 제작으로 품질 우수
성능	현장 작업에 의존하므로 설계 의도대로 조립 시공이 어려움	품질이 우수하며, 수밀, 기밀, 단열 성능이 뛰어남
운반	공장에서 가공하여 Bar 상태로 운반하므로 운반이 용이하고 저렴함	공장조립 및 운반되므로 운반비용이 큼
시공성	모든 구성부재가 현장에서 조립되므로 시공이 번거롭고, 공기는 인력 투입에 의해 결정됨	구성부재가 공장조립되므로 현장의 공정과 관계없이 공장에서 사전작업할 수 있어 공기 단축에 유리
경제성	구성부재의 형태, Size에 따라 다름	주요 구조체인 멀리언이 암, 수 2개로 분리되어 있어 비경제적임

[Curtain Wall **설치 타입**]

Stick Type　　　　Unit Type

〈출처〉 커튼월 시스템 비교(위더스 이엔지) 외

층 사이 부분을 나타내는 스펜드럴 부위(Spandrel)에 투과형으로 제작된 BIPV 모듈 혹은 G2G 타입의 불투명 유리 형태로 BIPV가 적용되어 기존 유리 부분을

[커튼월 스틱형 BIPV 도면 및 적용 사례(c-Si)]

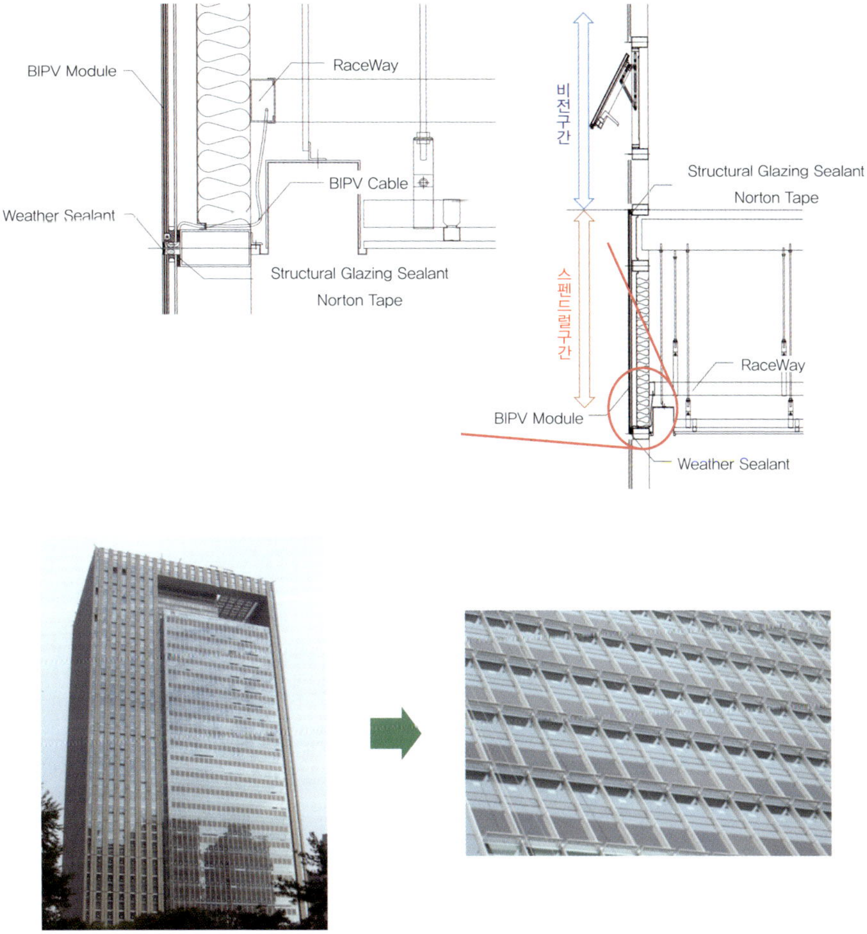

대체하게 된다.

커튼월로서 BIPV를 적용하는 경우, 건물의 하중을 부담하지는 않지만 바람과 비를 막고 소음과 열을 차단하는 기능과 작용하는 응력(풍압, 자체 중량)을 감안하여 외벽과 동일하게 설계 시 구조계산이 수반되어야 한다. 특히 현장 상황 파악과 투입 시점의 판단이 중요한 고려사항이다. 모든 현장이 마찬가지이긴

하지만, BIPV 시스템 내에서 비교해 보면, 외벽형 타입보다 커튼월 타입의 자재 납품 및 입고 시 체크 포인트가 많다. 커튼월의 경우 시공이 골조 공사와 병행하여 진행되고, 고층건물에 많이 적용되므로 자재 납품과 설치일정에 지장이 생기면 선(先)공정과 후(後)공정 모두에 영향을 미칠 수 있기 때문이다. 전체 건설 공사 기간에 영향을 줄 수 있는 소지가 있으므로 건설사 및 간섭 공정별 담당자와 교차 점검(Cross-check)이 지속적으로 필요하다.

유닛형 커튼월 대비해서 상대적으로 저층에 많이 적용되는 스틱형 커튼월 BIPV 시스템의 시공을 위해서는 층간 골조를 이용하여 커튼월 고정용 앵커와 브라켓, 스틱 커튼월을 현장에서 먼저 설치한다. 이후 모듈 설치가 이루어지는데 여기서 외벽형 BIPV 시스템과 다른 점은 복층화(두 장의 접합유리 사이에 공기층을 두어 단열 성능을 높이는 것) 작업이 이루어진 모듈이 설치된다는 점이다. BIPV는 그 자체로서 외장재이며, 바람, 소음, 열 등으로부터 실내·외를 차단할 수 있어야 한다. 이러한 기능과 성능을 갖춘 모듈이 필요하므로, 복층 작업을 마친 상태의 모듈이 현장에 입고, 설치된다. 따라서 스틱형 커튼월 현장 진행 시 복층 모듈화 공정이 추가되어 접합 모듈만이 아닌 복층 모듈의 제작과 현장 상황에 맞는 납품까지 신경 써야 한다.

모듈 설치는 통상 2인 1조로 이루어지며, 설치 시 수평과 하중을 위해 세팅 블록을 미리 댄 후 노튼 테이프와 구조용 실란트를 이용하여 부착한다. 이때 사용되는 노튼 테이프는 부착을 위한 기능보다는 간격을 확보하는 스페이서(spacer)의 역할로서 활용하는 것이며, 구조용 실란트가 완전히 경화될 때까지 노튼 테이프가 안정적으로 버티지 못할 상황도 있으므로, 만약을 위해 임시 고정용 핀을 사용하여 실란트 완전 경화 후 제거하여 마무리하는 것이 중요하다.

설치된 모듈에서 실내로 인입된 모듈 케이블은 천장 배관을 통해 기자재(접속반, 인버터) 위치까지 연결된다. 케이블 인입에 있어서 필요에 따라 커튼월 프레임에 홀(hole) 가공이 필요할 수 있고, 모듈의 설치 방향을 바꿔야 하는 경우

[커튼월 스틱형 BIPV 적용 사례(CIGS)]

〈출처〉 AVANCIS_Project Detail

도 발생할 수 있다. 커튼월 형태와 설치 위치에 따라 시공 변수가 많으므로, 설계 시 건축 및 커튼월 공정 관계자와 해당 사항에 대해 긴밀한 협의가 필요하다. BIPV 모듈 간 어레이 결선 후 인입된 케이블은 기설치된 배관을 통해 연결되는데, 태양광 배관 설치 시에는 전체 메인 전기공사의 동력 간선 루트를 많이 벗어나지 않는 것이 좋다.

다음으로 살펴볼 것은 유닛 타입 커튼월 BIPV이다. 유닛형은 공장에서 미리 전체 조립 후 현장에서 최소한의 설치만 진행하기 때문에 설치가 간단하다. 입고된 유닛의 양중용 홀에 와이어를 고정하며, 윈치를 이용하여 서서히 감아올린다. 유닛을 건물 외부에서 수직으로 들어 올리고, 세운 뒤, 매립된 앵커 위에 고정하며, 외부 배수가 원활하도록 연속 거터가 되게 각 유닛의 상단 연결 위치에 실링, 내부 층간 방화까지 마무리하면 전체 공정이 완료된다.

BIPV 커튼월이 현장 입고되기 전에 복층 모듈의 유닛화 작업까지 완료돼야 하므로 스틱형 타입과 비교했을 때 추가적인 공정이 하나 더 필요하다. 관리적인 차원에서 번거로울 수는 있지만, 현장 투입 후 설치 시 품질이 확보된 상태에서 현장에 자재가 반입되므로 다른 타입의 설치 시스템보다 품질, 성능이 우수하여 시공이 한결 수월하다.

[유닛형 BIPV 시공 과정]

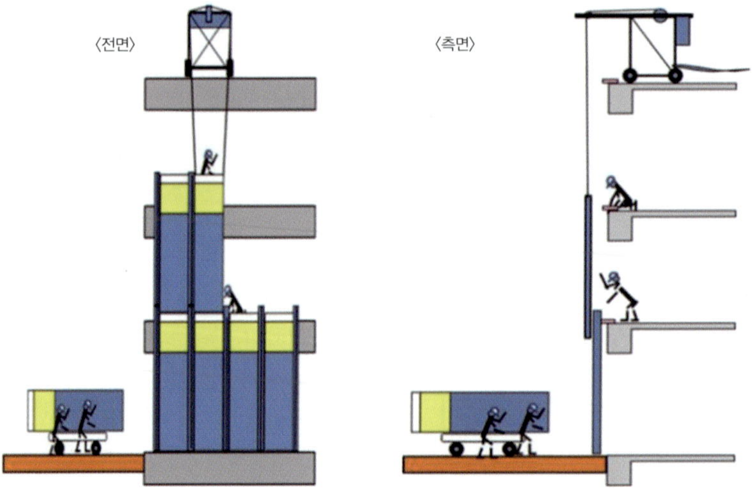

〈출처〉 유니트 커튼월 멀리온 레일 양중 시스템의 경제성 및 현장 적용 가능성에 관한 연구 (2021, 정의인 외)

케이블 인입 관점에서 비교하자면, 스틱형 타입은 프레임과 단열재 사이의 공간으로 케이블이 인입되지만, 유닛형 타입의 경우 커튼월 프레임에 케이블 인입용 홀가공이 이루어진 것을 볼 수 있다. 또한 단면에서 모듈 정션박스와 케이블 설치 방향이 같은 센터로 설치된 이유는 홀가공 구간을 최소화하기 위함이다. 만약 정션박스와 케이블의 위치가 모두 모듈 기준으로 상단 혹은 하단이라면, 홀가공 후 모듈 취부에 추가적인 시간, 인력이 투입되므로 공기, 경제성에 비효율이 증가한다. 이러한 디테일에 대해서도 각 공정 담당자들의 사전 협의와 공감대 형성이 필요하다.

[커튼월 유닛형 BIPV 도면 및 적용 사례(c-Si)]

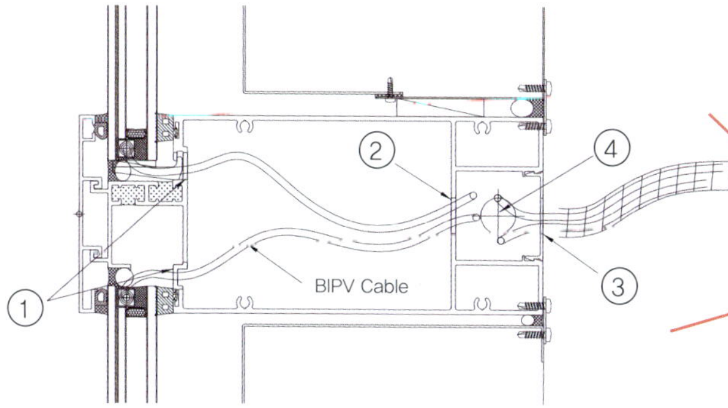

※ 케이블 인입 및 결선을 위한 홀(hole) ① ~ ④

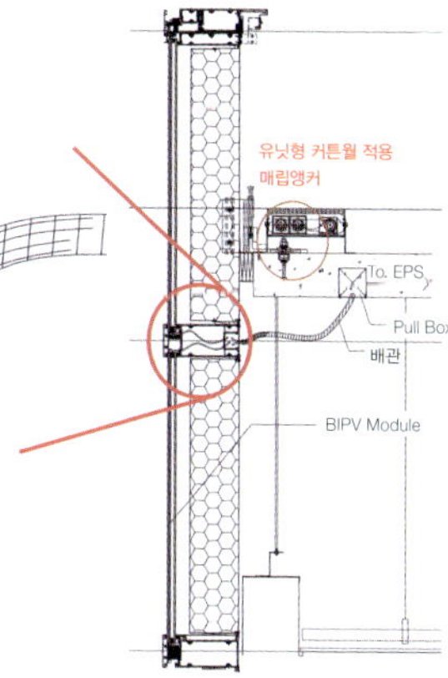

[커튼월 유닛형 BIPV 적용 사례(CIGS)]

〈출처〉 AVANCIS_Spencer st.

케이블은 ①번과 ②번 홀을 통해 유닛 조립 시 내부로 인입되어 입고되며, 유닛 설치 후 어레이 결선 작업이 실내에서도 원활하게 이루어질 수 있다. 또한 좌우 모듈 간 결선을 위해 수직 멀리언을 그림의 ④번과 같이 가공하여 좌우 유닛 간 어레이 결선도 가능하다. 전체 결선이 완료된 어레이 연계는 ③번 커버를 통해 이루어지는데 이러한 타입의 최대 장점은 결선이 용이하며, 마감이 깔끔하고, 추후 유지 보수가 수월하다는 점이다. 단, 가공된 홀을 통해 케이블을 연결할 경우 결선 시 케이블 풀링(Pulling) 등에 의한 피복 손상이 발생할 수 있으므로, 가공부에 실리콘 또는 고무 캡을 이용하여 사전 보호를 진행할 필요가 있다.

BIPV는 외장재의 기능을 겸하고 있기 때문에 모듈의 설치 타입에 따라 특성이 구분되나, 전기적인 결선에 있어서 내부에서 진행되는 공정은 시스템간 차

[BIPV 모듈 케이블 인입을 위한 홀 가공 위치 예시]

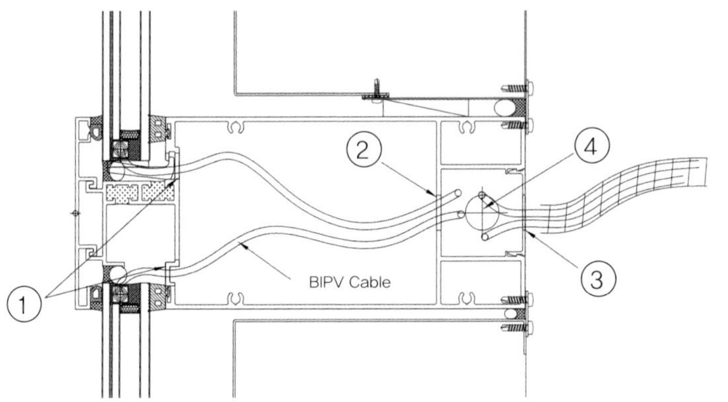

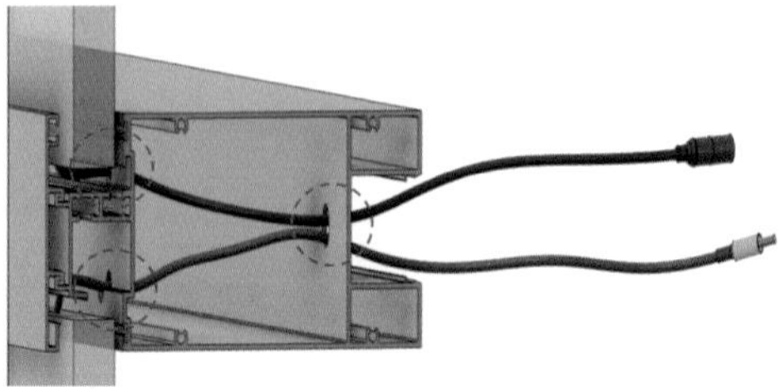

[BIPV 배관 배선]

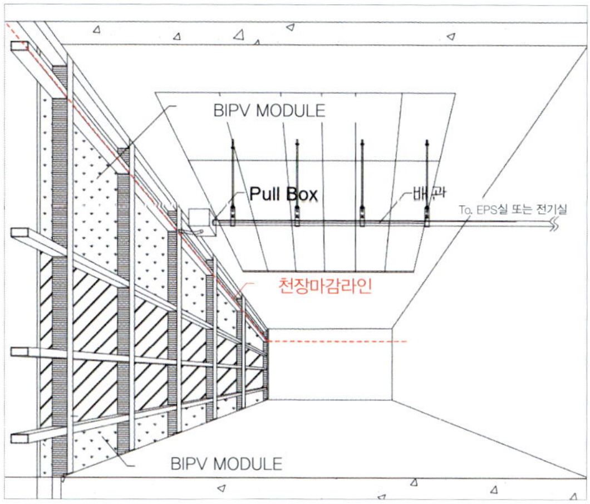

이가 거의 없다. 모듈 설치 후, 어레이 결선, 접속반으로 케이블 연결, 전력변환을 위한 인버터, 계통연계까지 작업은 동일하게 이루어진다.

상기 그림은 BIPV 모듈 설치 후 내부 배관배선 이동에 대한 가장 기본적인 형태이다. 풀박스로 표기된 연계 부분이 여러 가지 형태로 변화한다는 점을 고려한다고 해도, 이후 연결 부분은 충분히 응용하여 적용할 수 있다.

[커튼월 스틱형 BIPV 타입 시공 순서]

모듈 입고 및 양중

노튼테이프 부착

모듈 부착

외부 실란트 작업

어레이 결선

배관 배선

접속반 설치

인버터 설치

계통 연계

준공

[커튼월 유닛형 BIPV 타입 시공 순서]

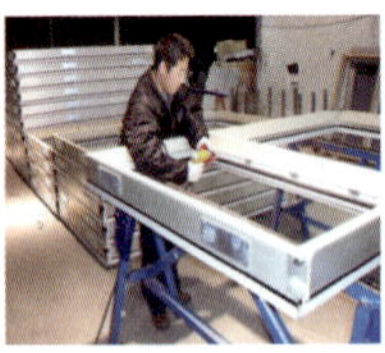
Unit 프레임 조립

BIPV 모듈 공장 납품

BIPV 모듈 설치

BIPV 모듈 케이블 인입

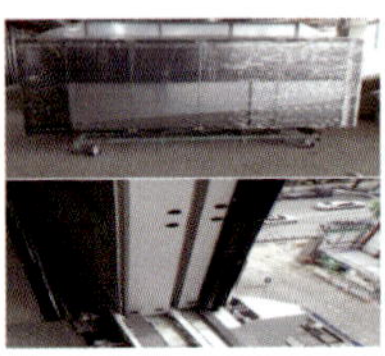
BIPV Unit 현장 납품 및 설치

BIPV 모듈 어레이 결선

배관 빛 배선 작업

접속반 및 인버터 설치 및 연결

6
시공, 얼마나 걸려

이번 장에서는 다양한 BIPV의 종류별 시공되는 과정과 공사기간에 대해 알아보자. BIPV 공사는 건축공사와 전기공사가 결합되어 있으므로, 외장재만 설치하고 마무리하는 일반 건축공사가 아닌 전기 부분의 공정과 소요 시간까지 고려하여 공사 기간을 산정해야 한다. 또한 BIPV 공정은 건축 파트 혹은 전기 파트 단독으로는 수행이 불가능하다는 점도 염두에 두어야 한다.

BIPV는 건축과 전기가 섞여 있는 '복합공정'이다. 일반적으로 전문적인 건축

[BIPV: 건축, 전기 복합공정]

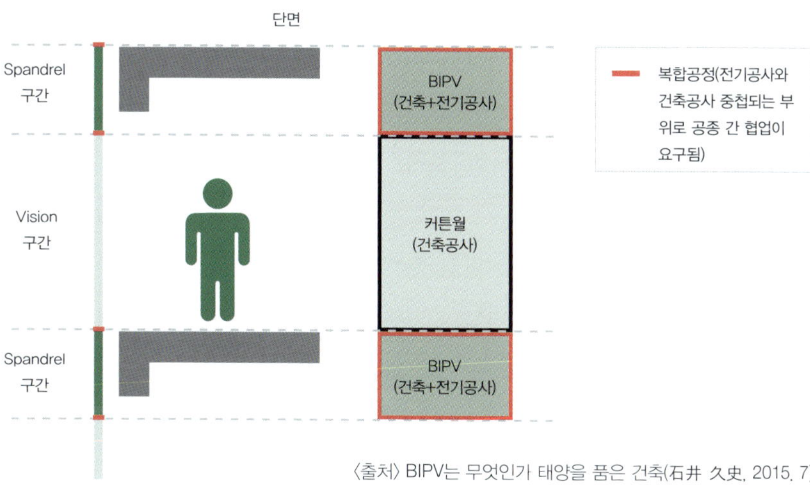

〈출처〉 BIPV는 무엇인가 태양을 품은 건축(石井 久史, 2015. 7)

공사는 지붕, 벽면, 커튼월, 금속, 창호, 유리 등이고, 전기공사는 설비, 계통연계, 통신, 간선공사 등이다. 건축과 전기 공정은 별도로 공사가 이루어지는 경우가 많지만, BIPV는 외장재 기능을 태양광 모듈이 겸하다 보니, 공사간 영역 구분이 애매하다. 건축과 전기공사가 함께 이루어져야 한다면 일반적인 상황보다 더 많은 조율과 협의의 시간이 필요하며, 타 공정과의 조율로 인해 단독으로 시공하기 어려운 부분도 분명히 존재하게 된다.

그러나 BIPV 시공도 건축 과정의 일부이기 때문에, 전공정, 후공정의 영향을 받으며, 영향을 미치는 시공과정이다. 따라서 몇 가지 확인해야 할 사항을 점검 포인트로 삼아 체크해 나간다면 바른 시공이 가능하다.

[중요 점검 포인트]

– 타 공정(건축, 창호, 전기 등)과의 특이사항, 일정 협의
– 모듈 발주 시 현장 반입까지 기간은 어느 정도 소요되는지?
– 현장 투입 전 동선(인원, 자재)에 대해 충분히 확인되었는지?
– 현장 안전팀과의 협의 및 특이사항은 없는지?
– 시공 진행 중에 문제사항은 없는지?
– 사용전검사 등 준공까지 절차와 필요서류는 어떻게 되는지?
– 품질 보증 기간은 어떻게 되는지?
– 발열에 의한 화재 위험은 없는지?
– 모듈 파손 시 어떻게 교체하는지?

1. 타 공정(건축, 창호, 전기 등)과의 특이사항, 일정 협의

BIPV는 전력생산설비이자 건물의 최종 마감재의 역할을 하므로 건축의 가장 마지막 공정을 담당하게 된다. 이 말은 지붕일체형으로 마감을 하든, 외벽에 타 외장재를 대체하든, 창호나 커튼월과 결합하든 BIPV가 마무리 투수 역할을 해

준다는 뜻이다. 모든 계획이 당초 의도했던 바와 같이 순탄하게 흘러가면 좋겠지만, 건물을 하나 짓는다는 것은 수없이 많은 돌발상황의 연속과정이다. 그 과정의 종료 단계에 등판하는 BIPV 모듈시공이니 얼마나 많은 애로사항이 누적된 상태에서 마운드에 서게 되겠는가. 마지막 공정은 늘 마감에 쫓기기 마련이며, 단 한 번도 일정이 빠듯하지 않은 시공현장을 본 적이 없다. 이런 일을 미연에 예방하고자 BIPV 공정은 외장재 마감이 시작되기 전, 타 마감재와의 간섭이나 조립 순서, 납기 일정을 수시로 협의하여 최적의 투입 일정을 잡아야 하며, 이는 건물 외형의 품질이나 마감의 완성도를 위해서도 아주 중요한 포인트가 됨을 늘 인지해야 한다. 건축에서 시간은 돈이다. 공사기간 지연은 늘 비용과 밀접한 관계가 있고, 공정별로 사용해야 하는 장비들의 공유는 시간과 비용을 줄이는 지름길이 되므로 그 중요성을 잘 알고 적극적으로 활용할 수 있어야 한다.

2. 모듈 발주 시 현장 반입까지 기간은 어느 정도 소요되는지?

모듈의 발주와 현장 반입 시간은 설계에 반영된 모듈의 사이즈 및 물량의 통일성과 관련이 있다. 너무 다양한 사이즈와 효율을 가진 모듈이 현장에 들어간다면 BIPV가 다품종 소량생산에 특화되어 있더라도 수공정이 많아지며, 모듈 준비와 제작 기간이 길어진다. 다양한 사이즈의 적용은 제작품질에도 영향을 미칠 수 있다. 작업자는 반복된 작업에서 숙련도 향상을 경험하는데, 제작 모듈이 들쭉날쭉하다면 있던 숙련도도 반감된다. 또한 제작 공정의 동선이나, 협조체계도 변경될 수 있으므로 이는 수율 저하로 연결될 수 있다.

완성도 향상을 위해서는 최소한의 준비기간이 필요하며, 가장 단기간에 준비하더라도 적정하게는 2주 정도의 발주 후 납품시간을 주는 것이 품질 유지의 지름길이 될 것이다.

만약 BIPV 제조사의 모듈 사이즈 범위를 어느 정도 알고 있다면, 납기 기간을 단축시킬 수 있다. 많은 제조사들이 회사별로 BIPV 표준 사이즈를 정해 놓고 있다. 이는 필요한 부자재의 수배, 가공에 필요한 시간을 줄이고, 최적의 효율을 올리는 제품이 있다는 뜻이다. 예를 들어 우리가 집에 TV를 산다고 가정을 해보자. 우리 집의 벽에 53인치 벽걸이형 TV가 들어가면 전체적인 비율이나 인테리어에 딱 좋기는 하겠지만, 안타깝게도 제조사의 TV 사이즈는 1인치 단위로 조절되지 않는다. 결국 소비자는 자신이 원하는 크기와 가장 비슷한 인치를 선택하고, 더 클 것인지 작을 것인지를 선택하게 된다. 만약 표준품으로 레디메이드(Ready-made)된 제품을 구입하면 어떨까.

이를 BIPV에 대입해 보자. BIPV 산업은 기본적으로 장치산업이다. 어떤 장비를 사용하는가에 따라 제작할 수 있는 사이즈의 범위가 정해지는데, 통상 효율적으로 제작하는 사이즈는 가로 1m×세로 1m라고 하자. 그런데 어떤 주문이 가로 2m×세로 3m로 들어왔다면 장비를 새로 셋팅해야 될 수도 있고, 거기에 필요한 부자재를 별도 주문하거나, 작업자의 동선이 바뀔 수 있는 가능성도 있다는 이야기다. BIPV가 외장재의 사이즈를 일 대 일로 대응하는 것을 기본으로 하더라도, 만약 공사기간 단축이 가장 큰 이슈가 된다면 어느 정도 표준화된 제품을 활용하는 것도 이슈 해결을 위한 하나의 방법이 될 수 있다. BIPV는 건축외장재이기도 하지만, 기본적으로는 전력 생산설비이다. 태양빛을 받아서 전기를 생산하는 최소한의 크기, 서로 연결했을 때 최적의 발전량과 생산량을 만드는 규칙, 안전을 위한 셀 사이의 이격거리 등을 감안해야 하므로, 다양한 사이즈로 모든 것을 다 맞추겠다는 생각은 비용뿐만 아니라 효용성 측면에서도 재고하는 것이 필요하다. 적절한 납기와 표준화는 제품의 품질에 영향을 미칠 수 있으므로, 충분한 준비와 설계를 통해 제작기간을 단축시키면서도 높은 완성도를 가진 BIPV를 확보하기 바란다.

3. 현장 투입 전 동선(인원, 자재)에 대해 충분히 확인되었는지?

BIPV가 입고될 때, 정해진 설계에 맞춰 모듈이 제작되었는지, 정교한 시공계획이 준비되어 있는지 다시 한번 확인해야 한다. 건축현장은 BIPV 이외에도 여러 공정이 복합적으로 진행되며, 들어가는 자재도 수없이 많다. 실제 현장에 가보면, 각 공정 간의 일정 조율이 되지 않아 BIPV 모듈을 적재할 공간마저도 없을 경우가 있고, 자재를 준비하고 제작할 장소가 없어 화물차들이 줄줄이 기다리는 경우도 종종 발생하는 것을 알 수 있다. 있어서는 안 될 일이 실제로 벌어질 수 있는 현장이다. 순서대로 작업해야 하는 인원이나 장비가 먼저 사용되거나, 그 공간을 누군가가 점유하고 있는 경우, 한정된 자원을 사용해서 공사가 진행되는 현장에서 계획이 한번 틀어지면 손실이 엄청나다. 따라서 순서, 일정, 자원 투입은 몇 번을 확인하고 또 확인해도 부족함이 있다.

지붕형 BIPV라면 퍼린, 단열재, 하지(프레임), 배수로, 모듈 설치, 통기시트까지 사전 사후 작업에 자재와 인력들이 순서대로 필요할 것이며, 벽체형 BIPV의 경우에는 하지작업부터, 전선을 연결하고, 인버터 등을 설치하는 작업과 단열재, 모듈 설치의 작업 순서까지 생각보다 더 많은 공정이 있을 수 있다. 이를 순차적으로 혹은 병렬로 작업할 수 있는지 확인하고, 효율성을 높이기 위한 시간과 공간을 조정하는 것은 매우 중요한 체크 포인트가 될 수 있다.

4. 시공 진행 중에 문제 사항은 없는지?

이렇게 철저하게 준비하고 계획을 해도, 실제 시공에 들어가서는 문제점이 있을 수 있으며 이런 돌발상황까지도 우리는 시공일정에 포함하여 공사일정을 계산해야 한다. 시공 중에 타 공정과의 간섭과 마감부분에서 마찰이 있을 수도 있고, 날씨의 변화도 큰 영향을 미칠 수 있다. BIPV 모듈도 결함이 있을 수 있으므로 시공 중에 파손이나 교체를 해야 할 수 있으며, 배선을 진행하고 접속반과 인버터에 연결하는 공정도 시공 기간에 충분히 산입하여야 한다.

설치가 어느 정도 진행되면 전기안전공사의 사용전검사 및 각종 준공 관련 서류작업까지 준비해야 한다. BIPV는 인테리어를 제외하고는 건축 공정의 마무리 작업이므로 준공단계 직전이라는 마음으로 시공의 완성도를 높여야 한다.

위와 같은 BIPV 공정의 점검 포인트들을 염두에 두고, 공사 기간을 산정해보면 어떻게 될지 생각해 보자. 건축물의 크기, 현장의 특수성, 난이도, 모듈의 총 설치용량에 따라 공사 기간은 다를 수 있으니, 특정 프로젝트를 예로 들어 확인해 보자.

[현장 : 벽면설치형] 총 설치용량 50kWp, 140Wp/EA×350EA

- 모듈의 발주와 제작기간(1~3개월)

  제작사마다 차이가 있고, 사이즈의 종류에 따라 차이가 있으나 제품의 품질과 이슈 대응을 위해서 넉넉하게 잡고 실행해야 하는 부분이다.

- 하지 작업 및 기본 밑 작업(1~2주)

  모듈을 설치하기 전 BIPV를 구성하기 위한 건축 관련 사전작업 기간이며, 단열 및 기본적인 전기배선 통로 등을 포함한 작업이다.

- 모듈설치(1~2주)

  모듈을 설치하는 실제 기간이며, 기본적으로 비나 많은 눈이 오면, 공사가 중단되기 때문에 이상상황을 반영하여 진행해야 한다.

큰 문제가 발생되지 않는다면 실제 모듈이 설치되고 인버터까지 연결되는 기간은 3~4주 정도 소요되며, 기간은 단축 혹은 연장될 수 있다. 이는 비단 BIPV 뿐만 아니라 모든 건축에서의 시공에 적용되는 변수이므로 특정지어 구분되지는 않는다.

7
마감은 어떻게 해 주나

"악마는 디테일에 있다"라는 말이 있다. 마감은 끝이 없지만, 명품을 만드는 것도 결국은 디테일의 차이이다. 외장재 마감은 건물의 완성도와 내구성에 큰 영향을 주고, 이는 경험 많은 노련한 설계자와 시공자들이 익히 알고 있는 사항이다. 건축물의 최종 마감재로서 BIPV의 역할을 생각할 때, 모듈을 부착, 시공하고 마감을 어떻게 하느냐에 따라 그 완성도는 크게 달라진다. 여기서는 BIPV의 마감이 어떻게 진행되는지 다루어보자.

대부분의 외장재 마감은 줄눈(메지)에 실리콘(실란트)을 쏘는 형태로 진행되며, 실란트 마감은 수분 침투 방지, 내부 보호를 목적으로 한다. 유리뿐만 아니라 금속 판넬, 석재, 세라믹 판넬 등 현존하는 대부분의 외장재의 마감은 실리콘 도포에 의해 마무리되는 것이 일반적이다. 이를 Close Joint 시공방식이라고 표현하며, 흔히 경험하는 방식이지만, 모든 일에는 장점과 단점이 늘 공존하고 있다.

Close Joint 방식은 흔하고, 오랜 역사를 지닌 만큼 안정적인 공법이며, 마감의 비용이 저렴하다. 이 방식을 적용하면 주변의 타 마감재와 BIPV를 확실히 분리하는 시각적 연출이 가능하며, 방수에 대한 심리적 안정감까지 주는 자타공인 기본 마감 방식이다.

그러나 외장재에 가장 널리 쓰이는 실리콘 마감은 치명적인 단점이 존재한

[일반 외장재 실리콘 코킹]

〈출처〉 https://caulking.tistory.com/entry

다. 실리콘(실란트)의 주된 용제(수지를 녹이는 물질)인 오일성분이 실리콘이 경화되어 가는 과정 중에 판넬을 침범하여 얼룩 번짐 형태, 줄무늬 형태의 오염을 남기게 되는 것이다. 외벽 물청소는 표면의 먼지를 제거할 수 있으나, 변색된 오일의 얼룩 부분은 일반적인 방법으로 제거되지 않고, 특수 세정제를 사용하거나 상부를 덮어주는 코팅 방식으로 처리하고 있다. 관련 업종에 종사해서 그럴 수도 있겠으나, 길을 걷거나 운전하다 보면 주변에 많은 건물들이 오염되어 있는 현상을 볼 수 있는데, 이는 미세먼지와 황사의 영향으로 실리콘 위에 쌓였던 먼지들이 오일과 함께 판넬을 오염시키는 것이 원인이며, 노후된 실리콘은 습기침투 등으로 건물의 외장 수명을 급격하게 떨어뜨리는 원인이 될 수 있다.

[실리콘으로 오염된 건물 외장재]

〈출처〉 https://blog.naver.com/amichem/222717223473

BIPV 시공 마감은 크게 실리콘(실란트)을 이용한 Close Joint 방식과, 모듈과 모듈 사이에 실리콘 마감을 하지 않는 Open Joint 방식으로 나뉜다. 현재 대세로 자리잡고 있는 건물 마감 방식이 Close Joint 방식이기도 하고, 건축물의 외관 전체가 BIPV 모듈로만 마감된 경우가 많지 않기 때문에 방수 및 건물의 통일성을 위해 실리콘 마감을 가장 많이 사용하고 있다.

그러나 BIPV 모듈의 수명과 성능 측면에서는 실리콘 마감이 단점을 지니기도 한다. 태양광 모듈은 그 발전량이 온도의 변화에 민감하게 반응하는 제품이며, 효율 향상을 위해서는 배열(背熱)을 뽑아주는 노력이 필요하다. 건축물에 외피로서 발전을 하는 BIPV의 경우, 후면에 축적된 열이 잘 빠져나가지 않으면 발전량의 급격한 저하로 기대에 못 미치는 발전 성능을 보일 수 있다. 실리콘 마감 방식은 태양광 모듈 표면의 오염으로 인한 발전성능 저하, 모듈 후면 열 축적으로 인한 발전성능 저하를 함께 일으킬 수 있기에 결코 간과해서는 안 되는 이슈이기도 하다. 따라서 필요한 경우 보완적인 공법을 선택하는 노력을 기울

[오염된 태양광 모듈 표면]

〈출처〉 https://blog.naver.com/ssi2357/223236438951

여야 한다.

만약 태양광 모듈 표면이 대기오염이나 황사로 더러워진다면 발전을 저해하는 요소로 작용할 것임은 당연하다. 일반적으로 황사에 오염된 모듈을 물 세척으로 씻어낼 경우 5%의 수준의 발전량 향상 효과를 거둘 수 있다고 한다. 물론 경험으로 볼 때 그 효과가 오래 지속되는 것은 아니지만, 반짝 며칠의 효과는 있다. 그런데 항상 오염되어 있고 그 오염이 잘 지워지지 않는다면 어떨까. 건물 외벽에 수직 설치되는 BIPV는 효율과 발전량의 손실이 지붕 경사형 모듈보다 크다.

만약 전면을 마감하는 Close Joint 방식이 아니라면 어떨까. 공기의 순환(Ventilation)을 이용하여 후면에 축적된 열을 배출하는 Open Joint 시공법을 알아보자.

동일한 CIGS 모듈을 두고 시공법과 마감법을 달리하여 출력을 비교해 보면, Open Joint 마감한 모듈이 Close Joint(실리콘) 마감한 모듈보다 모듈 표면 온도는 4.5도 낮고, 발전량은 5.3% 더 높은 결과를 보이고 있다. 향후 발전량과 온

[Open Joint **시공** vs Close Joint **발전량 비교 실험**]

구분	대기온도	모듈 평균온도	온도차(Δ)	일사량(Wh/㎡)	발전량(Wh)	발전시간(h)	발전량차(Δ)	증가율(%)
Close joint	9.56℃	34.80℃	-4.51℃	5,764.41	1,612.09	5.66h	86.18Wh	5.3%
Open joint		30.29℃		5,764.39	1,698.27	5.99h		

〈출처〉 AVANCIS 서울실증단지 비교분석 TEST / KCL공인자료

[BIPV **모듈의** Close Joint **마감**]

[BIPV **모듈의** Open Joint **마감**]

〈출처〉 아반시스

도상승, LCC(Life Cycle Cost) 관점에서 더 깊은 연구가 필요할 것으로 생각되며, 마감에 대한 새로운 공법의 개발을 통해 효율 증대가 되기를 희망해 본다.

모든 방법론은 동전의 양면처럼 장단점이 존재하므로 절대적으로 어떤 것이 더 우수하다라는 결론을 도출할 수는 없다. 비용, 효율, 심미성 등을 종합적으로 검토하여 판단하는 것이 필요하다. 또한 건물의 마감이 타 부재와 어떤 조화를 이루는지, 어떻게 마감하는 것이 더 좋을지 충분히 검토하고 전문가와 상의하여 진행하는 것이 가장 현명한 방법일 것이다.

건축물에서는 BIPV를 포함하여 창호 등 여러 다른 재료들이 각각의 계획과 설계에 맞춰 시공된다. 이러한 타 부재와 BIPV가 맞붙으면 분리를 해주는 마감과 끝단에서의 처리, 전체적인 건물의 완성도를 높이기 위한 별도의 마감 작업이 꼭 필요하게 된다.

설치와 마감의 완벽성을 높여주는 작업을 BIPV 전문가들은 항상 고민하고 있으며, 설계자와 건물주의 니즈와 기대에 부응하기 위한 다양한 시도가 진행되고 있다. 실제 사례를 살펴보며 어떻게 최종 마감을 진행하는지 알아보자. 마감의 완성도는 기본적으로 건물의 수명과 디자인적인 일체감을 주며, BIPV 모듈이 이해관계자에게 진정한 외장재로서 각인될 수 있도록 하는 최종 작업이다. 따라서 기능성과 심미성, 비용까지 고려한 많은 고민과 디테일이 필요하다.

BIPV 모듈이 설치되는 부분에 함께 시공하는 창호 주변의 마감은 사각틀을 설치하여 재료의 원천적인 분리를 진행하게 되며, 창호로 유입되는 빗물 등을 빼주기 위한 물턱 등을 배치하게 된다. 이는 건물 자체의 디자인을 해치지 않기 위해 틀의 두께를 조절하여 상황에 맞게 마감을 하게 되며, 프로젝트 창(아래쪽 열림) 방식의 열림이 아니라 슬라이딩(미서기) 및 틸팅(위쪽 열림), Turn & Tilt(틸팅/여닫이) 방식의 창이 설치될 경우에는 위쪽의 빗물로 인해 창호 및 건물에 영향을 주지 않도록 위쪽에 거터 형식의 빗물막이를 설치하기도 한다. 이렇게 하면 실리콘 마감을 하든, 오픈 조인트 방식으로 배면을 비워 놓든 빗물 등 수분 침투에 의한 건물 손상을 방지할 수 있고, 침투된 수분이 빠르게 마르거나 아래로 타고 내려갈 수 있는 여지를 제공한다. 오픈 조인트 방식은 기본적으로 벽의

[건물의 창호부분의 BIPV 모듈 마감]

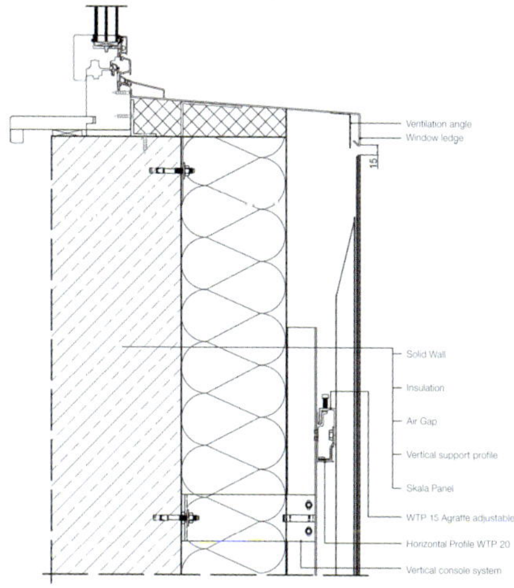

〈출처〉 AVANCIS korea 홈페이지

[건물의 다른 재료와 만나는 부분의 BIPV 모듈의 마감]

〈출처〉 AVANCIS korea 홈페이지

외측면과 내측면에 공간이 있어, 옥외와 같은 기압을 유지하는 등압이론에 의해 압력차에 의한 빗물의 유입은 없으나, 혹시나 들어올 수 있는 빗물을 빠르게 처리할 수 있도록 마감에서는 시공 디테일을 풀어주는 노력이 필요하다.

BIPV 모듈이 설치되고 그 옆에 콘크리트나 석재, 금속 복합판넬이 만나는 경우는 위의 사진처럼 모듈과 다른 재질의 부재 사이에 금속으로 플러싱을 만들어 어색하지 않고 모듈과의 간섭을 없애는 역할을 하게 만들어 준다. 이때 금속 플러싱 재질은 건축물의 특성에 맞게 다양한 변경이 가능하며, 색상은 대부분 모듈과 주변에 만나는 자재의 색상을 커버할 수 있는 컬러를 선정하게 된다.

특수하게는 BIPV가 설치된 곳을 강조를 위해 좀더 강한 포인트 컬러를 선정하기도 한다. 금속 플러싱의 경우 시트를 접어 재료 분리를 위한 목적으로 사용되기도 하지만, 끝단이나 코너부의 마감을 위해 사용되기도 한다. 모든 것은 건물의 디자인을 해치지 않고 조화를 이룰 수 있도록 신경을 쓰는 것이 최우선이며, 다양한 디자인으로 마감할 수도 있다. 만약 위·아랫부분에 유리와 창호로 마감되는 경우 모듈의 안쪽 면을 경계로 시트로 튀어나오지 않도록 마감을 하여 미관과 빗물처리 등의 복합적인 해결을 위한 방법도 가능하다.

사진과 같이 건물의 코너부위의 마감은 금속시트를 이용하여 원하는 모양으로 디자인하여 마감을 진행할 수 있다. 금속의 장점은 높은 외장 마감성과 동시에 어떠한 모양으로도 가공이 가능하기 때문에 건축물의 디자인과 통일성 있는 일관성을 유지하면서 모듈의 마감과 건물 최종 마감을 동시에 진행할 수 있는 점이다.

통상 BIPV 모듈은 바둑판 모양으로 일괄 설치하는 경우가 많은데, 설계하는 방향에 따라 가로, 세로, 지그재그, 틸팅(기울어짐) 설치도 가능하며, 그에 맞는 마감법까지 보유하고 있으므로 기존 방법론을 활용할 수 있다. BIPV 모듈도 어느 정도는 설계자의 니즈에 부합하는 제작기술과 설치방법에 대한 고민이 진보되었다고 생각한다. 코너부위나 각도가 생기는 부분에 늘 다른 재료를 이용하여 마감해야 하는 것은 아니다. 이것을 결정하는 것은 건물의 컨셉과 필요성에 의해 결정되는 것이므로 무조건 플러싱을 이용하여 마감을 해야 한다는 법칙은 적용되지 않는다.

아래의 사진은 건물의 꺽이는 부분을 모듈로만 마감한 사례로 이는 이대로의 독특한 느낌과 간결함을 가질 수 있기 때문에 최종마감에 대한 디테일한 고민이 필요한 부분이다.

〈출처〉 AVANCIS korea 제공

커튼월과 만나는 부위 및 커튼월로 설치되는 BIPV 모듈의 마감은 일반적인 노출되는 마감과는 다르게 더 디테일한 노하우와 건축을 이해하는 지식이 필요하다. 아마도 BIPV가 설치되는 가장 높은 난이도의 시공과 마감이 진행되는 방식이 아닐까 하는 생각이 든다.

[커튼월과 만나는 부위의 BIPV 모듈의 마감]

〈출처〉 AVANCIS korea 제공

사진의 왼쪽과 같이 한쪽 면은 벽체형식의 BIPV 시공이 진행되고, 맞붙는 면은 스틱 커튼월의 형태가 될 때에는 벽체 부분의 BIPV 모듈이 스틱 커튼월의 프로파일에 고정이 될 수 있도록 별도 프로파일을 사용하는 경우도 있다. 이는 디테일을 풀어내는 BIPV 전문가의 엔지니어링 스킬과도 관련이 있으며, 건축을 잘 알고 접근해야 문제가 생기지 않는 완벽한 마감이 가능하며, 건물과 일체화를 이룰 수 있다.

사진의 오른쪽은 유니트 커튼월의 모듈결합과 마감을 볼 수 있는 현장으로 유리와 맞닿는 부분은 유니트 제작 시 결합이 되고 마감 또한 유니트 커튼월의 공사범위과 동일하기 때문에 사전의 계획과 디테일한 설계가 관건이 될 것이다.

모듈이 이질적인 자재와 만났을 때 가장 이슈가 되는 것이 통일성, 누수 방지 여부다. 건축선을 맞추면서도 이질적인 특성이 조화를 이루도록 플러싱을 하거나 실리콘 마감을 하는 것도 하나의 방법이 될 수 있으니, 이해관계자는 각 경우에 따라 적절한 방법론을 선택하시기를 권해 본다. 모듈이 설치되고 건물과의 조화와 기본적인 성능유지를 위해 어떻게 외관 마감을 하는지에 대해 개략적인 설명을 했다면 다음은 발전 설비로서의 마감이다.

발전 설비는 필수적으로 부하에 전력을 공급하기 위한 진선 처리가 중요하다. 외관은 잘 정리를 했는데 BIPV 어레이에서 이어지는 연결선들과 그 선들이 지나가는 길이 정리되지 않는다면 어떻게 될까. 접속반이나 인버터의 주변 마감은 어디에 어떻게 하는지에 대한 물음을 가졌다면 이미 BIPV에 대한 충분한 기초 지식을 쌓았다고 볼 수 있다. 전기적인 마감까지도 섬세하고 깔끔하게 정리한다면 BIPV는 그 순간부터 명품 건물의 외장으로 완성될 수 있다.

창호형이나 유리 마감부의 사용되는 BIPV 모듈은 별도의 부재를 사용하여 전선을 모아 인버터가 설치되는 곳까지 선처리를 해서 보낼 수 있도록 마감을 진행한다. 외부에서는 잘 보이지 않게 처리하는 것이 필수적이며, 설계단계부터 전선관을 매립하는 것을 고려하여, 와이어가 노출되지 않도록 신경 써야 한다. 통상 벽체형 모듈의 경우 모듈 안쪽으로 배선을 넣거나, 외관 마감을 위해 측면(사이드)이나 상단에 설치한 플리싱에 배선을 모아 인버터로 끌고 가 연결하는 방식이 대부분이다. 이는 사후관리와 전선의 노출을 은폐함으로써 미관상 이점을 가지고 있는 방식이며, 이상적인 전기마감 형태로 선호하는 타입이다.

커튼월의 경우에는 커튼월 프레임에 점검과 배선을 연결할 수 있는 전용 프레임 등을 각 업체에서 개발, 적용하고 있으며, 스틱형의 경우 커버 프레임 안쪽으로 배선을 넣어 배선이 숨겨진 타입(히든 타입)으로 적용 마감하고 있다. BIPV 모듈은 외형과 전기마감 두 가지가 가장 중요하므로, BIPV 전문가들은 이 점을 염두에 두고, 개발과 시공성의 완성도를 높이기 위한 노력을 더욱 기울여야 할 것이다.

VI 관리는 어떻게 해

1. 고장나면 어떻게 하지
2. 몇 년이나 보증해 줘
3. 효율 높일 수 있는 방법이 있나

1

고장나면 어떻게 하지

이순신 장군 말씀 중에 선승구전, 수사불패(先勝求戰, 雖死不敗)라는 말이 있다. 승리할 준비를 해두고 전투에 임하니, 비록 죽을 수는 있으나 패배는 없다는 뜻이다. 발전설비의 유지관리를 하면서 이보다 더 나은 격언이 있을까. BIPV 설치를 위한 환경분석, 설계단계부터 적절한 장소에 잘 설치할 수 있도록 검토하면 발전성능도 우수하고, 적설이나 강우에 대한 대비도 뛰어난 작품이 나올 수 있다.

BIPV는 기본적으로 지붕, 벽면을 포함한 건물 외장재로서의 기밀, 수밀, 내풍압 등 성능을 확보하고 있으며, 다른 재생에너지원과 다르게 태양광으로서 기계적인 가동부가 없기 때문에 유지보수가 용이한 편이다. 그러나 건물 외부에서 동작하는 설비이기 때문에, 디자인적인 심미성을 유지하면서 그 자체의 발전성능을 유지해야 하는 부담도 존재한다. 특히 건물의 긴 수명과 함께 BIPV 모듈을 운영하는 기간이 최소 20년 이상이므로 체계적인 관리와 관심이 요구되

[BIPV의 생애주기]

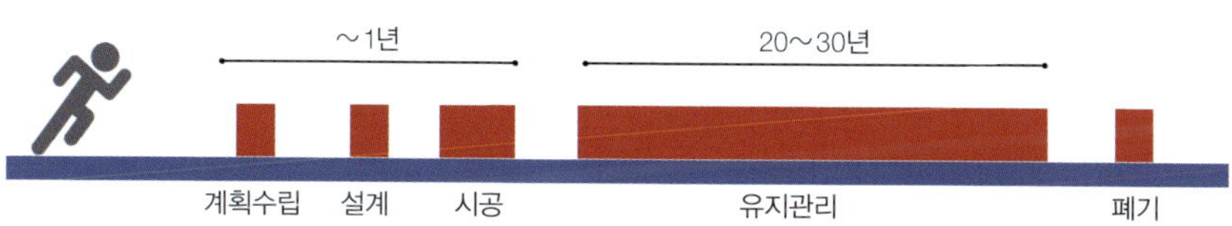

〈출처〉 team analysis

는 분야이다.

계획수립과 설계 단계에서는 높이나 경사각, 면적, 방열 등 건축물 태양광의 설비 설치기준을 준수해야 함은 물론 관리하는 단계에서 쉽고 편하게 관리할 수 있도록 사전에 궁리하는 노력이 필요하다.

BIPV는 건축과 전기설비가 긴밀하게 결합된 제품이므로 건축적인 측면과 전기적 측면에서 검토할 사항을 나눠서 생각할 필요가 있다. 건축적인 측면에서는 모듈 표면이 기상여건에 의해 훼손되거나 부위별 먼지, 낙엽 등의 부착물이 붙을 경우, 적합하지 않은 모듈 부착으로 시간대별로 음영이 집중될 경우 성능 저하의 원인이 되기도 한다. 또한 태풍, 우박, 번개 등 돌발적인 현상, 전기 케이블의 손상, 부식, 케이블 접속점의 고정상태가 느슨해진 것은 육안으로 확인할 수 있으므로 안전조치를 취한 이후에 교체해야 한다. 특히 이 과정에서 발생

[BIPV 시스템의 전력생산 저하 주요 원인]

구분	결과		원인		
	가동중단	성능저하	설계	부품	설치
인버터 고장					
시간별 또는 부분별 그늘짐					
상이한 모듈군의 부조화					
교체부품의 지연					
적합하지 않은 모듈방향					
인버터의 효율미달					
낮은 모듈효율					
모듈의 혼탁			위치 및 경사각		
직류전기케이블 파손					
보호장치, 연결장치, 안전장치의 고장					
제품의 컨트롤 부주의로 인한 모듈의 부조화					
모듈의 효율(기능) 저하					
모듈의 고장					
유지보수작업					
기상여건에 의한 훼손(태풍, 우박, 번개)					

〈출처〉 건물 유형별 BIPV 표준설계(한국건설기술연구원), team analysis

할 수 있는 위험을 예방하기 위해서는 모듈의 차단막을 씌워서 감전 사고를 방지하거나, 모듈의 가대(프레임) 등 금속부분에 직접 접촉하지 않는 것이 필요하다. 모듈 표면이 오염된 경우 통상 강우에 의해 오염이 씻겨 내려갈 수 있으나, 모니터링 등을 통해 예상 수준 이상의 성능 저하가 확인되면 건물 외벽 청소와 연계하여 주기적인 물청소를 실시하면 좋다.

전기적인 측면에서는 설계단계의 모듈 직·병렬, 인버터의 효율 미달, 수리가 필요한 부품의 교체 지연 등 다양한 원인으로 가동 중단이나 성능 저하가 일어나는 경우가 있다. BIPV는 전력생산을 목적으로 하는 발전 시스템이므로, 전기설비 안전관리에 대한 법령을 준수하는 것으로 기본적으로 필요한 유지관리를 진행할 수 있다.

전기안전관리자는 태양광 설비의 용량에 따라 일상, 정기, 정밀점검의 절차와 방법, 기준을 준수하여 점검을 실시하는데 통상 변색, 오염, 이물질, 이상소음, 악취, 발열 등 이상은 없는지, 계측 시 이상이 없는지 판단한다. 만약 이상이 있다면, 안전 대책을 강구한 이후에 보호계전기, 인버터, 접속함, 어레이 전원 등을 차례로 차단하고 이상 원인을 확인하는 활동을 절차에 입각해 진행하여야 한다. 주로 발생할 수 있는 고장은 모듈, 구조물, 인버터 등 BIPV 시스템을 구성하는 부위별로 다를 수 있다.

전선, 인버터 등 전기적인 이상이 감지될 경우 전기안전관리자를 통해 전문적인 유지관리를 진행하는 것이 안전하다. 모듈의 경우 가장 발견하기 쉬운 이상현상 확인 부위이다. 태양광 모듈이 깨졌을 때 가장 먼저 확인할 것은 외부의 충격 여부 혹은 흔적이다. 태양광 모듈의 전면은 저철분 강화유리를 사용하는데, 그 이유는 광 흡수율(93% 이상)을 높이면서, 충분한 강도를 유지하기 위함이다. 강화유리는 판유리를 700℃의 연화점(softening point)까지 가열했다가 급속히 냉각시키는 열처리 공정에 의해 만들어진다. 마치 대장간에서 쇠를 달구었다가 물에 넣어서 식히는 담금질(열처리)과 같은 과정을 생각하면 된다.

[태양광 전기안전관리에 대한 법 – 시행령 – 시행규칙]

〈출처〉 전기안전관리자의 직무에 관한 고시 (국가법령정보센터)
[시행 2021. 6. 15.] [산업통상자원부고시 제2021–105호, 2021. 6. 15., 일부개정]

제3조(안전관리규정의 작성)
① 전기안전 ② 전기안전관리자는 해당 사업장의 특성에 따라 점검종류에 따른 측정 주기 및 시험항목을 반영하여 제1항의 안전관리규정을 작성하고 매년 점검 계획을 세워 점검.

관리자는 시행규칙 제30조제2항제7호에 따라 전기설비의 일상점검·정기점검·정밀점검의 절차, 방법 및 기준에 대한 안전관리규정을 작성.
제4조(점검주기 및 점검횟수) 안전관리업무를 대행하는 전기안전관리자는 전기설비가 설치된 장소 또는 사업장을 방문하여 점검을 실시해야 하며 그 기준은 다음과 같다.

용량별		점검횟수	점검간격
저압	1~300kW 이하	월1회	20일 이상
	300kW 초과	월2회	10일 이상
고압 이상	1~300kW 이하	월1회	20일 이상
	300kW 초과~500kW 이하	월2회	10일 이상
	500kW 초과~700kW 이하	월3회	7일 이상
	700kW 초과~1,500kW 이하	월4회	5일 이상
	1,500kW 초과~2,000kW 이하	월5회	4일 이상
	2,000kW 초과	월6회	3일 이상
[비고] 1. 여행·질병이나 그 밖의 사유로 일시적으로 그 직무를 수행할 수 없는 경우에는 그 기간 동안 해당설비의 소유자 등과 협의하여 점검간격을 조정하여 실시할 수 있다.			

강화과정에서 유리 표면에는 압축응력이, 내부에는 인장응력이 조화를 이루어 잘 깨지지 않고, 깨진다 해도 날카로운 모양보다는 육각형의 작고 각진 모습 혹은 거북이 등껍질 모습으로 깨져서 비교적 안전하다. 그렇지만 강화유리도 유리인지라 파손될 수 있다. 단, 파손의 원인이 무엇인지가 중요하다. 외부에서 강한 충격을 받았다면 표면에 흔적이 남는다. 표면에 흔적이 남았다면 외부 충격에 의한 파손이며 손상 책임이 BIPV 모듈 제조사가 아닌 외부에 있으므로, 외부 충격을 준 원인을 찾는 것이 중요하다.

반대로 외부의 충격 흔적을 찾을 수 없다면 자파(自破: 스스로 깨어짐) 현상이 일어난 것이다. 통상 유리 내부가 스스로 터지는 이유는 불순물 때문인데, 유리는 규석(모래)을 원료로 사용하므로 불순물로 니켈이 섞여 있다면, 이 성분이 산화작용에 의해 내부에서 팽창할 수 있고, 유리가 스스로 폭발하는 현상이 발생할 수 있다. BIPV 모듈이 접합되어 있을 경우는 유리판 사이에 필름(EVA)이 붙어 있으므로 충격에 파손되더라도 파편이 비산하지 않아 안전하다. 자파 현상이 발생한 경우 모듈 제조사에 불량 책임이 있으므로, 교환과 재시공을 요청할 필요가 있다.

또한 발생할 수 있는 모듈의 문제는 박리와 백화 현상이 있다. 박리(剝離, delamination)는 말 그대로 결합이 분리되는 현상이다. 태양광 모듈의 유리와 필름(플라스틱) 사이의 결합이 분리될 때 발생하는 현상인데, 모듈 제조 공정에서 라미네이션 열처리, 봉지재(EVA, POE)의 잘못된 사용이 문제일 경우가 있다. 박리 현상이 발생할 경우에도 모듈사의 제조 불량이 원인이므로 교체를 요청해야 한다.

백화(白化) 현상은 원인이 조금 다르다. 모듈의 발전성능을 향상하기 위해 세척수를 사용해야 하는데, 수도가 아닌 개울물이나 지하수를 사용한다면, 물속의 철, 마그네슘, 석회 등이 포함되어 있는 경우 모듈 표면이 뿌옇게 변할 수 있다. 문제는 백화 현상이 발생하면 물 분무 정도로는 모듈 표면에 침착된 오염물질이 제거되지 않는다는 것이 문제다. 이를 제거하기 위해서는 별도의 세제를 사용하는 전문 모듈 세척업체를 활용하는 것이 필요하며, 비용 또한 부담이 될 수 있다. 이는 사용자의 귀책사항이므로 깊은 주의가 필요하다.

고장, 이상 발생 시 위와 같이 이상 현상을 진단하고, 책임소재를 따져서 빠르게 성능을 회복할 수 있는 조치를 취해야 하며, 장기간 운영해야 하는 BIPV를 관리하기 위해 지속적으로 신경 써야 한다.

[주요 고장원인과 처리방법]

대상	고장	원인	처리
모듈	백화 현상	제조 공정상 불량	교환
	적화 현상	제조 공정상 불량	교환
	황색 변이	제조 공정상 불량(백시트 불량)	교환
	핫스팟	제조 공정상 불량	교환
	유리 적색 착색	지하수(철분) 사용	특수 세척
	유리 백색 착색	지하수(석회 성분) 사용	특수 세척
	오염	먼지, 황사, 타이어 분진, 송화가루	물청소
	프레임 변형	외부 충격, 구조 불균형	교환
	백시트 에어 버블링	제조 공정상 불량(라미네이팅 과정)	교환
	단자함 불량	방수불량, 전선납땜불량, 다이오드 불량	교환
구조물	녹 발생	도금불량, 시공 시 절단, 용접, 크랙	
	이상 진동음	너트 풀림, 구조 불균형, 전선 늘어짐	
	마찰음	구조물 구동부 마찰 계수 커짐	
	변형	구조 불균형, 외부 충격, 기초변형	
전선	변색	불량품, 자외선 과단 노출	
	경화	불량품, 자외선 과단 노출	
	표면 크랙	시공 시 불량, 운전 중 구조물과 마찰, 충돌	
	늘어짐	전선 타이 불량	
	전선관 침수	방수 처리 불량	

[인버터에 표시되는 이상현상과 조치방법]

모니터링	인버터 표시	현상 설명	조치 사항
태양전지 과전압	Solar Cell OV fault	•태양전지 전압이 규정 이상일 때 발생, H/W	•태양전지 전압 점검 후 정상 시 5분 후 재가동
태양전지 저전압	Solar Cell UV fault	•태양전지 전압이 규정 이하일 때 발생, H/W	•태양전지 전압 점검 후 정상 시 5분 후 재가동
태양전지의 전압 제한 초과	Solar Cell OV limit fault	•태양전지 전압이 규정 이상일 때 발생, S/W	•태양전지 전압 점검 후 정상 시 5분 후 재가동
태양전지의 저전압 제한 초과	Solar Cell UV limit fault	•태양전지 전압이 규정 이하일 때 발생, S/W	•태양전지 전압 점검 후 정상 시 5분 후 재가동
한전 계통 역상	Line phase sequence fault	•계통 전압이 역상일 때 발생	•상회전 확인 후 정상 시 재운전
한전 계통 R상	Line R phase fault	•R상 결상 시 발생	•R상 확인 후 정상 시 재운전
한전 계통 S상	Line S phase fault	•S상 결상 시 발생	•S상 확인 후 정상 시 재운전
한전 계통 T상	Line T phase fault	•T상 결상 시 발생	•T상 확인 후 정상 시 재운전
한전 계통 입력 전원	Utility line fault	•정전 시 발생	•계통 전압 확인 후 정상 시 5분 후 재가동
한전 과전압	Line over voltage fault	•계통 전압이 규정치 이상일 때 발생	•계통 전압 확인 후 정상 시 5분 후 재가동
한전 부족전압	Line under voltage fault	•계통 전압이 규정치 이하일 때 발생	•계통 전압 확인 후 정상 시 5분 후 재가동
한전 저주파수	Line under frequence fault	•계통 주파수가 규정치 이하일 때 발생	•계통 주파수 확인 후 정상 시 5분 후 재가동
한전 계통의 고주파수	Line over frequence fault	•계통 주파수가 규정치 이상일 때 발생	•계통 주파수 확인 후 정상 시 5분 후 재가동
인버터 퓨즈	Inverter fuse fault	•인버터 퓨즈 소손	•퓨즈 교체 점검 후 운전
위상 한전 인버터	Line inverter async fault	•인버터와 계통의 주파수가 동기되지 않았을 때 발생	•인버터 점검 또는 계통 주파수 점검 후 운전
누전 발생	Inverter ground fault	•인버터의 누전이 발생했을 때 발생	•인버터 및 부하의 고장 부분을 수리 또는 접지 저항 확인 후 운전
RTU 통신 계통 이상	Serial communication fault	•인버터와 MMI 사이에 통신이 되지 않는 경우에 발생	•연결 단자 점검(인버터는 정상 운전)
인버터의 과전류	Inverter over current fault	•인버터 전류가 규정치 이상으로 흐를 때 발생	•시스템 정지 후 고장 부분 수리 또는 계통 점검 후 운전
인버터	Inverter over Temperature	•인버터 과온 시 발생	•인버터 및 팬 점검 후 운전
인버터 M/C 이상	Inverter M/C fault	•전자 접촉기 고장	•전자 접촉기 교체 점검 후 운전
인버터 출력 전압	Inverter voltage fault	•인버터 전압이 규정 전압을 벗어났을 때 발생	•인버터 및 계통 전압 점검 후 운전

2
몇 년이나 보증해 줘

필자가 가전회사에서 엔지니어로 근무할 때 가장 긴장되었던 순간은 제품이 시장에 출시되고 6개월에서 1년 정도 되는 시점이다. 이 시점이 긴장되는 이유는 고장이나 생각하지 못한 이슈가 이 시기에 집중적으로 나타나기 때문이다. 이는 BIPV 제조사도 마찬가지다. 물론 제조사 내에서는 고온고습 시험(온도 85℃, 습도 85%), 염수분무 시험, 방진방수 시험(IP 등급), 진동, 충격, 낙하 시험 등 다양한 신뢰성 시험을 통해서 성능을 검증하고, 검증된 제품을 내보내고 있지만 생각지 못한 다양한 실사용 환경에 따라 고장이 발생할 가능성도 있다. 따라서 제조사는 보증기간을 두고, 해당기간에 발생하는 문제를 제조사에서 책임지고 대응하는 것이다.

이는 일반 제품뿐만 아니라, BIPV를 제조하는 회사도 마찬가지이다. BIPV는 설계, 시공사의 요구에 따라 태양광 셀을 배열하고, 재료를 적층, 압착, 출력하는 과정을 통해 만들어진다. 이 과정에서 다양한 공정관리의 기술이 필요하다. BIPV 구성요소인 셀의 연결, 적층과 외부 프레임(Z바) 제작 공정을 예로 들어보자. 실리콘 태양전지의 경우 후면이 플러스(+)극, 전면이 마이너스(−)극이다. 건전지 연결처럼 플러스, 마이너스를 직렬 연결할 때 목표로 하는 출력이 나오는데, 워낙 셀 개수가 많다보니 연결이 잘못될 수 있다. 이 경우 계획된 출력이 나오지 않고 불량품이 발생한다. 불량품 발생 시 모듈 전체를 폐기해야 하므로,

[BIPV 제조공정]

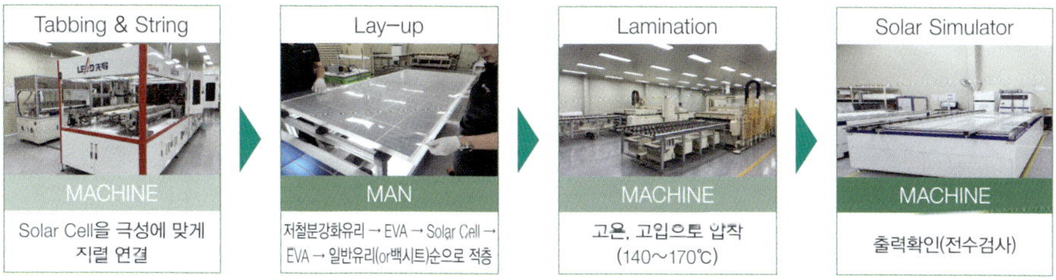

〈출처〉 에스지에너지

[BIPV 셀의 연결 시 관리사항]

〈출처〉 에스지에너지

엄청난 품질 비용이 발생할 수 있기 때문에 제조사에서도 손해이고, 만약 제품으로 출시될 경우 고객에게도 시간과 비용에 영향을 미칠 수 있다.

적층 공정에서도 작업 시 기름 등 유분이 침투할 경우 백시트, EVA 필름, 태양전지 셀, 유리의 밀착이 원활하지 않아 박리로 연결될 가능성도 있다. 제조공정의 관리 포인트로서 맨손 접촉, 기름 묻은 장갑 사용 등을 엄격히 관리하고 있다. 모듈 제조의 마지막 단계에서 프레임 역할을 하는 Z-bar(지바)를 결합하는 공정도 마찬가지이다.

알루미늄 재질의 Z-bar는 기름 성분이 표면에 묻어 있으므로 클리닝 작업이 소홀할 경우 기름 성분에 의해 모듈과 Z-bar가 분리되는 경우가 발생할 수 있어 극히 주의를 요하는 공정이다.

[BIPV 적층, Z바 제조 시 관리사항]

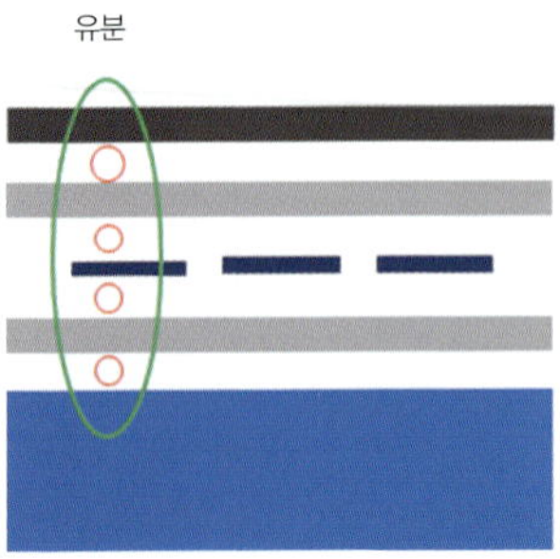

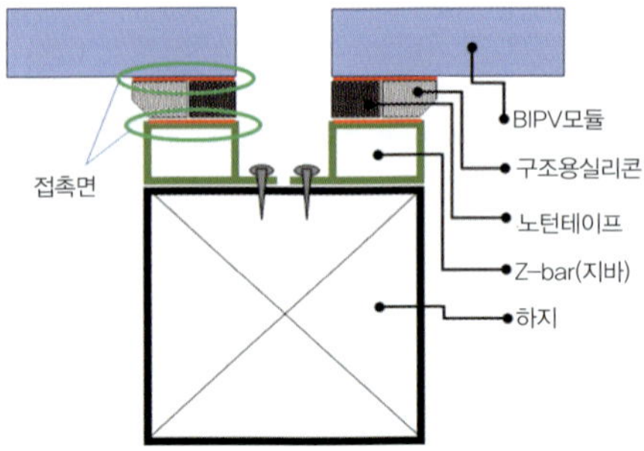

〈출처〉 에스지에너지

이러한 관리를 거쳐 제품이 출시되면 고장은 없는 것일까. 만약 고장이 발생한다면 그 시점은 언제일지 예측가능한 사항인가. 과거 국내에 6 시그마가 도입되면서 많은 회사의 엔지니어들이 체계적인 품질관리 기법을 체득할 수 있었고, 각자의 상황에 맞는 고유의 방법론을 개발하여 품질문제를 획기적으로 개선할 수 있었다. DMAIC(Define, Measure, Analyze, Improve, Control)이라 불리는 고유의 방법론을 통해 완벽에 가까운 품질관리를 추구하고, 제품의 폐기비용, 재작업 등에 소요되는 품질비용을 획기적으로 개선할 수 있게 되었다. 이 6 시그마 교육에 빠지지 않고 등장하는 개념이 품질의 욕조 곡선(Bathtub curve)이다.

고장은 시간 경과에 따라 다양하게 변화하는데, 제품 사용 초기에 고장이 많았다가 안정화되면 낮은 상태를 유지하고, 다시 높아져서 폐기하는 과정까지 연결되는 흐름을 보인다. 제품 출시 초기에는 예상치 못한 고장이 많아 품질을 안정화하는 시간이 필요하다. BIPV에 있어서는 시작 전 점검을 통해 고장의 요인이 될 수 있는 현상을 빠르게 발견하고, 조치하는 노력이 필요하다. 특히 BIPV 모듈 표면의 오염, 파손, 변형, 고정상태, 코킹 등은 육안으로 파악이 가능한 부분이므로 실제 가동에 앞서 철저한 점검이 필요하다. 또한 초기 운전 시 발생할 수 있는 진동, 소음 등 이상 현상은 그 원인에 대해 깊은 검토를 하는 것

[기계의 고장률(욕조 곡선)]

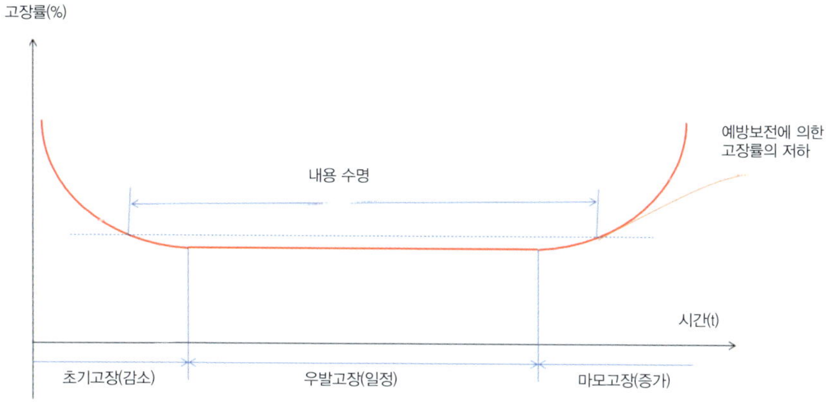

이 고장을 줄일 수 있는 방법이 된다.

본격적으로 2~3년 정도 운전을 시행하면 시스템이 안정화되고, 정기적인 점검을 실시하므로 특별한 이유가 없이 계획한 성능을 유지할 수 있다. 물론 시스템을 구성하는 부품의 수명은 각기 다를 수 있으므로 전체 시스템 중 가장 취약한 부분을 집중적으로 점검하는 노력이 필요하다. 특히 모듈의 기대수명은 20년 이상이지만, 인버터의 수명은 5~10년이므로 중간중간 확인하는 노력이 필요하다.

수명이 다해가는 시점인 20년 이후에는 장비의 일부분의 수명이 다하는 시간이 도래한다. 구성요소의 부식, 마모가 발생한 경우 전면 교체 혹은 대수선이 필요할 수 있다. 제조사의 보증은 초기 불량이 발생하는 3~5년에 집중되며, 물리적인 보증 외에 비정상적인 효율 저하가 발생할 경우는 25년까지 보증하는 경우가 있다. 소비자가 정상적으로 제품을 사용할 때, 자연 상태에서 발생하는 품질 문제, 성능 저하, 기능적인 하자에 대해서는 당연히 제조사의 책임이 있으며 이를 확인하고 활용하는 것이 소비자의 권리이다.

3
효율 높일 수 있는 방법이 있나

"교과서 위주로 공부했어요." 전교 1등, 수능 만점자들이 인터뷰에서 흔히 하는 말이지만 과연 이게 가능할까라는 의문이 들기도 한다. 뭔가 숨겨 놓은 비법이 있는 것은 아닐까. 하지만 '공부에 왕도가 없다'라는 말처럼 기본기에 충실하면 좋은 성과가 나오는 것은 당연하다. 단지 우리가 그 기본기에 충실하지 못하면서 요행을 바라고 있는 것은 아닐지 되돌아보는 노력이 필요하다. BIPV도 마찬가지다. 고장없이 높은 효율로 잘 사용하려면 기본기에 충실해야 한다. 이 기본기가 발전소의 일상, 정기, 특별점검이다.

BIPV 발전 시스템의 점검은 시공 후, 일상, 정기, 특별점검으로 구별할 수 있다. 특히 초기 설치 이후 점검이 가장 중요한데, 그 이유는 BIPV 시스템이 별도의 이동이나 변경없이 장기간 동일한 장소에서 동일하게 운영되기 때문이다. 따라서 초기 상태를 유지하는 것이 시스템 효율을 높이는 기본적인 방법이다. 특히 이동할 것 같지 않은 케이블 등이 공사 시의 손상이나 비틀림에 의해 이동하는 경우도 있어 주의가 필요하다. 또한 공사가 완료되면 태양광 설치 시 외관검사 등을 실시하여 오염 및 파손 여부, 프레임의 변형, 고정상태, 코킹의 망가짐, 방수처리, 접지상태 등을 종합적으로 확인해야 한다.

시공 후 이상이 없으면 일상적인 점검이 진행된다.

일상점검 시에는 오감을 활용해서 이상상태를 확인하는 것이 필요하다. 외관

[BIPV 시스템의 일상 - 정기 - 특별점검]

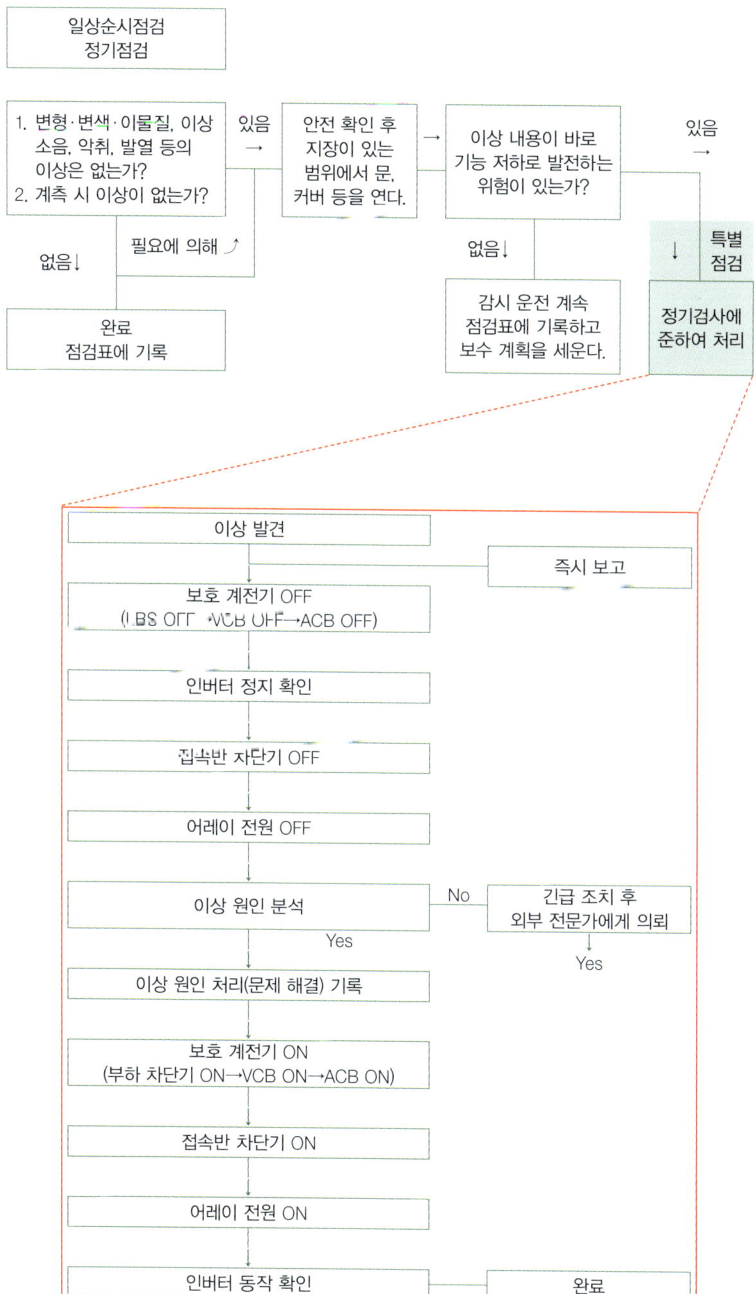

[BIPV의 유지관리 주의사항]

으로 보았을 때 변형이나 변색, 오염, 이물질, 이상소음, 진동, 악취, 발열 등 이상이 없는지, 계측 시 이상상태 등을 확인하고 점검표에 기록하는 과정이 필요하다. 만약 이상 내용이 있다면 이 현상이 기능 저하로 발전할 위험성이 있는지 확인하고 점검 보수 계획을 수립하는 것이 필요하다.

만약 이상이 있고, 조치가 필요하다고 판단하면 안전을 위해 보호 계전기를 OFF 하고, 인버터, 접속반, 어레이 등의 동작상태를 확인하고 긴급 조치 후 전문가에게 의뢰하여 이상 원인에 대한 조치를 취해야 한다.

BIPV 시스템을 구성하는 각 부위별 점검을 할 때, 유의사항은 발전소 관리 점검항목에 준하여 실시하는 것을 권장한다. 모듈의 경우 유리의 표면 오염, 프레임 파손 및 변형 여부, 접지선의 접속단자, 체결상태 등을 확인하는 것이 필

[발전소 관리 점검항목]

설비	점검방법	점검항목
태양광 모듈	육안점검 각부의 청소상태 볼트, 배선 등 이완	유리 등 표면의 오염 및 파손
		프레임 파손 및 변형 여부 확인
		가대의 부식 및 녹 확인
		외부배선의 손상 확인
		접지선의 접속 침 접속단자 확인
		볼트, 평와셔, 스프링와셔, 너트 제결상태(SUS) 확인
		용융아연도금 또는 동급 이상 설비 확인
	열화상 측정	Cell Crack 등 Hot-spot 발생여부
인버터	육안점검 후각으로 확인 조작상태 확인	외함의 부식 및 파손 확인
		외부 배선의 손상 확인
		환기여부 확인
		이상음, 악취, 발열, 과열 확인
		인버터 전압, 전류, 전력, 역률, 주파수, 누적발전량 표시여부 확인
접속함	육안점검 조작상태 확인	각 직렬군의 말단 회선에 개별 연결 확인
		열방출을 위한 환기구, 방열판 설치여부 확인
		외함의 부식 및 손상 확인
		전선 인입구 방수처리 확인
		외부 배선의 손상 확인
		단자대 접속상태 확인(조임, 터미널 부식 상태 등)
		접속반 외함 디스플레이 확인
배전함 외함	육안점검 및 장치 조작상태 확인	볼트 조임 및 이완여부 확인
		문의 개폐상태 확인, 점검창 등 패킹 열화여부 확인
		볼트류 등의 조임 이완 혹은 손상 확인
	명판상태 확인	소임 이완 혹은 파손, 선명하지 못한 부분 확인
	인출기구상태 확인	인출기기의 접촉위치 및 단로위치 확인
모선 및 지지물	육안점검 후각, 청각으로 확인	볼트류의 조임 이완 혹은 진동음 확인
		코로나 방전에 의한 이상음, 악취, 발열, 과열 확인
주회로 인입 인출부	육안점검, 청각 확인	케이블 단말, 접속부 볼트류의 조임 이완 혹은 진동음 확인
		코로나 방전 또는 과열에 의한 악취 확인
		케이블 막이판 간격 혹은 손상 확인
		조류, 설치류 및 곤충 침입흔적 확인
제어회로의 배선	육안 확인	전선 절연, 피복손상, 지지물 손상 확인
	후각으로 확인	과열에 의한 악취 확인
단자대	육안 확인	조임부 이완 확인, 절연물 균열 및 파손 확인
접지단자, 접지선	육안 확인	접지선의 부식 또는 단선 확인
		표시 부착물 확인
배선차단기, 누전차단기	후각조사	과열에 의한 악취 확인
	장치 조작상태 확인	동작상태 표시화면 및 개폐기구핸들 이상 확인
설치 부위 전반	육안점검	BIPV 설치장소 전반 청결상태 확인
	육안점검	우수 흐름 방해, 배수로 막힘 상태 확인

〈출처〉 NCS(National Competency Standard) 태양광+발전시스템+유지관리

요하며, 인버터 또한 외함의 부식, 파손, 환기여부 등을 점검해야 한다. 이런 활동을 지속적으로 진행할 때 효율을 최상의 상태로 유지하며 성능을 극대화할 수 있다.

부록

1. BIPV 시공 디테일
2. 모듈 종류에 따른 BIPV 적용 사례
3. BIPV 타입별 설치 기법
4. 지역별 녹색건축 기준(신재생의무비율)

1

BIPV 시공 디테일

구분	적용 형태	특징 및 유의사항	비고
일반 PV 박공지붕	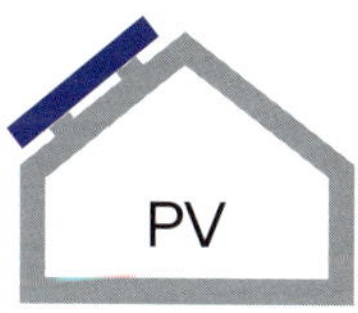	개요 : 박공 지붕, 편지붕에 태양광 구조물을 설치하는 시스템 유의사항 : 옥상 누수를 방지하기 위해 필요시 무타공 시스템 적용 – 도면이 없거나, 도면과 다르게 현장 시공되었을 가능성이 존재함 – 지붕의 서까래, 도리(퍼린) 간격, 지붕 상태를 실측하여 상세 설계 필요	샌드위치 패널 거멀접이
일반 PV 평지붕	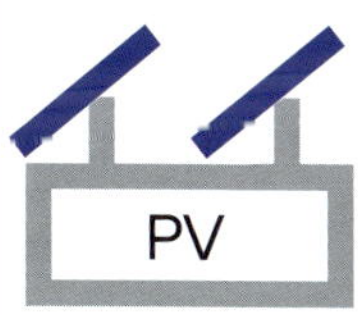	개요 : 옥상 평지붕, 지붕 주차장 등에 태양광 구조물을 설치하는 시스템 유의사항 : 옥상 방수층 충격방지를 위해 태양광 패드(base plate) 실지 필요 – 신축건물의 경우 옥상 슬라브 타설 시 태양광 베이스 플레이트 동시 작업 진행 – 콘크리트와 철 구조물을 부착하기 위해 케미컬 엥커를 사용하며 방수 성능 확보	콘크리트 슬라브
지붕일체형 BIPV		개요 : 태양광 모듈이 지붕재 기능을 겸하는 태양광 모듈 일체화 시스템 유의사항 : 지붕의 누수방지를 위한 기능적인 구조, 시스템의 적용이 필요 – 지붕면의 심미성이 중요하지 않아, 표준화된 모듈을 사용하는 것이 일반적 – 단열재와 모듈의 일체화 외에도 배수로, 전선가이드 등 기능성 통합 중요 – 콘크리트 슬라브 형태 지붕에 적용 불가	시스템 지붕패널

벽면일체형 BIPV		개요 : 태양광 모듈이 건물 외장재의 기능을 겸하는 태양광 모듈 일체화 시스템 유의사항 : 파사드 디자인에 따라 태양광-외장재를 조화롭게 구성하는 것이 중요 - 건물 입면에 맞게 모듈 사이즈, 형태, 색상 조절 가능(모듈 KS인증, 제작기간 고려) - 건축마감선 통일 및 열관류율 검토를 위해 건축설계사와 사전협의가 중요 - 태양광 자체의 열관류율 값을 가지지 않으며, 별도 단열재 등으로 조건 충족	콘크리트 벽체 스펜드럴, 커튼월

일반 PV (박공지붕)

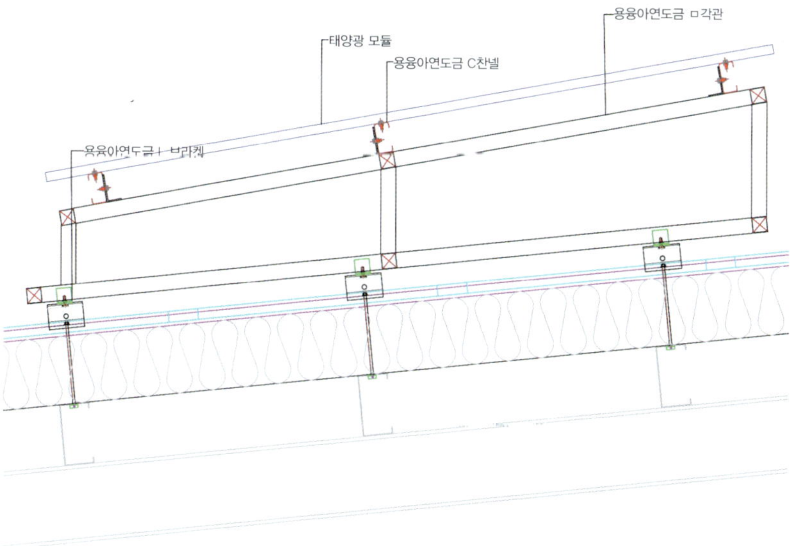

박공지붕 태양광(무타공)

[기존 지붕]

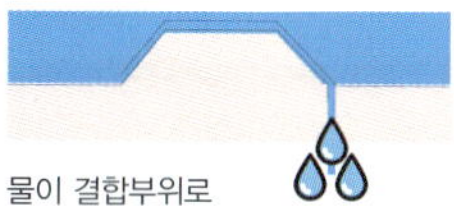

[방수캡]

〈출처〉 장인산업 볼트프리캡, flatcon

일반 PV (평지붕)

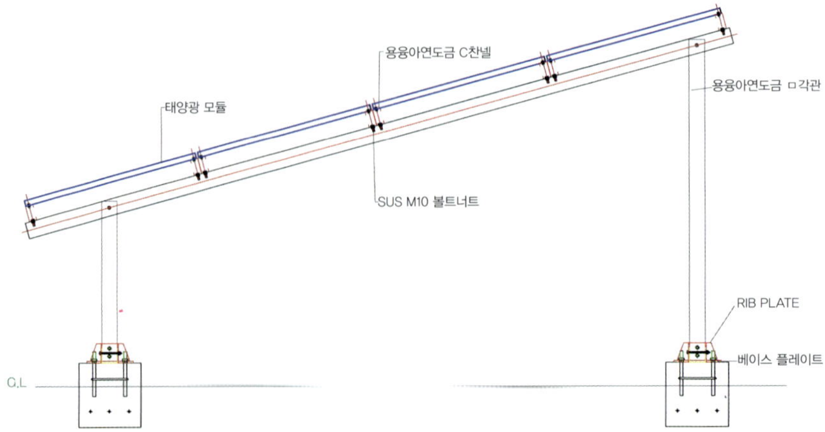

평지붕 태양광 상세도

지붕형 BIPV

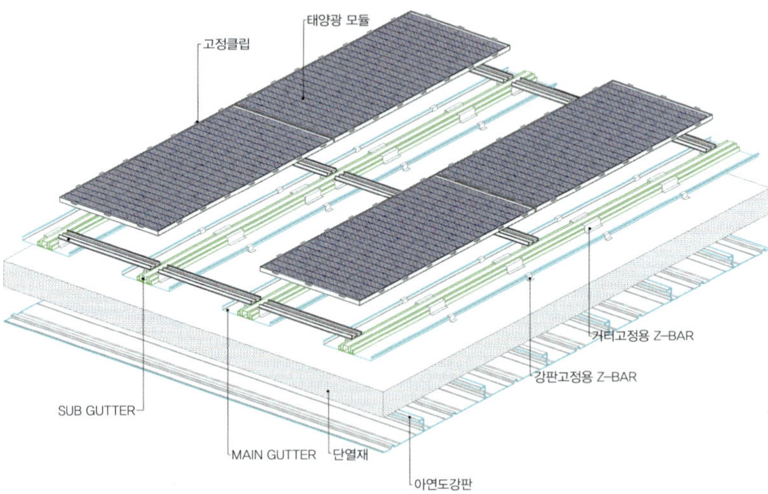

지붕형 BIPV 태양광

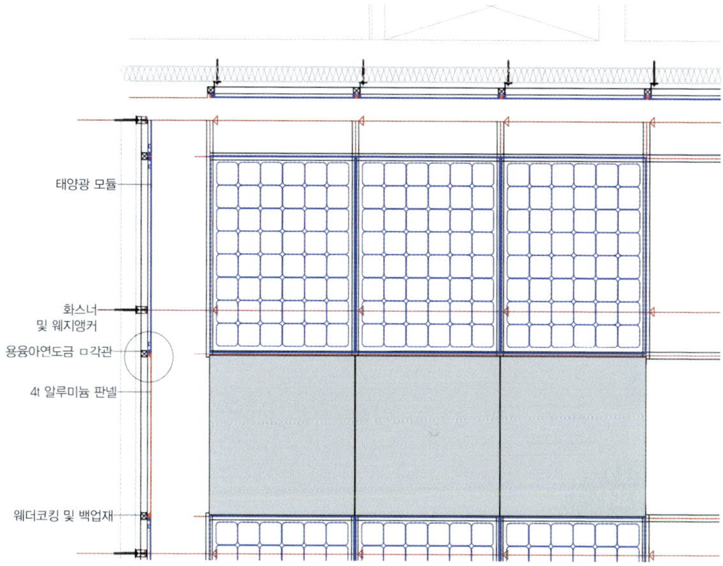

벽면 결정질 태양광(알루미늄판넬 접합부위)

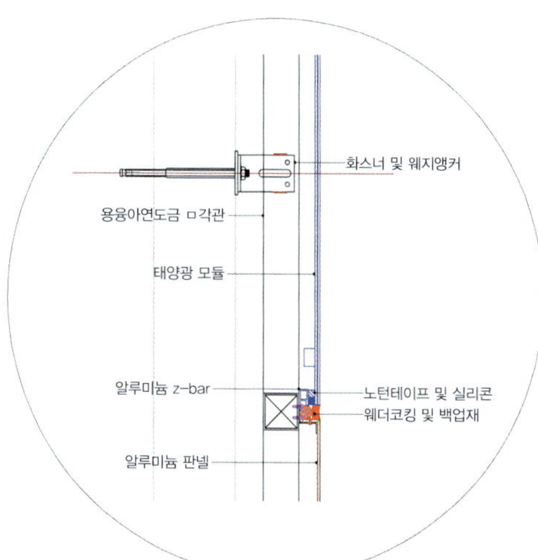

벽면 결정질 태양광(알루미늄판넬 접합부위)

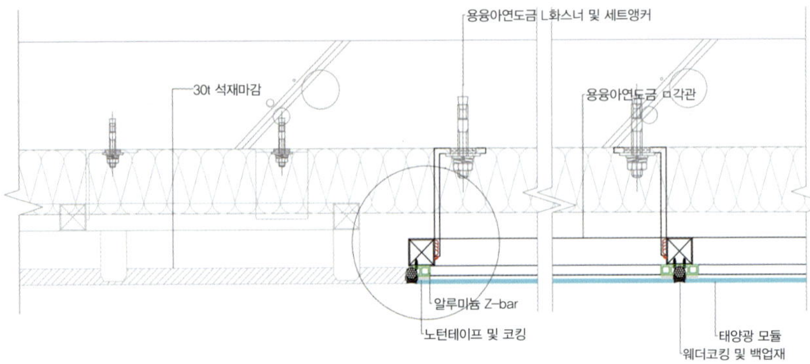

벽면 결정질 태양광(돌마감 접합부위)

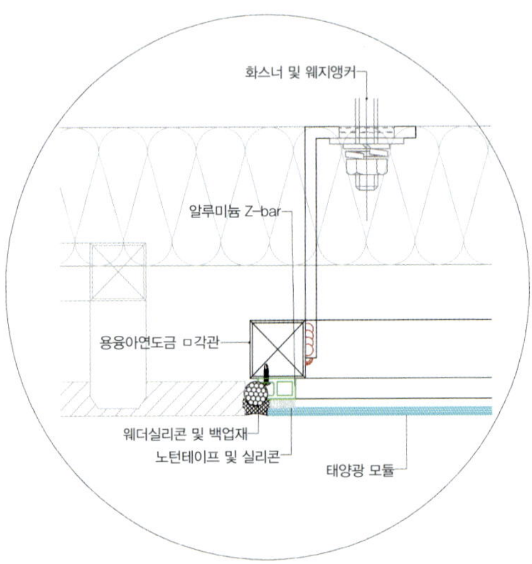

벽면 결정질 태양광(돌마감 접합부위)

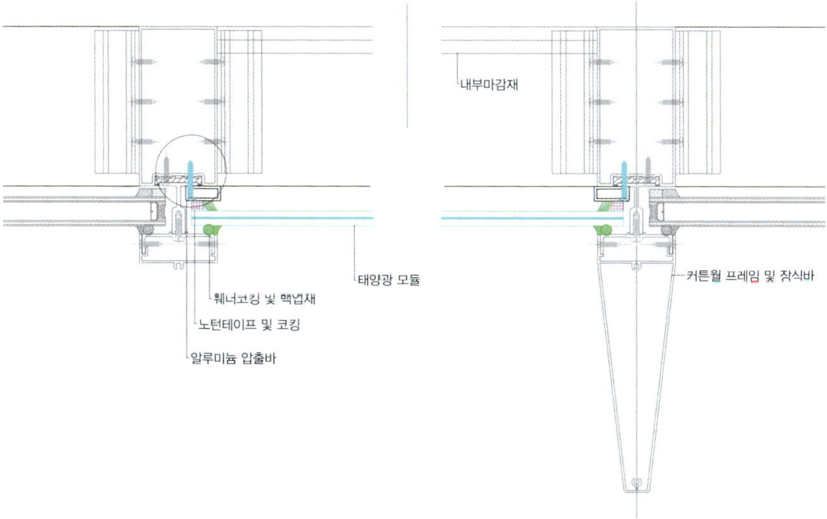

벽면 결정질 태양광(커튼월 부착)

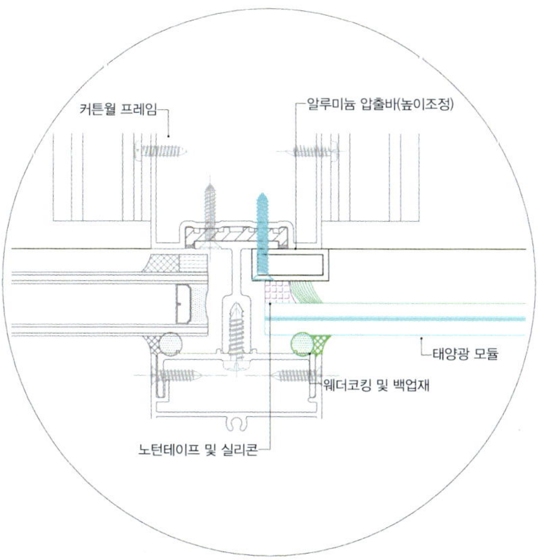

벽면 결정질 태양광(커튼월 부착)

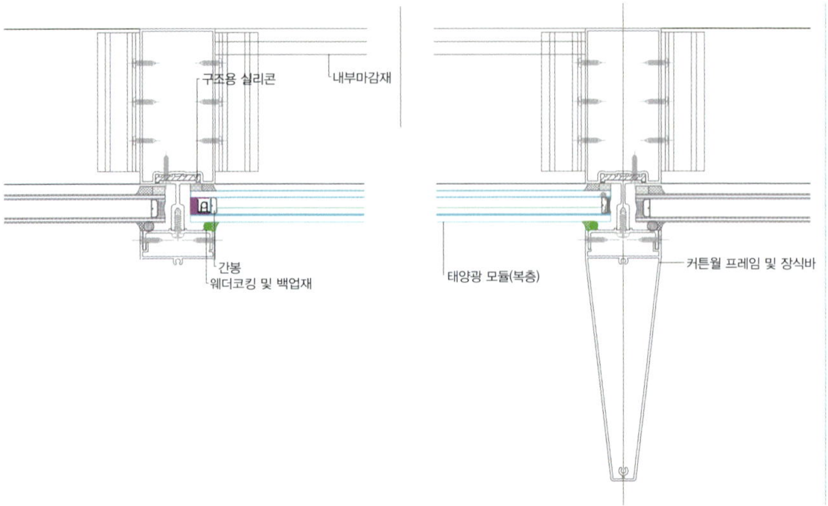

벽면 결정질 태양광(커튼월 복층부착)

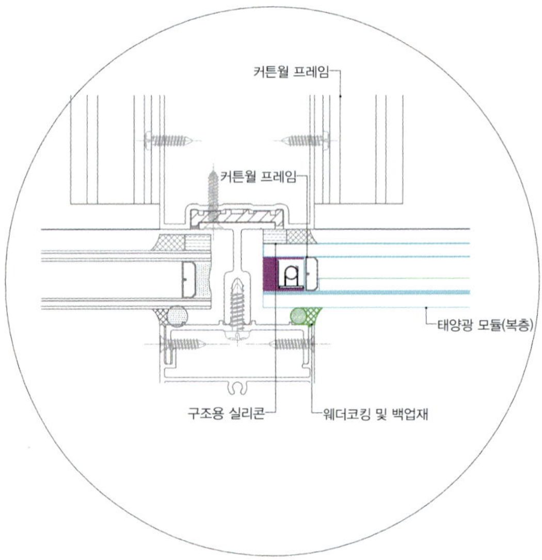

벽면 결정질 태양광(커튼월 복층부착)

2

모듈 종류에 따른 BIPV 적용 사례

[모듈 타입별 BIPV 적용 사례]

연번	타입	지역	프로젝트명	비고
1	실리콘 컬러	서울	서울시청 서소문청사	
2	실리콘 컬러	서울	서울에너지공사	
3	실리콘 컬러	서울	서초 M 빌딩	
4	실리콘 컬러	서울	서초 B 빌딩	
5	실리콘 컬러	청주	충북 환경교육청	
6	실리콘 컬러	대전	한국에너지기술연구원	
7	실리콘 컬러	인천	인천 환경산업연구단지	
8	실리콘 컬러	부천	꿈마을 엘림교회	
9	실리콘 블랙	서울	대륭 22차 지식산업센터	
10	실리콘 블랙	대전	동구 청소년 자연수련원	
11	실리콘 블랙	여수	포레나 여수 웅천디아일랜드	
12	실리콘 블랙	서울	대륭 포스트타워 8차	
13	실리콘 블랙	서울	가산에이스포휴	
14	실리콘 블랙	성남	EX 스마트센터	
15	실리콘 일반	부산	NHIS 사하지사	
16	실리콘 일반	서울	마곡 한일노벨리아	
17	실리콘 일반	서울	용답동 오피스텔	
18	실리콘 일반	서울	송파 마에스트로	
19	실리콘 일반	광양	광양시 업무시설	
20	실리콘 일반	인천	인천 동구청	

21	실리콘 일반	서울	서초 반포 주차타워	
22	실리콘 화이트	대전	에스지에너지 공장	
23	박막 모듈	경기도	양평주택	
24	박막 모듈	독일	Solar Villa	
25	박막 모듈	서울	오류동 오피스텔	
26	박막 모듈	서울	CS Wind 강남 본사	
27	박막 모듈	청주	아반시스 오창공장	
28	박막 모듈	독일	베를린 주거용 빌딩	
29	박막 모듈	독일	튀빙겐 상업 건물	
30	박막 모듈	스위스	베른 주상복합 건물 1	
31	박막 모듈	스위스	베른 주상복합 건물 2	리모델링
32	박막 모듈	독일	HZB 연구소	
33	박막 모듈	스웨덴	SARA 목구조 커튼월 건물	
34	박막 모듈	스웨덴	상업용 건물	
35	박막 모듈	스위스	물류센터 건물	
36	일반 상용모듈	서울	노원 EZ 하우스	
37	일반 상용모듈	밀양	삼양식품 밀양공장	
38	일반 상용모듈	제주	제주 국제여객터미널	

1 서울시청 서소문청사

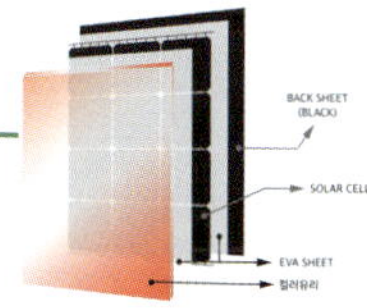

건물 정보

- 건물 외벽의 디자인 형태를 활용한 BIPV(경사 90도 이하 조합된 구조)
- 위치 : 서울특별시 중구 덕수궁길 15
- 설치각도(방위각) : 81°(정남, 정서)

BIPV 적용 시스템

– 건물 외벽 형태에 맞춰 경사각 90° 이하인 구간에 무반사 컬러 모듈을 설치

설치 전경

〈출처〉 SG Energy

2 서울에너지공사

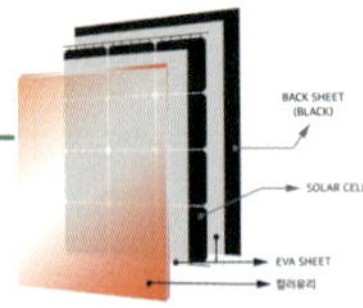

건물 정보

• 벤치 파고라 상부를 활용한 컬러 태양광 발전
• 위치 : 서울특별시 양천구 목동서로 20
• 설치각도(방위각) : 입면 90°

BIPV 적용 시스템

– 파고라 구조물 상부에 컬러 모듈을 배치하여 이용자에게 쉼터를 제공하며 전기 생산

설치 전경

〈출처〉 Special Green Energy

3 서초 M 빌딩

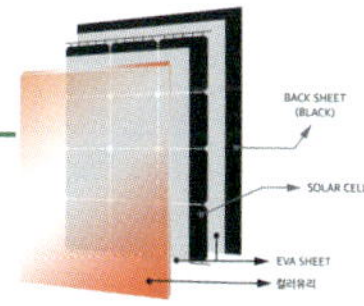

건물 정보

- 컬러색상 BIPV 모듈사용(건축물 입면을 활용한 최적 배치)
- 위치 : 서울 서초구 강남대로49길 10 에피소드서초, 1층
- 설치각도(방위각) : 건축물 입면 90°

BIPV 적용 시스템

– BIPV 모듈은 색상은 그레이 톤으로 건물외부 경관과 잘 어울리고, 친환경에너지 생산

설치 전경

〈출처〉 SG Energy

4 서초 B 빌딩

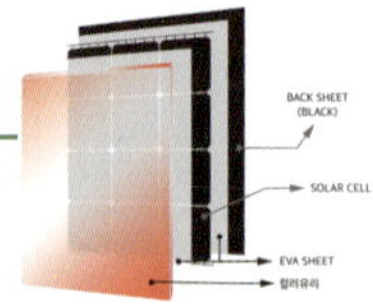

건물 정보

- 컬러색상 BIPV 모듈사용(건축물 입면을 활용한 최적 배치)
- 위치 : 서울 서초구 강남대로 299 에피소드강남262빌딩
- 설치각도(방위각) : 건축물 입면 90˚

BIPV 적용 시스템

– BIPV 모듈은 색상은 그레이 톤으로 건물외부 경관과 잘 어울리고, 친환경에너지 생산

설치 전경

〈출처〉 SG Energy

5 충북 환경교육청

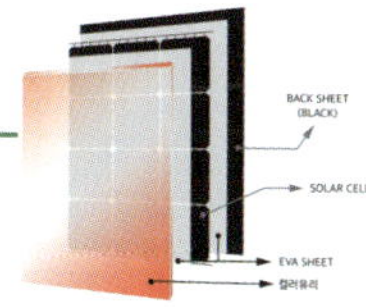

건물 정보

- 컬러색상 BIPV 모듈사용(건축물 입면을 활용한 최적 배치)
- 위치 : 충북 청주시 상당구 대성로180번길 17
- 설치각도(방위각) : 건축물 입면 90°

BIPV 적용 시스템

– BIPV 모듈은 색상은 브라운 톤으로 건물외부 경관과 잘 어울리고, 친환경에너지 생산

설치 전경

〈출처〉 SG Energy

6 한국에너지기술연구원

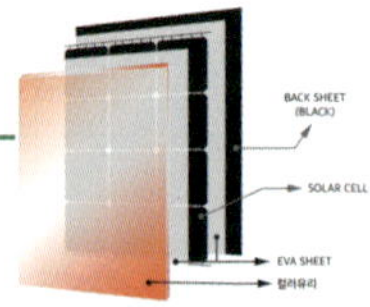

건물 정보

- 컬러색상 BIPV 모듈사용(건축물 입면을 활용한 최적 배치)
- 위치 : 대전 유성구 가정로 152 한국에너지기술연구소
- 설치각도(방위각) : 건축물 입면 90°

BIPV 적용 시스템

– BIPV 모듈은 색상은 그린 톤으로 건물외부 경관과 잘 어울리고, 친환경에너지 생산

설치 전경

〈출처〉 SG Energy

7 인천 환경산업연구단지

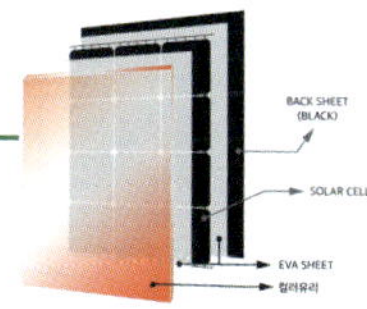

건물 정보

- 컬러색상 BIPV 모듈사용(건축물 입면을 활용한 최적 배치)
- 위치 : 인천 서구 정서진로 410 1층 본부동
- 설치각도(방위각) : 건축물 입면 90°

BIPV 적용 시스템

– BIPV 모듈은 색상은 그린 톤으로 건물외부 경관과 잘 어울리고, 친환경에너지 생산

설치 전경

〈출처〉 SG Energy

8 꿈마을 엘림교회

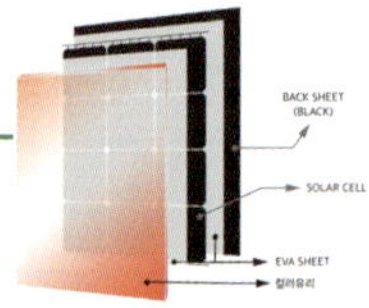

건물 정보

- 컬러색상 BIPV 모듈사용(건축물 입면을 활용한 최적 배치)
- 위치 : 경기도 부천시 조마루로 341
- 설치각도(방위각) : 건축물 입면 90°

BIPV 적용 시스템

– BIPV 그린 리모델링으로 외부 경관 개선 및 친환경 전력 생산

시공 전

시공 후

9 대륭 22차 지식산업센터

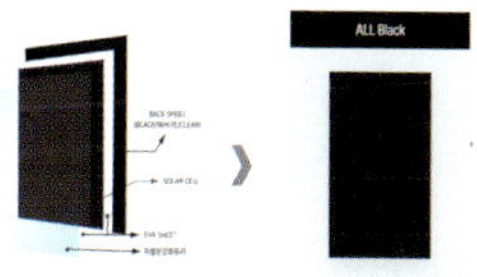

건물 정보

- 블랙 모듈을 사용하여 건물 입면 커튼월(Curtain Wall) 구간에 배치
- 위치 : 서울특별시 금천구 가산동 371-63
- 설치각도(방위각) : 90°(남서 60°, 남동 30°)

BIPV 적용 시스템

- 디자인적으로 외장재와의 마감, 조화를 이루며 발전, 심미성 확보와 건축 가치 상승

설치 전경

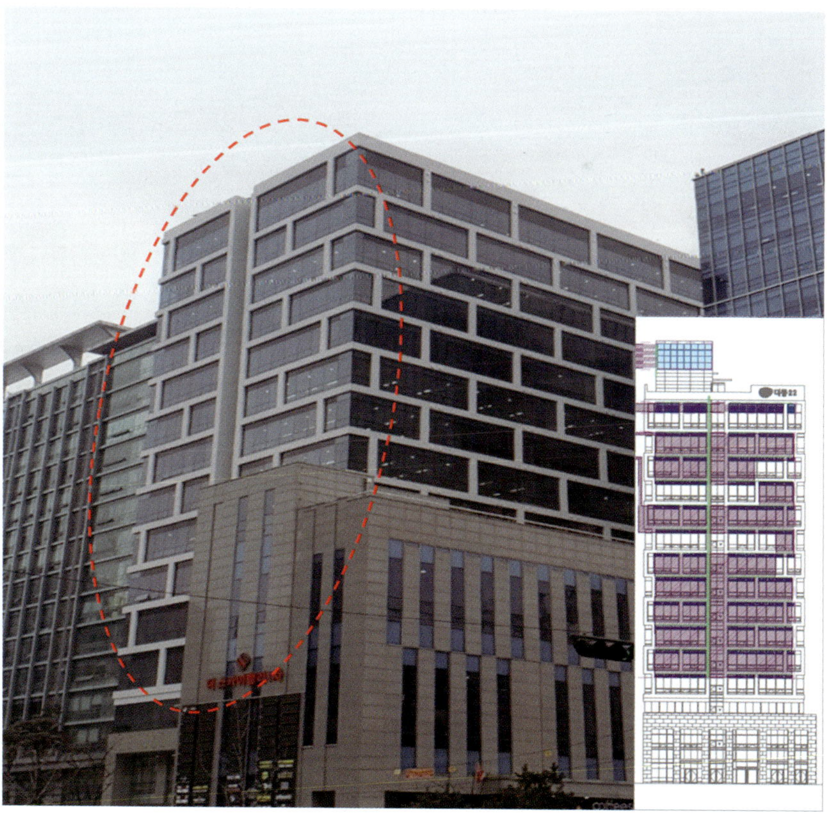

〈출처〉 Special Green Energy

10 동구 청소년 자연수련원

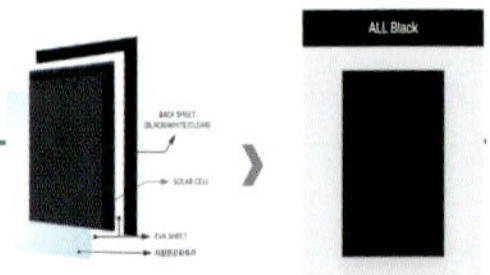

건물 정보

- 건물 입면 굴곡 부분을 활용한 건물일체형태양광 발전
- 위치 : 대전 동구 산내로474번길 123 동구청소년자연수련원
- 설치각도(방위각) : 건축물 입면 90°

BIPV 적용 시스템

– 저층부 굴곡 구간에 블랙 모듈을 세분화하여 배치, 주변 외장재와의 마감 및 조화

설치 전경

〈출처〉 Special Green Energy

11 포레나 여수 웅천디아일랜드

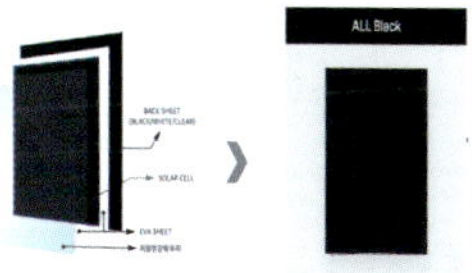

건물 정보

- 건물 입면 굴곡 부분을 활용한 건물일체형태양광 발전
- 위치 : 전남 여수시 웅천남4로 17
- 설치각도(방위각) : 90°(정남, 정동, 정서)

BIPV 적용 시스템

– 저층부 굴곡 구간에 블랙 모듈을 세분화하여 배치, 주변 외장재와의 마감 및 조화

설치 전경

〈출처〉 Special Green Energy

12 대륭 포스트타워 8차

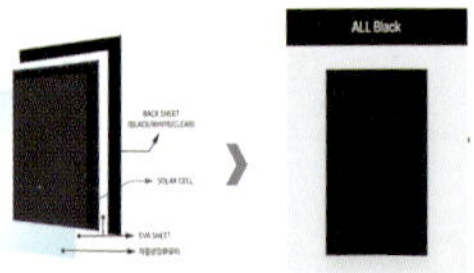

건물 정보

- 건물 입면 굴곡 부분을 활용한 건물일체형태양광 발전
- 위치 : 서울 구로구 디지털로26길 30 29
- 설치각도(방위각) : 건축물 입면 90˚

BIPV 적용 시스템

– 디자인적으로 외장재와의 마감, 조화를 이루며 발전, 심미성 확보와 건축 가치 상승

설치 전경

〈출처〉 Special Green Energy

13 가산에이스포휴

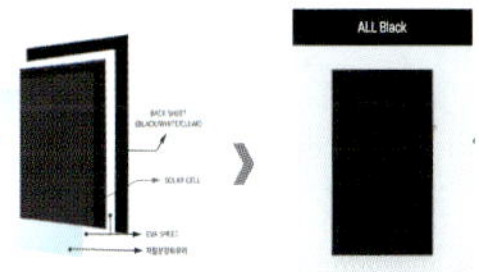

건물 정보

• 건물 입면 스팬드럴 구간에 커튼월(Curtain Wall)로 배치하여 BIPV 설치

• 위치 : 서울 금천구 가산디지털1로 225 에이스 가산 포휴(지식산업센터)

• 설치각도(방위각) : 건축물 입면 90°

BIPV 적용 시스템

– 건물 입면을 활용한 커튼월 타입 최적 배치, 단열 성능을 확보(건축 성능 만족)

설치 전경

〈출처〉 Special Green Energy

14 EX 스마트센터

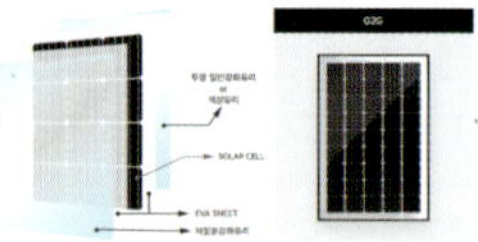

건물 정보

• 건물 입면 스팬드럴 구간에 커튼월(Curtain Wall)로 배치하여 BIPV 설치
• 위치 : 경기 성남시 수정구 창업로57번길 11
• 설치각도(방위각) : 건축물 입면 90°

BIPV 적용 시스템

– 건물 입면을 활용한 커튼월 타입 최적 배치, 단열 성능을 확보(건축 성능 만족)

설치 전경

〈출처〉 Special Green Energy

15 NHIS 사하지사

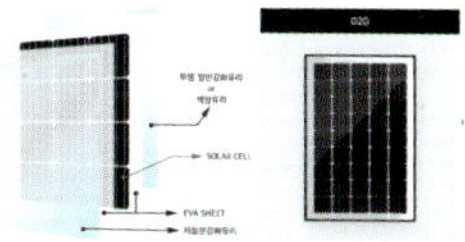

건물 정보

- 건물 입면 스팬드럴 구간에 커튼월(Curtain Wall)로 배치하여 BIPV 설치
- 위치 : 부산 사하구 하신중앙로 179
- 설치각도(방위각) : 건축물 입면 90°

BIPV 적용 시스템

– 건물 입면을 활용한 커튼월 타입 최적 배치, 단열 성능을 확보(건축 성능 만족)

설치 전경

〈출처〉 Special Green Energy

16 마곡 한일노벨리아

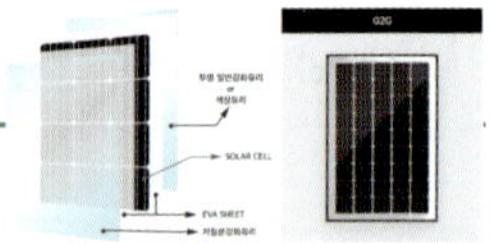

건물 정보

- 건물 입면 스팬드럴 구간에 커튼월(Curtain Wall)로 배치하여 BIPV 설치
- 위치 : 서울 강서구 마곡중앙1로 10
- 설치각도(방위각) : 건축물 입면 90°

BIPV 적용 시스템

– 건물 입면을 활용한 커튼월 타입 최적 배치, 단열 성능을 확보(건축 성능 만족)

설치 전경

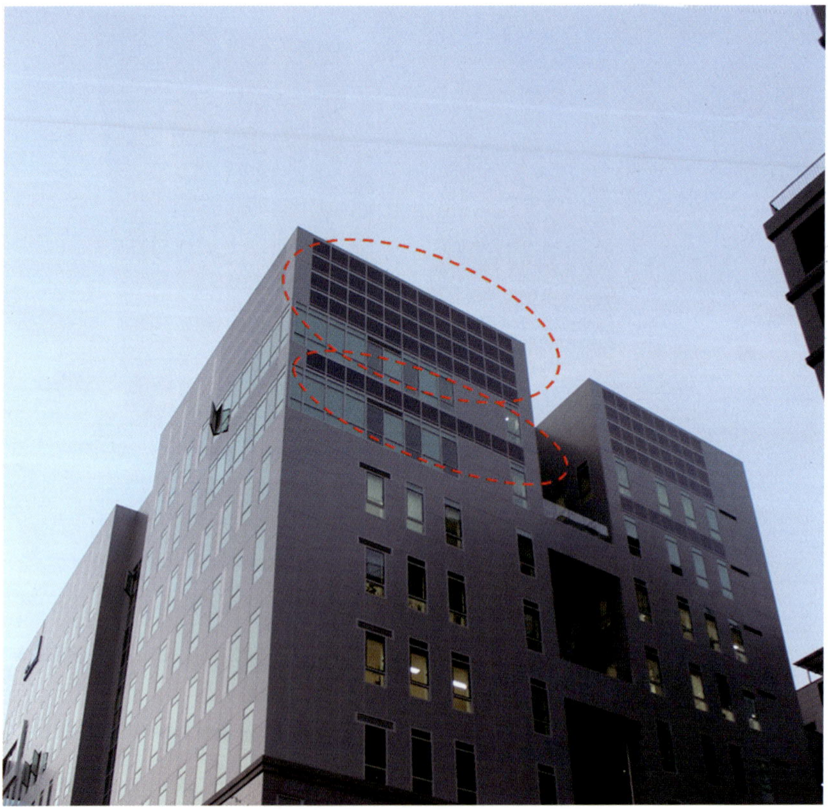

〈출처〉 Special Green Energy

17 용답동 오피스텔

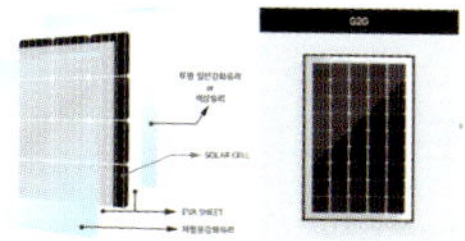

건물 정보

• 건물 입면 스팬드럴 구간에 커튼월(Curtain Wall)로 배치하여 BIPV 설치
• 위치 : 서울시 성동구 용답동 235-4
• 설치각도(방위각) : 건축물 입면 90°

BIPV 적용 시스템

– 건물 입면을 활용한 커튼월 타입 최적 배치, 단열 성능을 확보(건축 성능 만족)

설치 전경

〈출처〉 Special Green Energy

18 송파 마에스트로

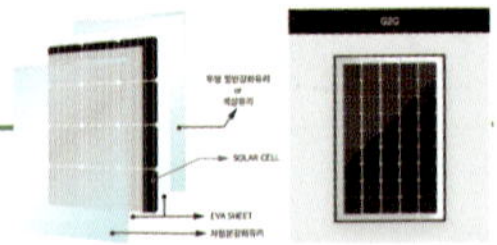

건물 정보

- 건물 입면 스팬드럴 구간에 커튼월(Curtain Wall)로 배치하여 BIPV 설치
- 위치 : 서울 송파구 송파동 186-3
- 설치각도(방위각) : 건축물 입면 90°

BIPV 적용 시스템

– 건물 입면을 활용한 커튼월 타입 최적 배치, 단열 성능을 확보(건축 성능 만족)

설치 전경

〈출처〉 Special Green Energy

19 광양시 업무시설

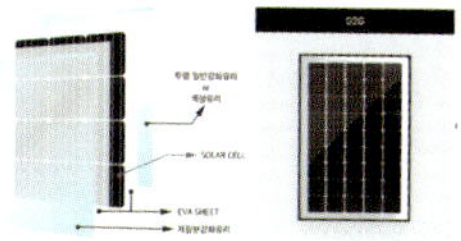

건물 정보

• 건물 입면 스팬드럴 구간에 커튼월(Curtain Wall)로 배치하여 BIPV 설치
• 위치 : 전남 광양시 금호동 822
• 설치각도(방위각) : 건축물 입면 90°

BIPV 적용 시스템

– 건물 입면을 활용한 커튼월 타입 최적 배치, 단열 성능을 확보(건축 성능 만족)

설치 전경

〈출처〉 Special Green Energy

20 인천 동구청

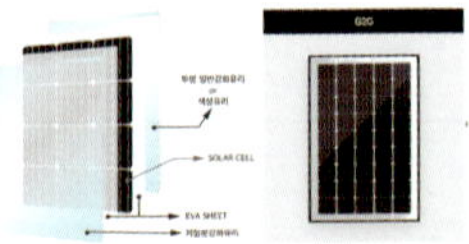

건물 정보

- 건물 입면 스팬드럴 구간에 커튼월(Curtain Wall)로 배치하여 BIPV 설치
- 위치 : 인천 동구 금곡로 67
- 설치각도(방위각) : 건축물 입면 90°

BIPV 적용 시스템

– 건물 입면을 활용한 커튼월 타입 최적 배치, 단열 성능을 확보(건축 성능 만족)

설치 전경

〈출처〉 Special Green Energy

21 서초 반포 주차타워

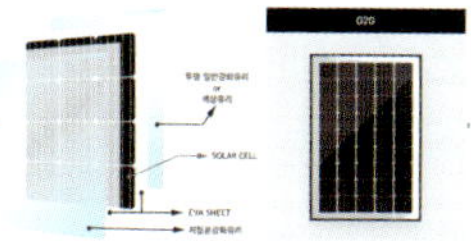

건물 정보

- 건물 입면 스팬드럴 구간에 커튼월(Curtain Wall)로 배치하여 BIPV 설치
- 위치 : 서울시 서초구 반포
- 설치각도(방위각) : 건축물 입면 90°

BIPV 적용 시스템

– 건물 입면을 활용한 커튼월 타입 최적 배치, 단열 성능을 확보(건축 성능 만족)

설치 전경

〈출처〉 Special Green Energy

22 에스지에너지 공장

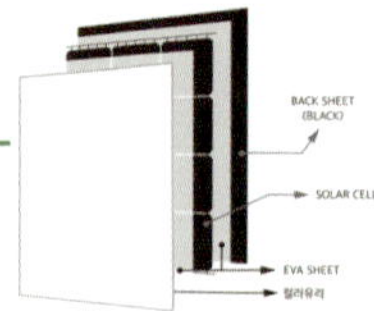

건물 정보

• 건물 입면 스팬드럴 구간에 커튼월(Curtain Wall)로 배치하여 BIPV 설치
• 위치 : 대전 대덕구 신일서로85번길 75
• 설치각도(방위각) : 건축물 입면 90˚

BIPV 적용 시스템

– 건물 입면을 활용한 커튼월 타입 최적 배치, 단열 성능을 확보(건축 성능 만족)

설치 전경

〈출처〉 Special Green Energy

23 양평주택(경기도 양평)

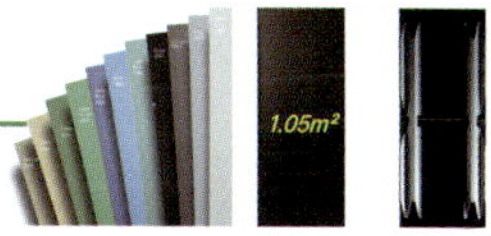

건물 정보

• 주택지붕의 디자인에 맞춰 CIGS박막모듈 설치 후 플러싱마감
• 위치 : 경기도 양평군 산읍리 127-3
• 설치각도(방위각) : 전원주택 지붕면 설치(30°)

BIPV 적용 시스템

– 지붕 경사에 맞춰 일체형 CIGS 모듈 시공하였으며, 자연스러운 심미성과 조화로움 강조

설치 도면

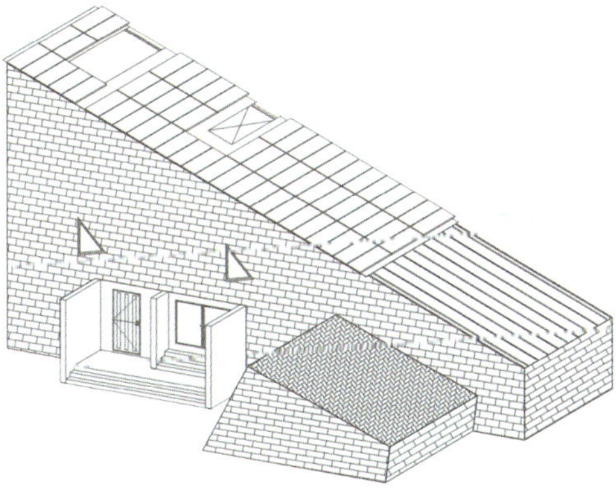

※ 용량 : 9.8kW
(PowerMAX)

설치 전경

〈출처〉 AVANCIS

24 Solar Villa(독일)

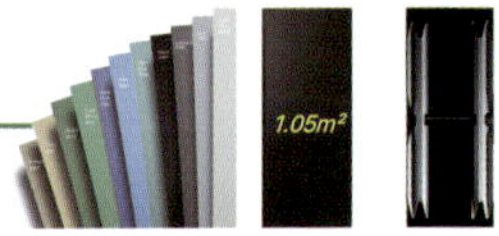

건물 정보

- 주택의 지붕면과 벽체에 BIPV를 시공한 에너지빌라
- 위치 : Krakow, Germany
- 설치각도(방위각) : 주택 지붕면 설치(30°), 주택벽면 설치(90°)

BIPV 적용 시스템

– 주택 디자인 그대로 모든 벽면을 CIGS 박막형 모듈로 BIPV 시공

– 측면부 Custom Size 모듈을 적용하여 Design 통일성 강조

설치 전경

〈출처〉 AVANCIS

25 오류동 오피스텔

건물 정보

- 건물 입면 스팬드럴 구간에 커튼월(Curtain Wall)로 배치하여 BIPV 설치
- 위치 : 서울 구로구 오류동
- 설치각도(방위각) : 건축물 입면 90°

BIPV 적용 시스템

– 건물 입면을 활용한 커튼월 타입 최적 배치, 단열 성능을 확보(건축 성능 만족)

설치 전경

〈출처〉 AVANCIS

26 CS WIND 강남 본사

건물 정보

- 건물 주차타워 2면, 건물남측벽면 / 측면 컬러 BIPV 설치
- 위치 : 서울시 강남구 온주로 723
- 설치각도(방위각) : 건축물 입면 설치(90°)

BIPV 적용 시스템

– BIPV 모듈로 인식되지 않을 정도의 미려함으로 완벽한 건축외장재로 인정받음

– 664 X 1587 정사이즈와 총 4가지의 Custom Size 모듈 시공

설치 전경

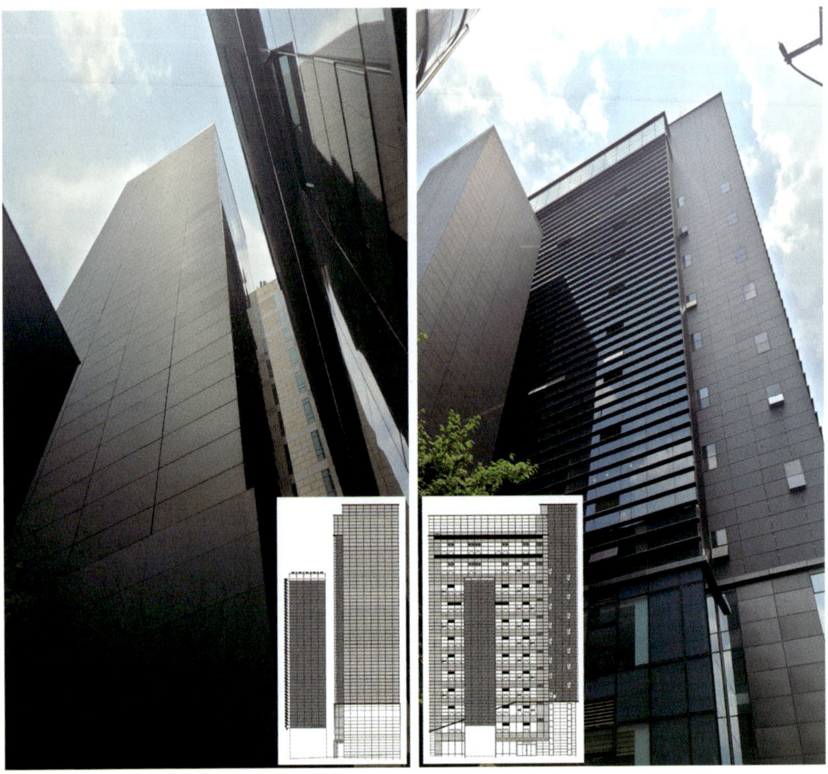

※ 용량 : 107.2kW (140W x 758장), 전력생산량 75,500kWh/년

〈출처〉 AVANCIS

27 아반시스 오창공장(청주 오창)

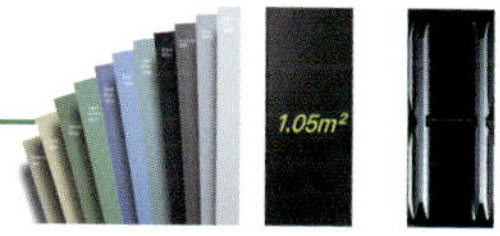

건물 정보

- 공장벽체형 BIPV 인정을 받은 CIGS 박막 컬러 모듈 설치
- 위치 : 충북 청주시 청원구 오창읍 과학산업4로 34
- 설치각도(방위각) : 건축물 입면 설치(90°)

BIPV 적용 시스템

– 일반 샌드위치 판넬구조 공장의 벽체일체형 BIPV 설치로 에너지관리공단의 인정을 받은 CASE

설치 도면

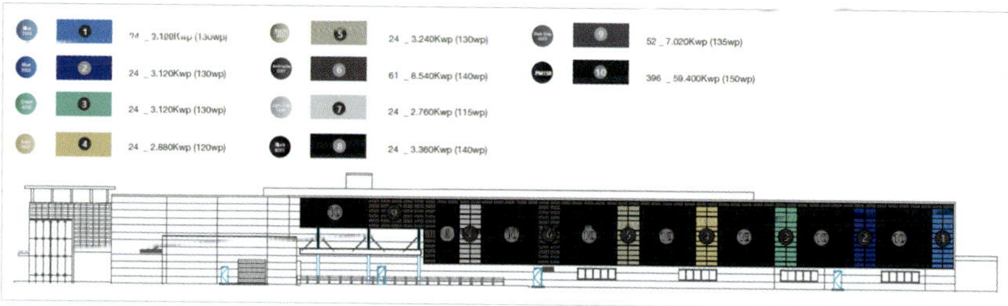

※ 용량 : 96.4kW(10가지 색상모듈), 년간생산량 : 72,900KWh

설치 전경

〈출처〉 AVANCIS

28 베를린 주거용 빌딩

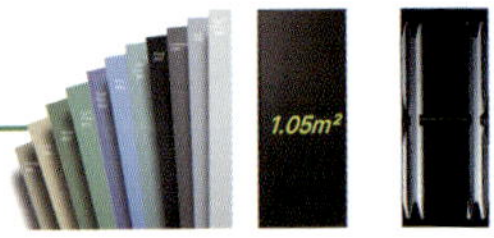

건물 정보

• 건물 입면 스팬드럴 구간에 커튼월(Curtain Wall)로 배치하여 BIPV 설치

• 위치 : 독일 베를린

• 설치각도(방위각) : 90°(정남, 남동 25°, 북동 75°)

BIPV 적용 시스템

– 건물 입면을 활용한 커튼월 타입 최적 배치, 단열 성능을 확보(건축 성능 만족)

설치 전경

〈출처〉 AVANCIS

29 독일 튀빙겐 상업건물

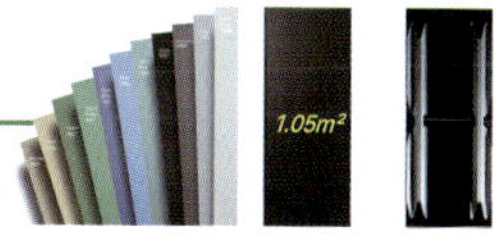

건물 정보

- 건물 입면 스팬드럴 구간에 커튼월(Curtain Wall)로 배치하여 BIPV 설치
- 위치 : 독일 튀빙겐
- 설치각도(방위각) : 90°(정남, 남동 25°, 북동 75°)

BIPV 적용 시스템

– 건물 입면을 활용한 커튼월 타입 최적 배치, 단열 성능을 확보(건축 성능 만족)

설치 전경

〈출처〉 AVANCIS

30 베른 주상복합 건물 1

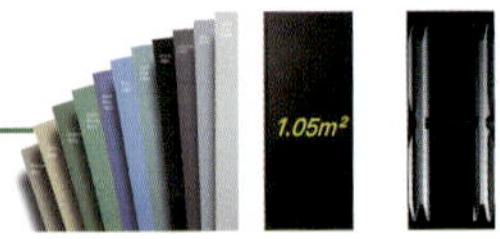

건물 정보

- 주상복합 건물 벽체 일체형 BIPV 설치
- 위치 : Bern, Swizerland
- 설치각도(방위각) : 건물벽체설치(90°)

BIPV 적용 시스템

– 무광 세틴처리가 된 무반사 모듈을 이용한 건물일체형 BIPV

설치 전경

※ 용량 : SKALA B001 / 130장 / 17.5kW / 년간발전량 : 11,700KWh

〈출처〉 AVANCIS

31 베른 주상복합 건물 2

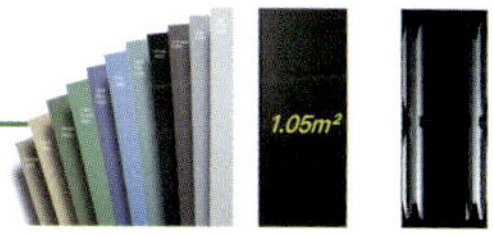

건물 정보

- 건물 입면 스팬드럴 구간에 커튼월(Curtain Wall)로 배치하여 BIPV 설치
- 위치 : Bern, Swizerland
- 설치각도(방위각) : 90°(정남, 남동 25°, 북동 75°)

BIPV 적용 시스템

– 건물 입면을 활용한 커튼월 타입 최적 배치, 단열 성능을 확보(건축 성능 만족)

설치 전경

〈출처〉 AVANCIS

32 HZB 연구소(독일)

건물 정보

- 연구소 건물의 벽체일체형(Light Blue) 컬러 CIGS 모듈 설치
- 위치 : Berlin, Germany
- 설치각도(방위각) : 건물벽체설치(90°)

BIPV 적용 시스템

– 건물의 외벽을 일반 금속판넬과 혼용하여 CIGS 컬러 모듈과 매칭 BIPV 설치

설치 전경

※ 용량 : SKALA 7003 / 130장 / 17.5kW / 년간발전량 : 11,700KWh

〈출처〉 AVANCIS

33 SARA 목구조 커튼월 건물

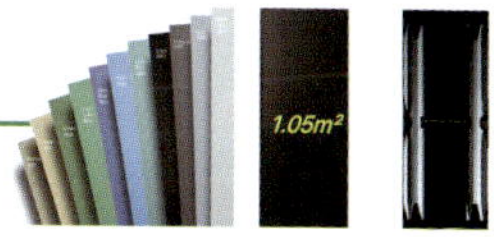

건물 정보

• 세계에서 두 번째로 높은 목구조 커튼월 건물의 20층 상단 벽체일체형 BIPV

• 위치 : Skelleftea, Sweden

• 설치각도(방위각) : 건물벽체설치(90°)

BIPV 적용 시스템

– 태양광 최초 독일 건설기술연구원의 건자재 인증 'abZ' 획득한 BIPV 모듈

– 20층 이상 높은 층에도 별도의 보강없이 풍하중 및 설계풍압 만족

설치 전경

〈출처〉 AVANCIS

34 상업용 건물

건물 정보

- 상업용 건물 벽체일체형 BIPV 설치
- 위치 : Nyokronakn, Sweden
- 설치각도(방위각) : 건물벽체설치(90°)

BIPV 적용 시스템

– 건물 2면 SKALA B001(Black)모듈 사용 벽체일체형 설치된 건물
– 664 x 1587 정형 사이즈 외 Custom Size 2종 사용하여 마감
– 2022년 스웨덴 올해의 건축상 수상

설치 전경

※ 용량 : SKALA B001(Black) / 600장 / 84kW / 년간발전량 : 49.200KWh

〈출처〉 AVANCIS

35 물류센터 건물

건물 정보

- 물류센터 전면 벽체일체형 BIPV 설치 건물
- 위치 : Busserach, Swizerland
- 설치각도(방위각) : 건물벽체설치(90°)

BIPV 적용 시스템

– 건물 4면 SKALA 4002(Greed) 모듈 사용 벽체일체형 설치된 건물
– 동, 서, 남, 북 발전이 가능한 CIGS 박막전지의 장점을 살려 전체 건물에 설치
– 건물소비 에너지의 70% BIPV로 충당

설치 전경

※ 용량 : SKALA 4002(Green) / 1359장 / 176.67kW / 년간발전량 : 90,200KWh 〈출처〉 AVANCIS

36 노원 EZ(Energy Zero) 하우스

건물 정보

• 건축물 에너지 절약을 위한 패시브, 액티브 기술 활용한 공동주택

• 위치 : 서울 노원구 하계동 251-9(대지면적 11,344㎡, 건축면적 3,408)

• BIPV 적용 : 수직, 수평, 경사형 태양광 적용

BIPV 적용 시스템

– 에너지 절감을 위한 최적 방향 배치

모듈, 설치 형태

※ 용량 : 발전 용량 407kW 설치 * 발전시간은 설치 환경에 따라 다름(방향, 경사)

설치 전경

〈출처〉 국토부 제로에너지공동주택 가이드 외

37 삼양식품 밀양공장(경상남도/밀양시)

건물 정보

- 공장 벽면 전체를 활용한 벽체형 BIPV 설치
- 위치 : 경상남도 밀양시 부북면 감천리 223-5(공장외벽 2면 2,140㎡)
- 설치구역 : 정면 벽면 : 303.52kW / 좌측 벽면 140kW

BIPV 적용 시스템

– PV, 벽체 일체화(공기↓, 공사비↓), 내하중성능, 단열, 누수방지 기술 적용, 재생E 적용(친환경 이미지 조성)

설계 도면

※ 용량 : 443.52kW(단결정 480W 930매), 전력생산량 485,650kWh/년, 발전시간 3.0hr/day

설치 전경

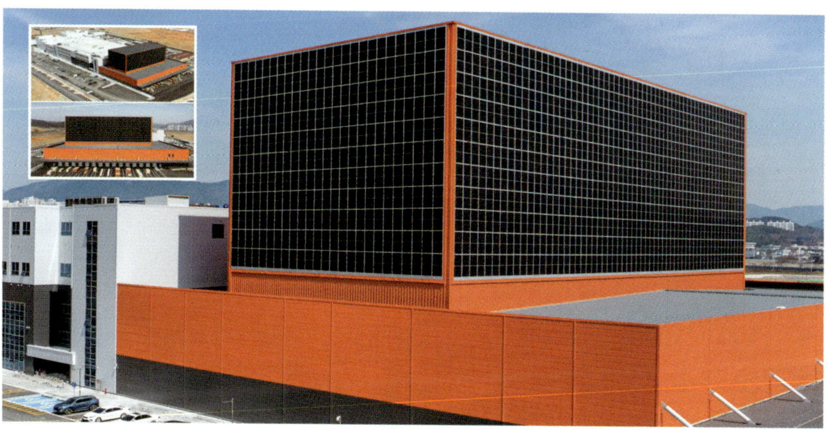

〈출처〉 ABM

38 제주항 국제여객터미널(제주도 / 제주시)

건물 정보

- 지붕 면적과 제주도의 형상을 활용한 디자인형 태양광 발전 설치
- 위치 : 제주 제주시 임항로 193(출국장 면세점 지붕)
- 설치각도(방위각) : 지붕기울기 약 1.83˚

BIPV 적용 시스템

– 제주도 지형을 형상화한 디자인형 태양광발전, 심미성과 공간 활용도가 우수함

설계 도면

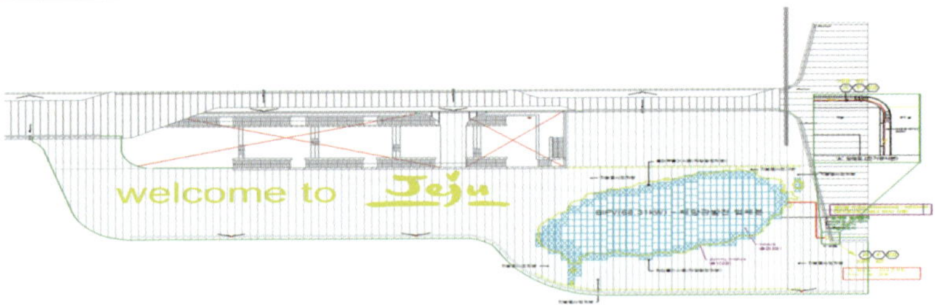

※ 용량 : 68.31kW(단결정 270W 253매), 전력생산량 89,760kWh/년, 발전시간 3.6hr/day

설치 전경

〈출처〉 ABM

3

BIPV 타입별 설치 기법

구분	적용 프로젝트	지역	비고
지붕 일체형	공장 지붕	경북/경주시	
벽체형	사무동 입면	서울/양천구	
벽체형	사무동 옥탑	서울/양천구	
벽체형	PC 건물 외벽	서울/양천구	
옥상	캐노피	서울/노원구	
벽체형	주택 입면	서울/노원구	
옥상	기와	해외	
벽체형	샌드위치패널 벽체 입면	충북/오창	
벽체형	콘크리트 외벽	서울/강서구	
옥상 평지붕	옥상 캐노피	서울/강서구	
벽체형	커튼월	서울/성동구	
기타	주차장 캐노피	서울/양천구	
기타	울타리	서울/양천구	
기타	경비실	서울/양천구	
기타	도로 및 보도블럭	서울/양천구	
기타	자전거 캐노피	서울/양천구	
기타	방음벽	서울/양천구	
기타	벤치, 쉼터	서울/양천구	

설치 방법

01 베이스패널 설치

02 L형-bar 설치

03 단열재 설치

04 결로방지시트 설치

05 다기능 복합프레임바 설치

06 태양광발전 모듈 설치

07 전후면 통기시트 설치

08 인버터/분전반 설치

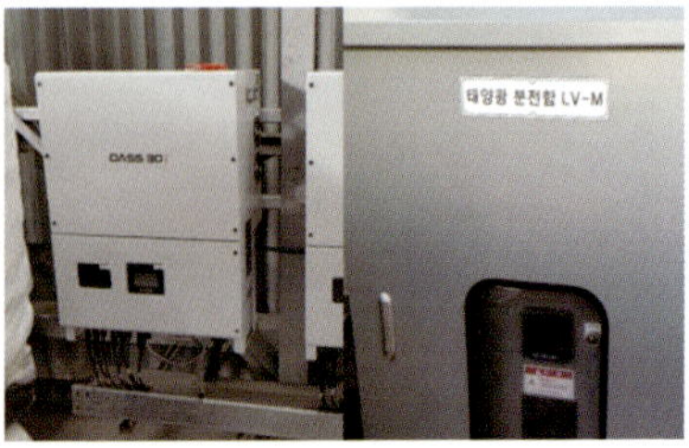

벽체형 > 사무동 입면 (1/4)

설치 방법

01 착공 전 (정면 남측)

02 착공 전 (동측)

03 벽체 철거 (1)

04 벽체 철거 (2)

05 벽체 철거 (3)

06 벽체 철거 (4)

07 비계 설치 (1)

08 비계 설치 (2)

벽체형 > 사무동 입면 (2/4)

설치 방법

09 수직 보호망 준비

10 수직 보호망 설치

11 모듈 구조물 공사 (1)

12 모듈 구조물 공사 (2)

13 모듈 구조물 공사 (3)

14 모듈 구조물 공사 (4)

15 모듈 부착 (G-bar type, 1)

16 모듈 부착 (G-bar type, 2)

설치 방법

17 모듈 부착 (Clamp type, 1)

18 모듈 부착 (Clamp type, 2)

19 모듈 시공 (1)

20 모듈 시공 (2)

21 모듈 시공 (3)

22 모듈 시공 (4)

23 모듈 시공 (5)

24 모듈 시공 (6)

벽체형 > 사무동 입면 (4/4)

설치 방법

25 시트(후레싱) 및 실리콘 작업 (1)

26 시트(후레싱) 및 실리콘 작업 (2)

27 수직 보호망 해체

28 비계 철거 (1)

29 비계 철거 (2)

30 동측면 시트(후레싱) 및 실리콘 작업 (3)

31 시공 후 (정면 남측)

32 시공 후 (동측)

벽체형 > 사무동 옥탑

설치 방법

01 하지 구조물 설치

02 모듈 설치 (1)

03 모듈 설치 (2)

04 모듈 설치 (3)

05 시트(후레싱) 및 실리콘 시공

06 준공 후

벽체형 > PC(압축 콘크리트) 건물 외벽 (1/4)

설치 방법

01 착공 전 (1)

02 착공 전 (2)

03 외부 구조물 철거 (1)

04 외부 구조물 철거 (2)

05 외부 구조물 철거 (3)

06 외부 구조물 철거 (4)

07 시스템 비계 설치 (1)

08 시스템 비계 설치 (2)

설치 방법

09 시스템 비계 설치 (3)

10 시스템 비계 설치 (4)

11 시스템 비계 설치 (5)

12 시스템 비계 설치 (6)

13 시스템 비계 설치 (7)

14 수직 보호망 설치 (1)

15 수직 보호망 설치 (2)

16 구조물 설치 (1)

벽체형 > PC(압축 콘크리트) 건물 외벽 (3/4)

설치 방법

17 구조물 설치 (2)

18 구조물 설치 (3)

19 수직 보호망 해체

20 비계 해체

21 비계 해체 완료

22 태양광 틀(frame) 시공 (1)

23 태양광 틀(frame) 시공 (2)

24 태양광 틀(frame) 시공 (3)

벽체형 > PC(압축 콘크리트) 건물 외벽 (4/4)

설치 방법

25 태양광 모듈 시공 (1)

26 태양광 모듈 시공 (2)

27 태양광 모듈 시공 (3)

28 태양광 모듈 시공 (4)

29 태양광 모듈 시공 완료 (서측)

30 태양광 모듈 시공 완료 (남측)

31 태양광 모듈 목업 시공

32 태양광 모듈 시공 전체 완료

옥상 > 캐노피 (1/2)

설치 방법

01 자재 반입

02 기초 앙카

03 구조물 조립

04 모듈 조립

05 모듈 결선

06 모듈 설치 완료

07 전기 배관

08 전기 배선

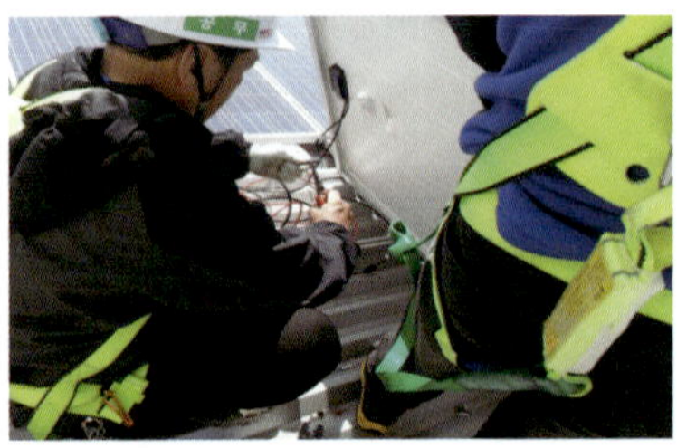

옥상 > 캐노피 (2/2)

설치 방법

09 접속반 설치

10 인버터 설치

11 센서 설치

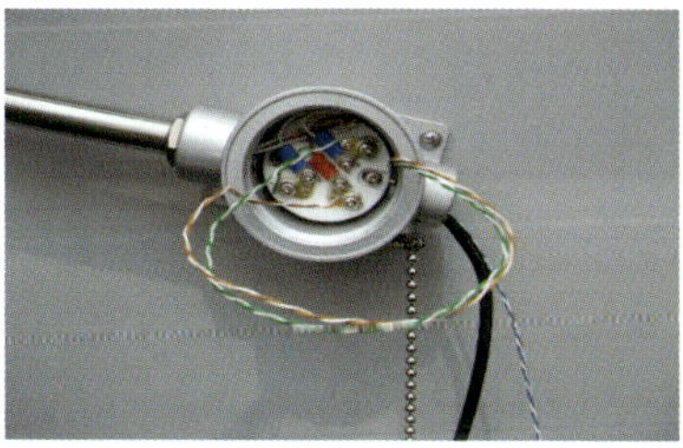

12 모니터링 설치

벽체형 > 주택 입면 (1/2)

설치 방법

01 자재 반입

02 외단열재 부착

03 벽면 천공

04 케미칼 단열앙카 시공

05 벽면 실란트 마감

06 구조물 설치

07 구조물 설치

08 모듈 설치

벽체형 > 주택 입면 (2/2)

설치 방법

09 모듈 결선

10 배관 배선 (1)

11 배관 배선 (2)

12 접속반 인버터 설치

13 센서 설치

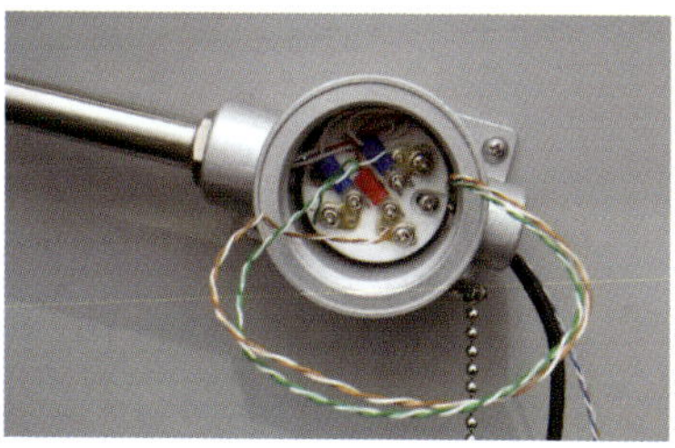

14 모니터링 설치

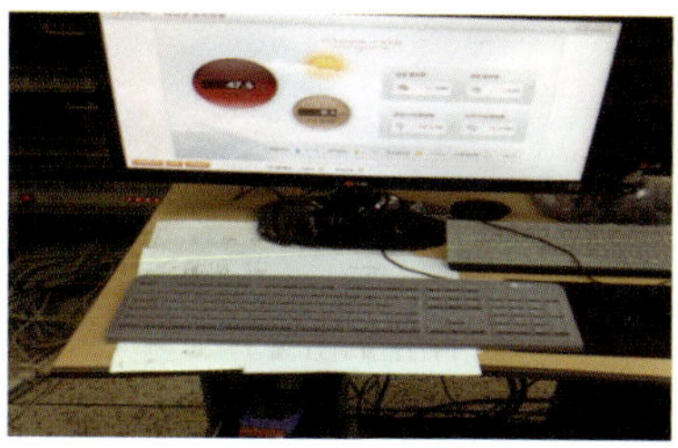

옥상 > 기와 (1/5)

설치 방법

01 지붕 마운팅 후크 설치 (1)

02 지붕 마운팅 후크 설치 (2)

03 지붕 마운팅 후크 설치 (3)

04 지붕 마운팅 후크 설치 (4)

05 케이블 설치

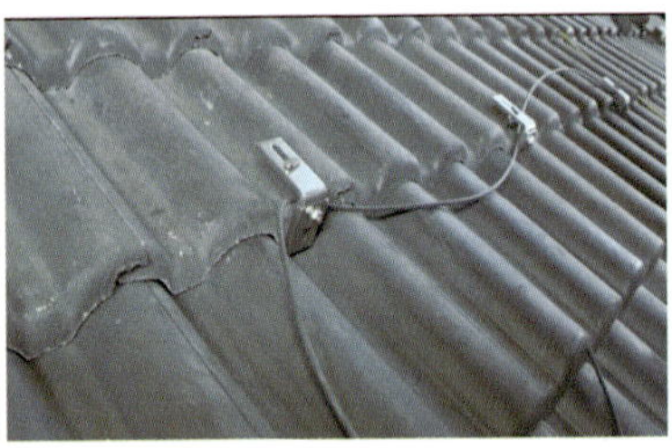

06 하지 설치 (1)

07 하지 설치 (2)

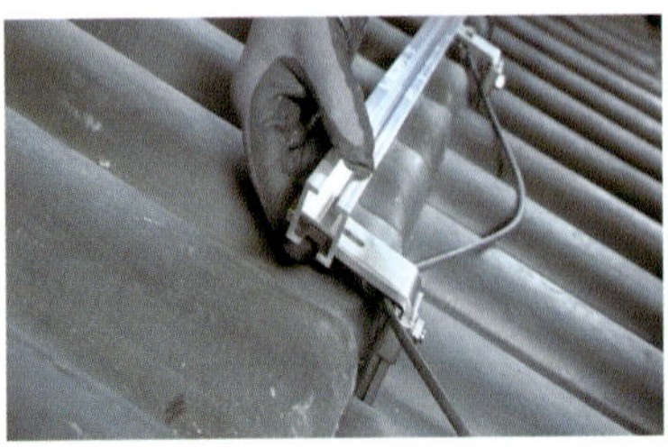

08 하지 설치 (3)

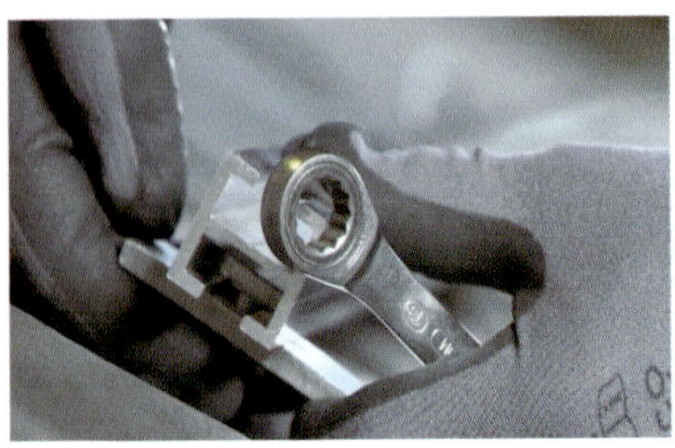

설치 방법

09 하지 설치 (4)

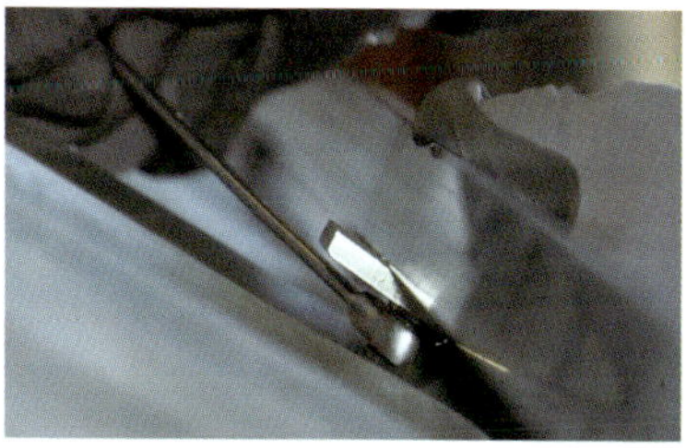

10 하지에 케이블 고정

11 하지 설치 완료

12 모듈 설치 준비 (1)

13 모듈 설치 준비 (2)

14 미끄럼 방지 기능 (후크 확인)

15 모듈 설치

16 마운팅 클램프와 백레일을 하지 고정 (1)

옥상 > 기와 (3/5)

설치 방법

17 마운팅 클램프와 백레일을 하지 고정 (2)

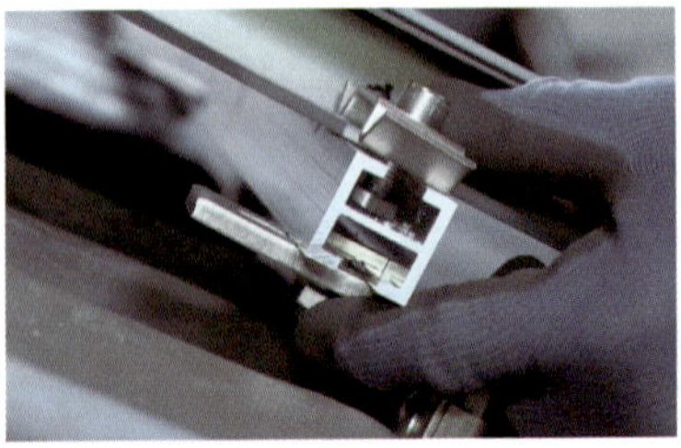

18 마운팅 클램프와 백레일을 하지 고정 (3)

19 다음 모듈 위치 조정 및 마운팅 (1)

20 다음 모듈 위치 조정 및 마운팅 (2)

21 다음 모듈 위치 조정 및 마운팅 (3)

22 모듈 하단 클램프 연결

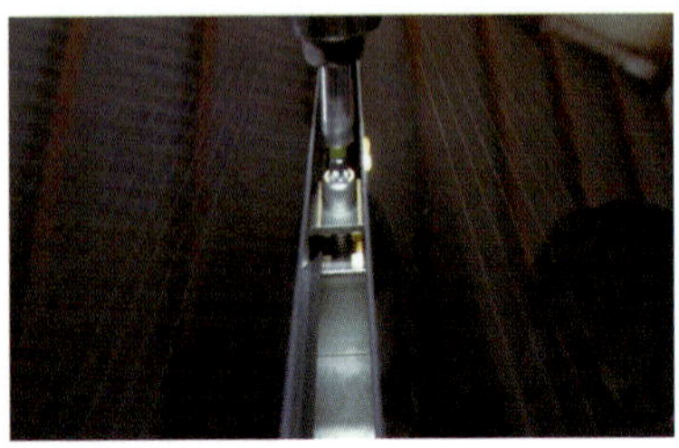

23 모듈 상단 클램프 연결

24 추가 모듈 연결

설치 방법 (기존 모듈 교체)

01 마운팅 클램프 탈착 (1)

02 마운팅 클램프 탈착 (2)

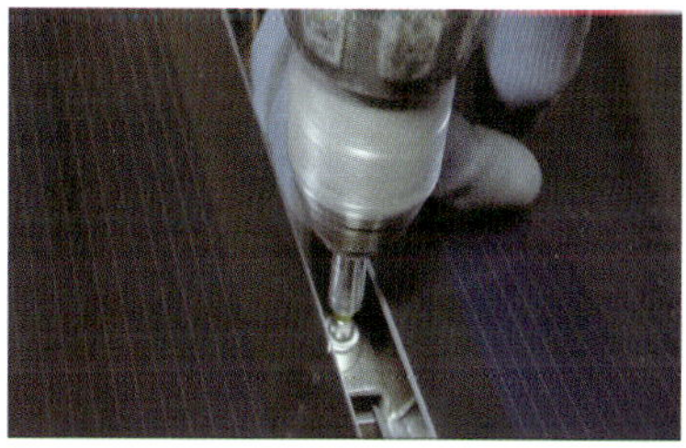

03 모듈 제거 (부하 연결시 탈착 금지)

04 케이블 탈착

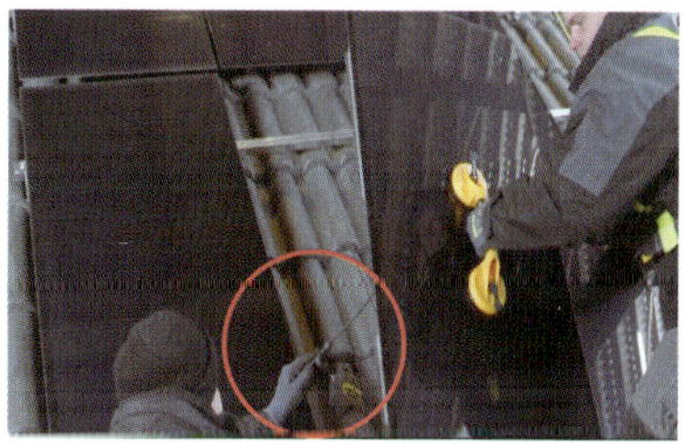

05 새로운 모듈로 교체

옥상 > 기와 (5/5)

설치 방법 (모듈 가로 설치)

01 하지 구조물을 Cross 설치 (1)

02 하지 구조물을 Cross 설치 (2)

03 하지 구조물을 Cross 설치 (3)

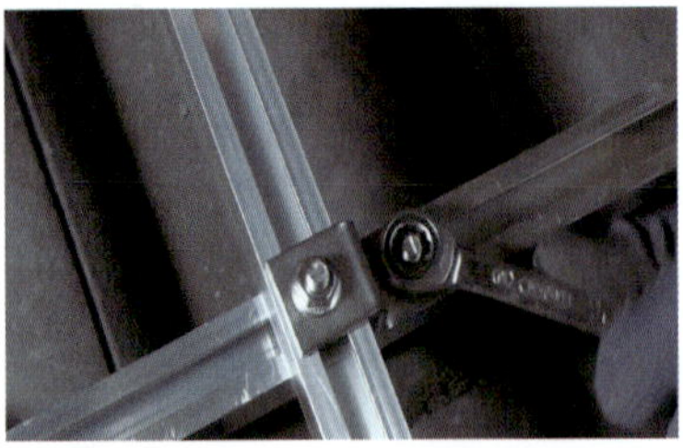

04 모듈 설치

05 마운팅 클램프와 백레일을 하지 고정 (1)

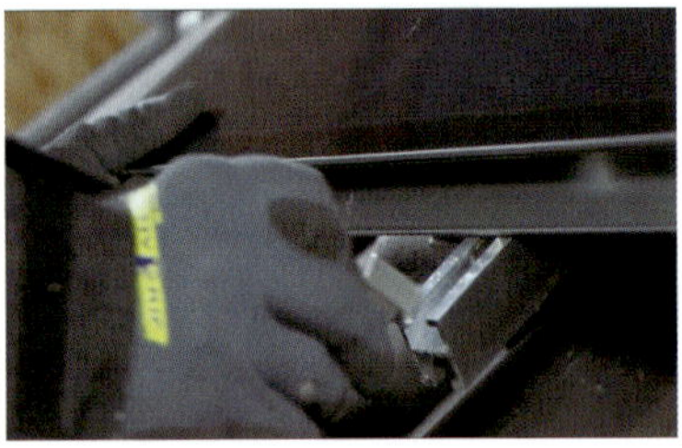

06 마운팅 클램프와 백레일을 하지 고정 (2)

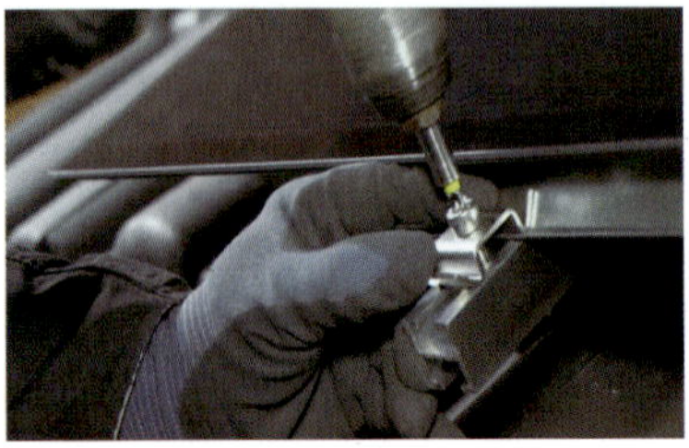

07 마운팅 클램프와 백레일을 하지 고정 (3)

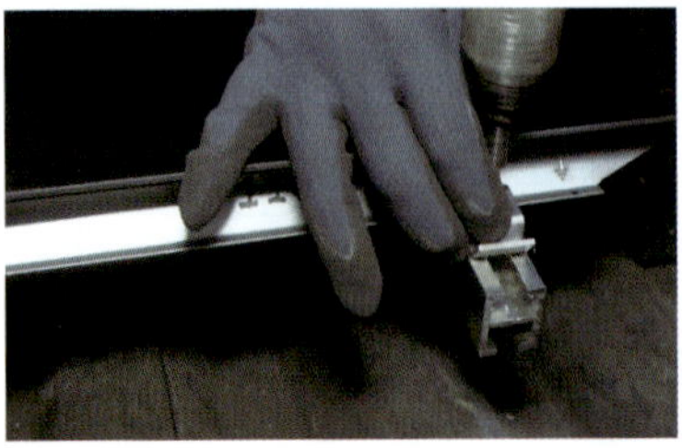

08 추가 모듈 연결

벽체형 > 샌드위치판넬 벽체 입면 (1/3)

설치 방법

01 하지 구조물 엥커 설치

02 하지 수평바 설치 (1)

03 하지 수평바 설치 (2)

04 외단열 용 글라스울 주비

05 단열재 화스너 준비

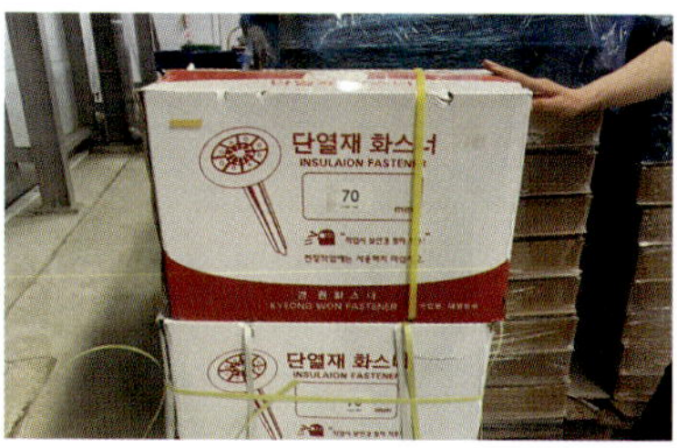

06 수평하지 사이로 단열재 시공

07 수밀테이프 시공

08 차수막 시공

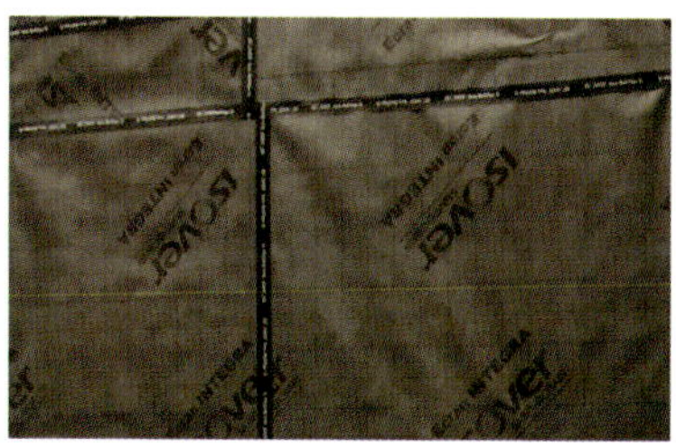

벽체형 > 샌드위치판넬 벽체 입면 (2/3)

설치 방법

09 수직바 설치를 위한 엥커 설치

10 수직바 설치 (1)

11 수직바 설치 (2)

12 수직바 설치 (3)

13 모듈연결을 위한 배선작업 진행

14 인버터 연결 BASIC 라인작업 진행

15 IN-JOINT Type 모듈 설치 (1)

16 IN-JOINT Type 모듈 설치 (2)

벽체형 > 샌드위치판넬 벽체 입면 (3/3)

설치 방법

17 Hook-IN Type 모듈 가로설치 클립바 결합 (1)

18 Hook-IN Type 모듈 가로설치 클립바 결합 (2)

19 모듈 가로설치

20 전선연결 후 라인정리

21 모듈 끝단 플러싱 마감 작업 (1)

22 모듈 하단 및 전선라인 플러싱 마감 (2)

23 접속반 연결

24 인버터 연결 및 마무리

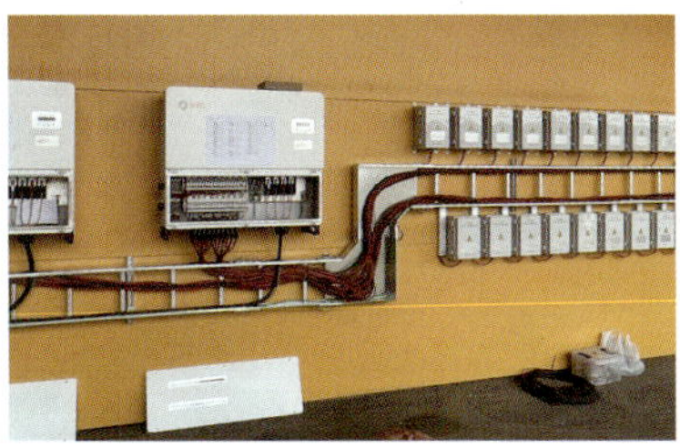

벽체형 > 콘크리트 외벽 (1/1)

설치 방법 (벽체)

01 안전 발판 설치

02 기초 앙카 설치

03 구조물 조립

04 모듈 조립 (1)

05 모듈 조립 (2)

06 모듈 실리콘 마감

07 전기 배선

08 건물 수배전반 연계, 웹 모니터링 개설

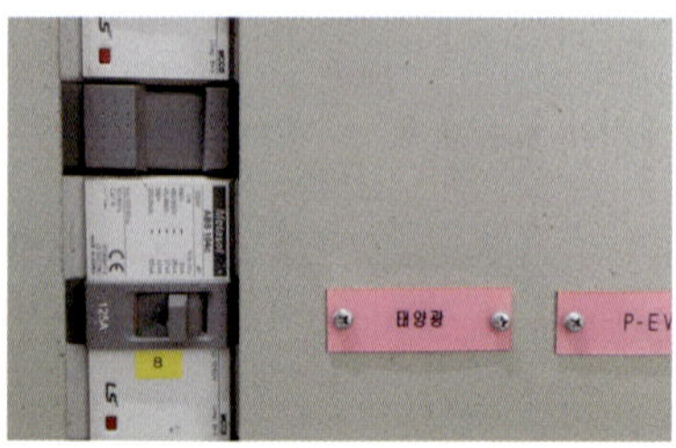

옥상 > 캐노피 (1/2)

설치 방법 (옥상 평지붕)

01 자재 반입

02 케미컬 앙카

03 기초 앙카

04 기초 골조 (1)

05 기초 골조 (2)

06 구조물 조립 (1)

07 구조물 조립 (2)

08 모듈 조립 (1)

설치 방법 (옥상 평지붕)

09 모듈 결선

10 모듈간 연결 (직병렬)

11 전기 배관

12 인버터, 분전함 설치

13 인버터 결선

14 인버터 가동시험

15 모니터링 설치

16 옥상 방수 마감

벽체형 > 커튼월 (1/3)

설치 방법

01 프레임 설치 (1)

02 프레임 설치 (2)

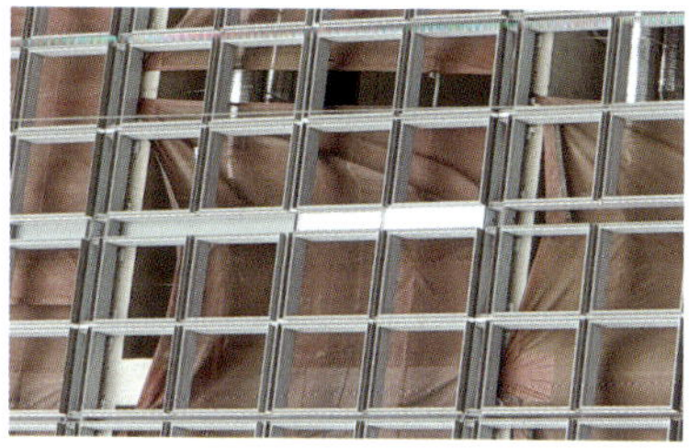

03 지지대 설치 (1)

04 지지대 설치 (2)

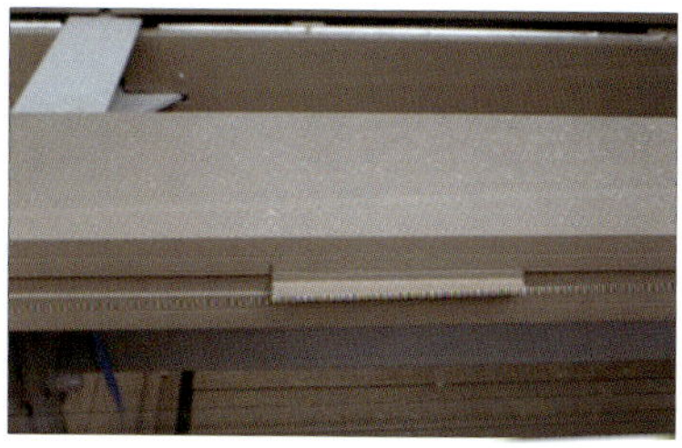

05 노턴 테이프 설치

06 모듈 자재 반입

07 모듈 설치 (1)

08 모듈 설치 (2)

벽체형 > 커튼월 (2/3)

설치 방법

09 모듈 설치 (3)

10 모듈 설치 (4)

11 모듈 설치 (5)

12 모듈 설치 (6)

13 모듈 설치 (7)

14 모듈 설치 (8)

15 모듈 설치 (9)

16 모듈 설치 (10)

벽체형 > 커튼월 (3/3)

설치 방법

17 모듈 결선 작업

18 내부 실란트 처리

19 외부 실란트 처리

20 인버터, 분전함 설치

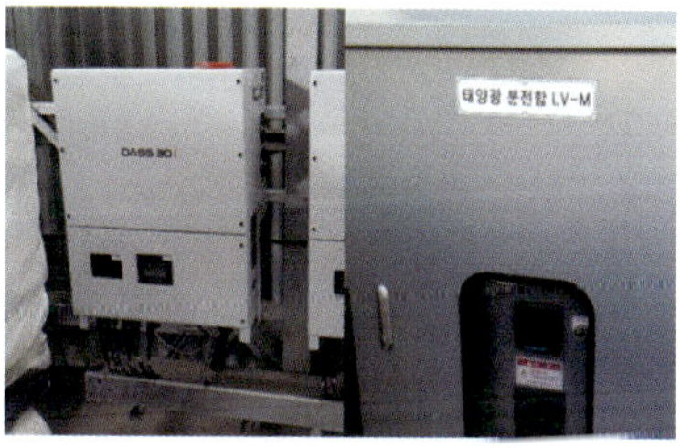

21 안성 (1)

22 완성 (2)

23 완성 (3)

24 완성 (4)

기타 > 주차장 캐노피 (1/4)

설치 방법

01 착공 전

02 바닥 철거 (1)

03 바닥 철거 (2)

04 터 파기 (1)

05 터 파기 (2)

06 터 파기 (3)

07 땅 다지기

08 거푸집 조립 (1)

기타 > 주차장 캐노피 (2/4)

설치 방법

09 거푸집 조립 (2)

10 거푸집 조립 (3)

11 기초 구조물 설치 (1)

12 기초 구조물 설치 (2)

13 기초 구조물 설치 (3)

14 레미콘 타설 (1)

15 레미콘 타설 (2)

16 레미콘 타설 (3)

설치 방법

17 거푸집 해체

18 되메우기

19 고르기 및 다지기

20 포장 작업

21 철근 배근작업

22 레미콘 타설 (1)

23 레미콘 타설 (2)

24 바닥 기계미장 작업

설치 방법

25 양생 작업

26 주차장 캐노피 구조물 설치 (1)

27 주차장 캐노피 구조물 설치 (2)

28 주차장 캐노피 구조물 설치 (3)

29 모듈 설치 (1)

30 모듈 설치 (2)

31 주차선 도색 및 카스토퍼 설치 작업

32 주차장 태양광 설치 완료

기타 > 울타리

설치 방법

01 착공 전

02 울타리 철거 및 구조물 실측

03 구조물 설치

04 출입방지망 설치

05 모듈 설치 (1)

06 모듈 설치 (2)

07 모듈 설치 (3)

08 울타리 완료

기타 > 경비실

설치 방법

01 착공 전

02 구조물 설치 (1)

03 구조물 설치 (2)

04 모듈 설치

05 시트 설치 (1)

06 시트 설치 (2)

07 실리콘 시공

08 경비실 완료

설치 방법

01 착공 전 (도로 및 보도블럭 1)

02 착공 전 (도로 및 보도블럭 2)

03 도로 바닥 철거 (1)

04 도로 바닥 철거 (2)

05 버림 콘크리트 작업

06 양생

07 H빔 시공

08 모듈 판 시공 (1)

기타 > 도로 및 보도블럭 (2/3)

설치 방법

09 모듈 판 시공 (2)

10 모듈 판 시공 (3)

11 경계석 설치

12 도로 완료 (1)

13 도로 완료 (2)

14 기존 보도블럭 철거

15 보도블럭 및 태양광 틀 시공 (1)

16 보도블럭 및 태양광 틀 시공 (2)

기타 > 도로 및 보도블럭 (3/3)

설치 방법

17 보도블럭 및 태양광 틀 시공 (3)

18 보도블럭 및 태양광 틀 시공 (4)

19 보도블럭 및 태양광 틀 시공 (5)

20 보도블럭 완료 (1)

21 보도블럭 완료 (2)

22 보도블럭 완료 (3)

23 보도블럭 완료 (4)

24 도로 및 보도블럭 야간 전경

기타 > 자전거 캐노피 (1/2)

설치 방법

01 착공 전 (자전거 캐노피)

02 터 파기

03 거푸집 조립 및 철근 배근

04 거푸집 조립 및 철근 배근 (2)

05 레미콘 타설

06 거푸집 해체

07 기초 추가 거푸집 조립

08 기초 추가 레미콘 타설

기타 > 자전거 캐노피 (2/2)

설치 방법

09 양생 후 되메우기

10 구조물 설치 (1)

11 구조물 설치 (2)

12 모듈 설치

13 바닥 시공

14 상부 시트 마감 시공

15 자전거 캐노피 완료 (1)

16 자전거 캐노피 완료 (2)

기타 > 방음벽 (1/4)

설치 방법

01 착공 전 (후면 서측)

02 착공 전 (후면 동측)

03 울타리 철거

04 진입방지망 설치

05 구조물 철거

06 EGI 펜스 설치

07 터 파기

08 철공공사

설치 방법

09 거푸집 및 기초구조물 설치 (1)

10 거푸집 및 기초구조물 설치 (2)

11 거푸집 및 기초구조물 설치 (3)

12 진입방지망 설치

13 레미콘 타설 (1)

14 레미콘 타설 (2)

15 거푸집 해체

16 되메우기 (1)

기타 > 방음벽 (3/4)

설치 방법

17 되메우기 (2)

18 방음벽 구조물 설치 (1)

19 방음벽 구조물 설치 (2)

20 방음벽 구조물 설치 (3)

21 방음벽 구조물 설치 (4)

22 EGI 펜스 철거

23 방음벽 시트 설치 및 하단 조적 작업

24 방음벽 하단 미장 작업

기타 > 방음벽 (4/4)

설치 방법

25 방음벽 모듈 설치 (1)

26 방음벽 모듈 설치 (2)

27 방음벽 모듈 설치 (3)

28 방음벽 모듈 설치 (4)

29 방음벽 모듈 설치 (5)

30 방음벽 모듈 설치 (6)

31 실리콘 작업

32 방음벽 완료

설치 방법

01 착공 전 (1)

02 착공 전 (2)

03 철거 (1)

04 철거(2)

05 철거 (3)

06 이동 (1)

07 이동 (2)

08 이동 (3)

설치 방법

09 터파기 (1)

10 터파기 (2)

11 거푸집 조립(1)

12 거푸집 조립(2)

13 기초 철근 배근 (1)

14 기초 철근 배근 (2)

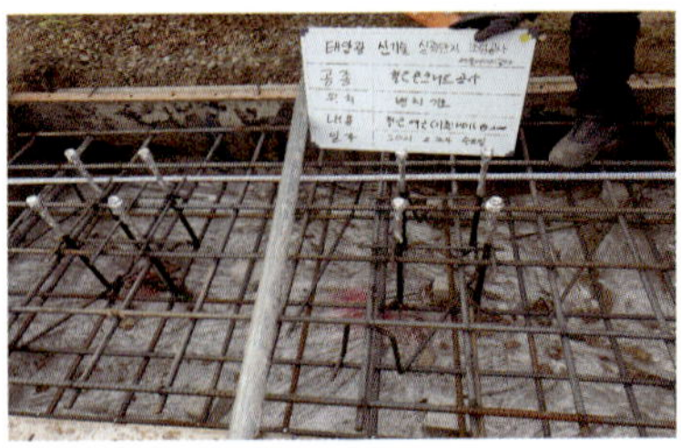

15 레미콘 타설 (1)

16 레미콘 타설 (2)

설치 방법

17 양생

18 거푸집 해체 후 되메우기

19 구조물 설치 (1)

20 구조물 설치 (2)

21 구조물 설치 (3)

22 구조물 설치 (4)

23 구조물 설치 (5)

24 구조물 설치 (6)

기타 > 벤치, 쉼터 (4/4)

설치 방법

25 모듈 설치 (1)

26 모듈 설치 (2)

27 루버 설치 (1)

28 루버 설치 (2)

29 바닥 시공

30 바닥 설치

31 벤치 완료 (1)

32 벤치 완료 (2)

4

지역별 녹색건축 기준(신재생의무비율)

서울특별시 녹색 건축 설계기준

민간 건물 건축시 해당 지역별 조례, 녹색 건축물 조성계획에 따른 녹색건축 설계기준 준수 필요

• 적용대상

[서울시 녹색건축 설계기준, 2025.1.2]

등급	주거	비주거
[가]	1,000세대 이상	연면적의 합계 10만㎡ 이상
[나]	300세대 이상~1,000세대 미만	연면적의 합계 1만㎡ 이상~10만㎡ 미만
[다]	30세대 이상~300세대 미만	연면적의 합계 3천㎡ 이상~1만㎡ 미만
[라]	30세대 미만	연면적의 합계 3천㎡ 미만

• 적용기준

구분	평가내용	적용기준											
		대상		주거					비주거				
에너지 성능	건축물 에너지 효율등급 인증	[가]		1++등급 이상									
		[나]		1+등급 이상									
		[다]		1등급 이상									
신재생 에너지	신재생에너지 의무설치[3),4),5),6)]	년		'23	'24	'25	'26	'27	'23	'24	'25	'26	'27
		공공		32%	34%	34%	36%	36%	32%	34%	34%	36%	36%
		민간	[가]	10%	10.5%	11%	11.5%	12%	14%	14.5%	15%	15.5%	16%
			[나]	9.5%	10%	10.5%	11%	11.5%	13%	13.5%	14%	14.5%	15%
			[다]	9%	9.5%	10%	10.5%	11%	12%	12.5%	13%	13.5%	14%

※ 제로에너지건축물(ZEB) 인증 취득 시에는 에너지 성능, 에너지 관리, 신재생에너지 평가를 제외

(참고) 부산광역시 녹색건축 설계기준

민간 건물 건축시 해당 지역별 조례, 녹색 건축물 조성계획에 따른 녹색건축 설계기준 준수 필요

• 적용대상

[부산광역시 녹색건축 설계기준, 2024.6.20]

등급	주거	비주거
[가]	1,000세대 이상	연면적의 합계 10만㎡ 이상
[나]	300세대 이상~1,000세대 미만	연면적의 합계 1만㎡ 이상~10만㎡ 미만
[다]	30세대 이상~300세대 미만	연면적의 합계 3천㎡ 이상~1만㎡ 미만
[라]	30세대 미만	연면적의 합계 3천㎡ 미만

• 적용기준

구분	평가내용	적용기준										
		대상	주거					비주거				
신재생 에너지	신재생에너지 의무설치	년	'23	'24	'25	'26	'27	'23	'24	'25	'26	'27
		[가], [나]	8%	9%	10%	11%	12%	10%	11%	12%	13%	14%
		[다]	6%	7%	8%	9%	10%	8%	9%	10%	11%	12%

① 세부 산출방식은 「신·재생에너지 설비의 지원 등에 관한 규정」(산업통상자원부고시) 및 「신·재생에너지 설비의 지원 등에 관한 지침」(한국에너지공단 신·재생에너지센터)을 적용

건축기준 완화 조건	최대완화비율
제로에너지건축물 1등급	15%
제로에너지건축물 2등급	14%
제로에너지건축물 3등급	13%
제로에너지건축물 4등급	12%
제로에너지건축물 5등급	11%

(참고) 대구광역시 녹색건축 설계기준

민간 건물 건축시 해당 지역별 조례, 녹색 건축물 조성계획에 따른 녹색건축 설계기준 준수 필요

• 적용대상

[대구광역시 녹색건축 설계기준, 2025.6.20]

등급	주거	비주거
[가]	1,000세대 이상	연면적의 합계 10만㎡ 이상
[나]	300세대 이상~1,000세대 미만	연면적의 합계 1만㎡ 이상~10만㎡ 미만
[다]	30세대 이상~300세대 미만	연면적의 합계 3천㎡ 이상~1만㎡ 미만
[라]	30세대 미만	연면적의 합계 5백㎡~3천㎡ 미만

• 적용기준

구분			~'22	'23	'24	'25	'26	'27	'28
설치비율	주거	[가], [나]	7%	8%	9%	10%	11%	12%	13%
		[다]	–	–	–	7%	8%	9%	10%
	비주거	[가], [나]	11%	12%	13%	14%	15%	16%	17%
		[나]	–	–	–	11%	12%	13%	14%

① 세부 산출방식은 「신·재생에너지 설비의 지원 등에 관한 규정」(산업통상자원부고시) 및 「신·재생에너지 설비의 지원 등에 관한 지침」(한국에너지공단 신·재생에너지센터)을 우선 적용

최대완화비율	완화 조건
15%	제로에너지건축물 1등급 및 제로에너지건축물 플러스(+)등급
14%	제로에너지건축물 2등급
13%	제로에너지건축물 3등급
12%	제로에너지건축물 4등급
11%	제로에너지건축물 5등급

(참고) 충청남도 녹색건축 설계기준

민간 건물 건축시 해당 지역별 조례, 녹색 건축물 조성계획에 따른 녹색건축 설계기준 준수 필요

• 적용대상

[충청남도 녹색건축 설계기준, 2024.6.5]

등급	주거	비주거
[가]	1,000세대 이상	연면적의 합계 10만㎡ 이상
[나]	300세대 이상~1,000세대 미만	연면적의 합계 1만㎡ 이상~10만㎡ 미만
[다]	30세대 이상~300세대 미만	연면적의 합계 3천㎡ 이상~1만㎡ 미만
[라]	–	연면적의 합계 5백㎡~3천㎡ 미만

• 적용기준

신재생에너지 부문			~'22	'23	'24
설치비율	주거	[가], [나]	8%	9%	10%
	비주거	[가], [나]	12%	13%	14%

① 세부 산출방식은 「신·재생에너지 설비의 지원 등에 관한 규정」(산업통상자원부고시) 및 「신·재생에너지 설비의 지원 등에 관한 지침」(한국에너지공단 신·재생에너지센터)을 우선 적용

제로에너지 건축물 부문		'23년 1월 ~	'24년	'25년 1월 ~
일반건축물	대상	–	연면적 10,000㎡ 이상	연면적 1,000㎡ 이상
	등급	–	5등급	5등급
공동주택	대상	1,000세대 이상	30세대 이상	1,000세대 이상
	등급	5등급	5등급	4등급

(참고) 세종특별시 녹색건축 설계기준

민간 건물 건축시 해당 지역별 조례, 녹색 건축물 조성계획에 따른 녹색건축 설계기준 준수 필요

• 적용대상

[세종특별자치시 녹색건축 설계기준, 2024.5.17]

등급	주거	비주거
[가]	1,000세대 이상	연면적의 합계 10만㎡ 이상
[나]	300세대 이상~1,000세대 미만	연면적의 합계 1만㎡ 이상~10만㎡ 미만
[다]	30세대 이상~300세대 미만	연면적의 합계 3천㎡ 이상~1만㎡ 미만
[라]	30세대 미만(연면적 합계 5백㎡ 이상)	연면적의 합계 5백㎡~3천㎡ 미만

• 적용기준

신재생에너지 연도별 설치비율(%)		'24	'25	'26	'27
공공		34	34	36	36
민간	주거	9	10	11	12
	비주거	11	12	13	14

구분	규모별 설치비용	적용기준		
		등급	주거용	비주거용
신·재생 에너지설치	신·재생에너지 공급의무비율(%) = 생산량/사용량	[가]	연도별 설치비율	
		[나]	연도별 설치비율 -0.5%p	연도별 설치비율 -1.5%p
		[다]	연도별 설치비율 -1.0%p	연도별 설치비율 -2.0%p
		[라]	자율	

개정판

Building Integrated PhotoVoltaic

BIPV 탐구생활

질문으로 풀어보는 BIPV

초 판 1쇄 발행 2024년 3월 30일
개정판 1쇄 발행 2025년 9월 1일

지은이 박성진, 이지왕, 송치호, 김원영, 양세진
펴낸이 김길준
펴낸곳 (학)신구학원신구문화사
디자인 은디자인

등록 1968년 6월 10일 제1-205호
주소 경기도 성남시 중원구 광명로 377 신구대학교 우촌학사 1층
전화 031-741-3055~6
팩스 031-741-3054
이메일 shingupub@naver.com
홈페이지 www.shingubook.com

ISBN 978-89-7668-289-5 93560